超标准洪水水文监测
先进实用技术

梅军亚　赵　昕　袁德忠　等◎著

长江出版社
CHANGJIANG PRESS

图书在版编目（CIP）数据

超标准洪水水文监测先进实用技术 / 梅军亚等著．
—武汉：长江出版社，2023.7
ISBN 978-7-5492-8978-3

Ⅰ．①超… Ⅱ．①梅… Ⅲ．①洪水－水文观测 Ⅳ．① P332

中国国家版本馆 CIP 数据核字 (2023) 第 133001 号

超标准洪水水文监测先进实用技术
CHAOBIAOZHUNHONGSHUISHUIWENJIANCEXIANJINSHIYONGJISHU

梅军亚 等著

责任编辑： 郭利娜 许泽涛
装帧设计： 彭微
出版发行： 长江出版社
地　　址： 武汉市江岸区解放大道 1863 号
邮　　编： 430010
网　　址： https://www.cjpress.cn
电　　话： 027-82926557（总编室）
　　　　　 027-82926806（市场营销部）
经　　销： 各地新华书店
印　　刷： 武汉新鸿业印务有限公司
规　　格： 787mm×1092mm
开　　本： 16
印　　张： 18
字　　数： 410 千字
版　　次： 2023 年 7 月第 1 版
印　　次： 2023 年 10 月第 1 次
书　　号： ISBN 978-7-5492-8978-3
定　　价： 128.00 元

我国自古以来就是一个洪水频发的国家,加上人口密度大,城市大多集中在易受洪涝灾害威胁的地区,因而洪水造成的损失大、影响范围广。随着社会经济的发展,防洪安全保障的需求也在不断提高。2018年10月在中央财经委员会第三次会议上,习近平总书记强调"针对关键领域和薄弱环节,坚决推进实施防汛抗旱水利提升工程"。2019年12月,水利部办公厅印发《关于组织编写流域大洪水应对措施的通知》,要求各流域机构准确分析防御流域历史最大洪水的问题症结并提出关键举措。2020年,水利部要求所有大江大河和重要支流、有防洪任务的县级以上城市都要编制超标准洪水的防御预案。

超标准洪水具有水位高、流速快、流量大等特点,传统的水文监测手段往往不能满足超标准洪水情况下水文要素监测的需要,且超标准洪水可能会造成水情监测设施的损毁,导致无法获取实时水情资料,然而,收集及时、准确的超标准洪水信息对水旱灾害防御、工程建设及社会发展具有重要价值。

本书系统总结了水文监测技术,分析常规水文监测技术应对超标准洪水监测过程中的技术难点,并以安全、全面、准确地获取流量数据为导向,开展多源数据融合技术研究,提出了实现多维度、多感知手段的数据融合技术方案和实现路径,对视频测流、雷达测流、卫星测流等非接触式水文监测先进技术开展专项试验、现场试验,并在典型洪水实践中检验应用效果,总结了各类超标准洪水测验手段的适用性,提出应对超标准洪水水文监测的整体技术方案和技术要求,为预警与防范流域超标准洪水提供有力支撑,满足预警与防范流域超标准洪水的时效性、安全性与可靠性要求。

全书由梅军亚、赵昕、袁德忠、张亭、牟芸、张莉、魏猛等人负责编写。

全书所编撰工作由梅军亚主持,张亭、牟芸负责组稿、统稿,梅军亚、赵昕、袁德忠承担审定。

由于作者水平有限,编写时间仓促,书中还存在着不完善和需要改进的地方,有些问题还有待进一步深入研究,希望与国内外有关专家学者共同探讨,恳请读者批评指正,以便更好地完善和进步。

作　者

2022 年 10 月

目录

CONTENTS

第1章　概　述

我国超标准洪水引发的问题突出，在气候变化、人类活动等条件的影响下，水循环规律的认知、水文监测技术的提升和水利工程措施体系的完善等面临重大挑战，其难度和复杂程度世界少有，相关研究成果与应用需求仍有较大差距。针对流域超标准洪水综合应对研究这一国家重大难题，采用先进、成熟的现代化水文监测仪器和技术，建立超标准洪水立体监测体系和成套解决方案，提升中国流域超标准洪水应对水平，保障国家防洪安全。

1.1　超标准洪水监测的背景与现实意义

我国地理位置特殊，地理环境复杂，气候类型多种多样，人口众多且分布不均，特殊的孕灾环境导致暴雨引发的洪水灾害尤为严重。同时，气候变化及人类活动影响加剧，全球具有代表性和典型性的下垫面特征与水体循环规律发生了很大程度的变化，气候异常变化一定程度改变全球水文循环的现状。近年来，极端天气事件发生的频率增加，由此引发的流域超标准洪水等极端洪涝灾害发生概率也随之增大，极端暴雨洪水、溃坝溃堤洪水、城市暴雨洪水、平原洪涝灾害等问题逐渐凸显。受自然因素及人类活动等影响，水旱灾害发生具有较强随机性，加剧受灾风险。

流域发生超标准洪水时，相应河段水位高、流速快、流量大，传统的监测手段不能满足超标准洪水水文要素监测的需要。同时，超标准洪水的发生极有可能会造成水情监测设施的损毁，导致无法获取实时水情资料，不能为特大洪水下的科学调度指挥决策提供及时、准确的水情信息支撑；而特大洪水水情信息的准确性、完整性直接影响到后续洪水序列、设计洪水的计算。因此，及时、准确收集超标准洪水信息对水文监测、工程建设及社会发展都具有重要价值。

针对当前的洪涝灾防御情势，提出超标准洪水立体动态实时监测与多源数据融合技术体系，进一步完善超标准洪水水文监测技术，作为水灾害预报预警的基础，为流域超标准洪水调度指挥决策提供更有力的基础水文资料支撑，对保障人民群众生命财产安全和社会大局稳定具有重要意义。

1.1.1　流域自然地理环境与超标准洪水

我国位于欧亚大陆与太平洋的交界处，处于大陆冷空气和大洋暖湿空气的交汇带，季风气候特别明显。季风气候的变异性使我国成为全球季节性降水变化较大的地区,降雨相对集中,且时空分布不均,极易发生洪涝灾害。全国地形总体趋势西高东低,高差数千米,七大江河均为东西走向,各流域所处纬度变化小,流域内往往同步进入雨季。大部份地区雨季(4个月)多年平均雨量可占当地全年降水总量的60%~80%,甚至在北方一些地区,全年的降水量几乎全部集中在几次降雨。流域内上中下游容易同时遭遇洪水,发生流域性大洪水,防洪压力大。

2021年中国水旱灾害防御公报成果显示,6至9月,全国发生26次强降雨过程,其中涉及北方16次,占比62%。局地暴雨频发多发的特征明显,河南、河北、湖北、新疆等省(自治区)局部降水量打破历史极值。河南省有21个降雨监测站日降水量突破有气象记录以来历史极值,7月20日16—17时郑州站降水量201.9mm,超过我国大陆极值(198.5mm,1975年8月5日河南林庄站);8月11—12日,湖北襄阳、随州18小时降水量200~495mm,宜城24小时降水量305.9mm,突破当地有气象记录以来历史极值。全国共有571条河流发生超警戒洪水,其中148条河流发生超保证洪水、43条河流发生超历史实测记录洪水。其中长江流域(片)有235条河流发生超警戒洪水,7条河流发生超历史实测记录洪水,黄河流域(片)有41条河流发生超警戒洪水,5条河流部分测站发生超历史实测记录洪水。

部分河流、湖泊、水库和洪泛区泥沙淤积严重。全国水土流失动态监测结果表明,2022年我国水土流失面积为265.34万 km²,约占陆地面积27.6%。中国河流泥沙公报成果显示,2022年我国主要河流代表站年总输沙量为3.90亿t,长江流域代表站实测输沙量0.665亿t,三峡水库库区泥沙年淤积量为0.110亿t;三峡水库自2003年6月蓄水运用以来至2022年12月,入库悬移质泥沙量为26.9亿t,出库(黄陵庙站)悬移质泥沙量为6.35亿t,不考虑三峡水库库区区间来沙,水库泥沙淤积量为20.6亿t,鄱阳湖湖区泥沙年淤积量为263万t,湖区泥沙淤积比为34%;黄河流域代表站实测输沙量2.03亿t,黄河下游河道年淤积量为0.230亿 mm³;三门峡水库年淤积量为0.897亿 mm³,1960年5月至2022年10月多年累计淤积达62.952亿 mm³;小浪底水库淤积量为1.241亿 mm³,1997年10月至2022年10月多年累计淤积34.713亿 mm³。受泥沙淤积影响,河道水位不断抬高,已有工程的防洪泄洪能力逐渐削减,超标准洪水发生的概率增加。同时,泥沙淤积改变水文测验断面原水位流量关系,给水文监测及水灾害防御工作带来了一定难度。

与四季降水量均匀的欧洲国家相比,特殊的地理位置和地形条件决定了我国大江大河汛期流量大,流域超标准洪水灾害发生频率较高,防洪形势严峻,防汛测报要求高。

1.1.2 流域水文气象特征与超标准洪水

2021年8月,联合国政府间气候变化专门委员会(IPCC)发布第六次评估周期报告第一工作组报告——《气候变化2021:自然科学基础》。该报告指出:在全球气候变暖背景下,大气圈、海洋、冰冻圈和生物圈发生了广泛而迅速的变化,气候系统各圈层的当前状态是过去几个世纪甚至几千年来前所未有的,全球陆地平均降水量(近40年)增加速率加快,强降水事件的频率和强度都有所增加。

20世纪以来,自然变异突出表现在以全球变暖为主的气候变化上,气候变化问题成为当今人类社会面临的最大挑战之一。大量研究已证实,随着气候变暖,大气层在饱和前可容纳更多水汽,全球和许多流域降水量可能增加,但同时蒸发量也增加,从而使水循环加速,气候的变率增大,年降水量总体呈递增趋势,暴雨频次、强度、历时和范围显著增加,导致极端强降水和极端干旱发生的可能性增大。暴雨是主要的洪水致灾因子,在气候变化作用下极端降水事件时空格局及水循环发生了变异,水文节律非平稳性加剧,超标准洪水发生概率增大。

2021年,河南发生"7·20"特大暴雨;同年7月上中旬,欧洲中西部遭遇极端强降水,引发严重的暴雨洪涝灾害,德国、比利时等地出现重大人员伤亡;同年3月底至4月初,印度尼西亚因持续强降水引发山洪和泥石流灾害,至少86人死亡、71人失踪;同年3月下旬,澳大利亚东南部的新南威尔士州和昆士兰州遭遇50年来最严重的洪灾。在全球气候变暖导致极端事件和气象灾害呈现广发、强发、多发态势的气候大背景之下,这些暴雨灾害事件的发生是极端强降水事件频发的具体表现。2020年,长江、淮河、松花江、太湖同时出现流域性洪水,其中长江中下游极端降水事件频发,持续的强降雨过程致使长江流域发生1998年以来最严重的汛情。

种种迹象表明,全球气候变化对超标准洪水产生了巨大影响,未来流域(尤其在中小河流及流域面积在 $3000km^2$ 以上的重要支流与湖泊)发生超标准洪水的风险将大概率增高。

1.1.3 流域水利防洪工程与超标准洪水

1.1.3.1 部分防洪工程未达标建设,防洪工程体系仍存在突出短板

近年来,我国防洪安全形势保持稳定向好,但仍存在诸多短板,部分蓄滞工程建设滞后,遇大洪水时很难满足"分得进、蓄得住、退得出"的适时适量分洪要求,影响防洪安全的深层次矛盾和问题尚未得到根本解决。

(1)长江流域

长江上游防洪工程体系还需加强。四川省、重庆市部分城市未形成闭合的防洪圈,县城以上城市、人口密集城镇以及集中成片的农田平坝等防洪问题突出,有 $140km$ 干流河段未达到相应防洪标准。长江中下游总体防洪标准较高,但从历年来的防洪实践来看,也存在部分堤防管护不到位、支流防洪工程不完备等短板。围堤未达标,蓄滞洪区因高程不足,堤身、堤基险情隐患多等问题,在分洪运用过程中,围堤自身安全存在较大风险,危及相邻的防洪保护区。且因堤防运行时间长,加之受三峡水库等长江上游控制性水库运行后"清水"下泄导致中下游干流河道大范围、长历时、大幅度冲刷影响,近年来局部河段河势调整有所加剧,新的崩岸险情频繁发生,部分已治理守护崩岸段发生新的险情。

(2)黄河流域

黄河流域"上拦"工程不健全,干流规划的古贤、黑山峡、碛口等控制性工程尚未建设,应对大洪水的调控能力有待加强;此外,部分水库存在建设标准低、淤积严重、老化失修和大坝安全监测设施和管理设施不完善等问题,亟须除险加固。"下排"工程不完善,下游 $299km$

游荡型河段河势尚未有效控制,"二级悬河"形势严峻,有可能引发"横河""斜河",危及大堤安全,部分控导、险工易出现险情,需要进行安全加固;"两岸分滞"能力不足,东平湖蓄滞洪区安全建设滞后,分滞洪工程体系不完善;上中游干流河段防洪工程不完善,防洪防凌隐患突出;支流防洪工程不完善,中小河流和山洪灾害防治能力、城市防洪能力等有待提升。

1.1.3.2 蓄滞洪区分洪运用难度大

蓄滞洪区是我国流域防洪减灾体系的重要组成部分,在防御历次流域大洪水中都发挥了不可替代的作用。据统计,1950—2021 年,98 处国家蓄滞洪区中有 66 处蓄滞洪区共启用 424 次,累计蓄滞洪量 1400 多亿 m^3。在我国人多地少的基本国情下,蓄滞洪区也为解决上千万人口的基本生存问题发挥了重要作用。

蓄滞洪区设置初期,大部分区内人口稀少,经济落后,分蓄洪水时造成的损失相对较小,分洪与发展的矛盾并不十分明显,蓄滞洪区启用较为顺利。但随着经济社会发展、人口不断增加,天然湖泊洼地逐渐被围垦和侵占,蓄滞洪区内土地开发利用程度不断提高,致使蓄滞洪区分蓄洪水与保障区内居民生命财产安全、发展经济之间的矛盾越来越突出,蓄滞洪区运用决策难度不断加大,已成为防洪体系中极为薄弱的环节。这些问题和矛盾如果得不到及时解决,一旦发生流域性大洪水,蓄滞洪区的防洪功能将不能正常发挥,削弱流域的整体防洪能力,引发众多社会问题,甚至影响社会稳定。

在分蓄洪控制工程建设方面,全国有 45 处蓄滞洪区建有进洪闸,50 处蓄滞洪区建有退洪闸。未建进、退洪闸的蓄滞洪区多以自然溃堤或人工爆破方式进洪,口门大小、进洪量和进退洪时间都难以控制。已建成的进、退洪设施也存在水闸设备较老化、启用不便等情况,难以满足及时、适量分洪削峰的要求。大部分蓄滞洪区的临时进、退洪口门工程分洪运用时,均要采取临时爆破方式,能否在规定时间爆破开,达到下泄的分洪流量,无法定论。

长江流域,中下游防洪形势依然严峻,当防御 1954 年型洪水时,仍有大量超额洪量需要通过蓄滞洪区妥善安排,长江中下游规划的 42 处蓄洪容积约 590 亿 m^3 的蓄滞洪区中,目前仅荆江分洪区、杜家台、围堤湖垸、澧南垸和西官垸 5 处蓄滞洪区已建分洪闸进行控制。由于蓄滞洪区长期没有运用,相应进洪、退洪控制工程存在不同程度的险情,如荆江分洪区进洪闸启闭设施老化,能否正常运用尚未可知,退洪闸淤塞较为严重,急需进行安全鉴定,对目前能否按照设计 $3800 m^3/s$ 过流能力控制下泄尚无实战检验,运用效果不确定性较大。

黄河流域,分蓄洪区功能定位与区域经济发展存在矛盾,东平湖蓄滞洪区老湖区承担着黄河、大汶河的双重滞洪任务,洪水淹没风险高、淹没损失大,同时区内居住着大量群众,影响东平湖发挥防洪作用。

其他蓄滞洪区安全设施少,绝大多数尚无安置设施。一些传统的安全避险方式(安全台、避水楼等)建设标准低、安置面积小,遇分洪运用需要实施二次转移或再救助;撤退道路和临时避洪场所不足,组织群众疏散存在困难,不仅影响防洪决策,还可能错过最佳分洪时机。

1.1.3.3 遇超标准洪水,堤防出现溃决风险加大

全国 98 处国家蓄滞洪区共建有围堤 7052.97km,将近半数蓄滞洪区围堤存在高程不

够、断面不足、险情隐患多等问题。有的围堤设计标准低,堤身单薄矮小,也有相当数量的已建成围堤、隔堤未达到设计标准。有的围堤修建时间较长,加之风浪侵蚀或地面沉降因素,致使堤身下沉,堤顶高程普遍不足。规划加高加固和新建的围堤、隔堤进展都较为缓慢。截至 2020 年,尚有 25 处蓄滞洪区存在围堤或分区隔堤不封闭的问题,其中海河流域最为严重,28 处蓄滞洪区有 20 处围堤或分区隔堤不能满足蓄洪运用条件,一旦蓄洪运用,极可能发生溃决,既影响蓄滞洪区的分区运用,还可能淹没周边防洪保护区。

继 1954 年和 1998 年大洪水之后,长江流域发生了 2020 年流域性大洪水,但仍未发生与 1954 年洪水同等规模甚至超过该规模、影响举国上下的特大洪水。受上游水库调蓄及下游河道演变影响,长江干流荆江大堤等堤防长期没有挡水,河道实际过流能力尚待复核。杜家台北围堤、西围堤、新合垸堤不达标,一旦运用,威胁仙桃市、武汉蔡甸区、汉川市、武汉经济技术开发区等部分地区的居民安全;各小垸之间围堤也不达标,与运用预案拟定的视洪水情况分批运用围垸蓄洪的需要不相适应。

黄河流域,上游甘肃省永靖县城等河段堤防工程仍未达标,宁蒙河段河道整治工程尚不完善,堤防未经过大洪水的实际检验,可能存在防洪风险。下游河道整治工程尚不完善,高村以上 299km 游荡型河段河势未得到完全控制,下游河道滩唇一般高于黄河大堤临河地面 3m 左右,"二级悬河"发育态势严峻,危及堤防安全。部分引黄涵闸、分洪闸等穿堤建筑物存在安全隐患,影响堤防整体安全。

因此,系统复核水工程的现状泄流能力以及超标准洪水下河道强迫行洪潜力,明确超标准洪水情况下各流域重点河段和重要蓄滞洪区堤防工程的防洪能力,为流域超标准洪水应对提供本底资料支撑,从而有效防御超标准洪水灾害具有重要意义。

1.1.4 流域经济社会发展与超标准洪水

1.1.4.1 城市化集聚效应致使超标准洪水风险剧增

现代人类经济社会活动以城市化最为显著,城市是第二、三产业的载体,是经济社会发展的主要推动力和进步标志。我国城镇化率已由 1949 年的 10.64% 增长到 2021 年的 64.72%,城镇常住人口由 4000 万增至 9.14 亿。随着长江经济带、长江三角洲区域一体化、成渝双城地区经济圈等战略的深入推进,沿江城镇化格局不断优化,人口、土地和产业城镇化率不断提高,人口数量和社会财富显著增加和日益集聚,使得城市面临的超标准洪水风险不断增加,对防洪减灾提出了更高的要求。

城市群和城镇化影响。城市群是城镇化和工业化发展到高级阶段的必然产物,作为国家参与全球竞争与国际分工的全新地域单元,城市群正在肩负着世界经济重心转移和"一带一路"建设主阵地的重大历史使命,成为世界进入中国和中国走向世界的关键门户,是建设美丽中国、推动形成人与自然和谐发展和实现我国"两个一百年"奋斗目标的重点区域。我国城市群是国家经济发展的战略核心区和国家新型城镇化的主体区,是国家经济社会发展的最大贡献者。2016 年底我国城市群以占全国 29.12% 的面积,聚集了全国 75.19% 的总人口、72%的城镇人口,创造了占全国80.05%的经济总量和91.19%的财政收入,集中了全国91.23%的外资,对到2035年基本实现社会主义现代化和实现中华民族伟大复兴的中国梦具有非常重要的支撑作用。目前长江流域已形成长江三角洲、长江中游和成渝三大国家级城市群,江淮区域级城市群和黔中、滇中两大地区级城市群。其中,长江三角洲城市群占全国2.21%的土地,养育了10.02%的人口,贡献了19.0%的GDP,是中国最具经济活力的资源配置中心,未来将建成中国率先发展的世界级特大城市群;长江中游城市群占全国3.3%的土地,养育了9.8%的人口,贡献了10.37%的GDP,是中国地域最广、城市与城镇数量最多的城市群,未来将成为带动中部崛起和长江经济带中游地区实现绿色发展的国家级城市群;成渝城市群以占全国1.93%的土地,养育了7.99%的人口,贡献了6.48%的GDP,未来将建成引领西部开发开放的国家级城市群。随着城市群的发展,城镇向外围扩展,城市面积大幅度增加,逐渐形成以大城市为中心的城市连绵带,大、中、小城镇紧密相连,使城市防洪战线加长,保护对象增多,特别是城市的新开发区和城乡结合部防洪设施相对薄弱,一旦发生超标准洪水,后果特别严重。

人口和资产高度集中,大中城市规模日益扩大,成为增大洪水风险的潜在物资基础。沿江城镇基础设施建设增加,地下设施日趋复杂化,成为新的洪水风险源,城市洪涝灾害的负面效应日益凸显,间接损失比重加大,影响范围远超受淹范围。我国有近95%的城市分布在不同程度洪水威胁的防洪区与防洪过渡区内,1991—1998年,有700座次县级以上城市因洪水进城而受淹,1994—1998年全国城市洪涝灾害年均直接经济损失约占同期全国总洪涝灾害损失的16%。值得警惕的是,上述洪灾多为标准内洪水,是由防洪短板造成的。目前长江上游防洪体系尚不完善,防洪标准和洪水风险防控能力与先进地区灾害承受能力要求相比还有较大差距,洪水风险依然是长江上游地区高质量发展的最大威胁。沱江、渠江、涪江、綦江等河流仍缺乏控制性水库,洪水调控能力不足。主要江河堤防建设进展缓慢,成渝双城地区经济圈长江干流、重要支流仅分别完成了规划治理任务的31%和44%,40座城市防洪标准不达标,占比达34%,54座城市基本达标,占比达47%,重庆市中心城区南滨路一期和菜园坝水果市场片区、合川城区、达州城区、綦江城区、大足龙水城区等大部分区域防洪能力仅为2~5年一遇。现有防洪体系无法完全抵御标准内洪水,如遇超标准洪水,城市洪涝风险将大大提高。

滩区百万群众防洪安全尚未解决。黄河下游滩区承担着滞洪沉沙和群众生产生活空间的双重任务,河南、山东居民迁建规划实施后,仍有近百万群众处于洪水威胁中。

1.1.4.2 河道洪水和城市内涝矛盾难以有效协调

随着经济社会的发展和防洪体系的完善,洪涝灾害致使死亡人口大大降低,绝对经济损失不断增长,相对经济损失趋向减少。我国分布广泛的中小河流,其设防标准相对较低,发生超标准洪水的概率相对较大,是我国洪灾多发重发的高风险区域。一些过去在城市外围的河流,因城市扩张而变为城市内河,成为超标准洪水防范的重点对象。2009年以来,我国大力推进中小河流重点河段的防洪治理,取得了积极进展,但是大多还没有构成体系,即使是中小河流,往往也涉及若干行政区,在防洪治涝体系建设上缺少统筹规划与协调的机制。

长江流域洪涝灾害多发频发,人口集中、经济增长、城镇化推进进一步增加了洪涝灾害的复杂性、衍生性、严重性,给人民的生产生活和经济社会发展带来的冲击和影响更加广泛和深远。现阶段,长江流域人口的城乡分布格局正在发生转变,农村人口逐步向城市集中。随着人口向洪水高发地区和城镇集聚,如遇超标准洪水,受灾人数和经济损失将明显增加,承灾体物理暴露性急剧扩大,洪水灾害损失的主要部分将由农村转移到城镇,间接损失的比例亦将显著增加。部分地方防汛抢险力量较弱,农村大量青壮年劳动力外出务工,抢险人员落实难,群众查险抢险能力缺乏,实战经验不足,过去防汛抢险依靠千军万马的形势应随着无人机、三维地理信息、大数据、区块链、5G、物联网、人工智能、生物智能、云计算、互联网＋等新技术的投入而改变,然而长江流域大洪水防御非工程体系"软件"根基尚不牢固,防洪工程"空—天—地—水"一体化信息采集、安全分析、评估、预警、措施应对的全过程智慧安全管理体系尚未建立。随着人口老龄化趋势的加快,承灾体的整体脆弱性增加;区域之间经济发展水平差异大,经济相对不发达地区防洪措施不够齐全,导致"越穷越淹、越淹越穷"的恶性循环;经济社会发展与防洪能力建设呈"越安全—越发展—潜在损失和风险越大"螺旋式上升趋势。经济社会发展逐步改变了防洪风险格局,灾害致因日益复杂化,急切需要综合治理。

1.1.4.3　经济社会发展影响下水库超蓄和河道强迫行洪的期望剧增

我国人口基数大,净增量多,经济增速快。2019 年末,全国大陆总人口突破 14 亿,比1949 年的 5.42 亿增加了 2.58 倍,GDP 达 99.09 万亿元,为全球第二大经济体,承灾体的暴露量大大增加。

其中,长江经济带面积约 205.23 万 km^2,2018 年总人口约 5.99 亿,地区生产总值约40.3 万亿元,分别占全国的 21.4%、42.9% 和 44.1%。防洪减灾以保护人民的生命安全为第一目标,人口的倍增使得我国的防洪压力剧增,人水争地矛盾更加尖锐深刻,可协调的余地大为减少。过去为了应对超标准洪水,在大江大河中下游选择地势低洼、人口较少的区域设置了一批蓄滞洪区。长江中下游有 42 处蓄滞洪区,2004 年、2011 年和 2019 年总人口分别为 632.53 万、672.31 万和 740.73 万。其中 26 处蓄滞洪区区内总人口由 2004 年的460.53 万增加至 2019 年的 540.22 万,耕地面积由 2004 年的 31.65 万 hm^2 增加至 2019 年的 39.63 万 hm^2,工业产值由 2004 年的 266.03 亿元增加至 2019 年的 3656.11 亿元,农业产值由 2004 年的 153.06 亿元增加至 2019 年的 630.22 亿元,固定资产由 2004 年的 618.74 亿元增加至 2019 年的 416172 亿元。蓄滞洪区内人口众多、经济发展迅速,已成为难以适时启用的根本原因。由于人口的急剧增长,使得我国的山区亦成为开发对象,长江上游成渝双城经济圈建设上升为国家战略后,经济社会发展将进一步提速。

防洪工程建设后,洪水风险由主要支流、湖泊转移到干流。长江中下游主要支流、重要湖泊防洪能力显著提高,溃垸数量显著降低,汇流入江水量增大,长江中下游干堤险情数量由 1998 年的 9405 处逐步减小至 1999 年的 1655 处和 2016 年的 50 处;遇 1954 年型洪水,长江中下游地区的超额洪量由实际发生的 547 亿 m^3 减至 2020 年的 271 亿 m^3,洪灾损失空间分布由面状大范围损失缩小为点、线状局部损失。随着经济社会的发展,无论是河道洲滩民垸、为标准内洪水预留的蓄滞洪区,还是为超标准洪水预留的蓄滞洪区保留区,以及在超标准洪水条件下可能要牺牲的局部低标准防洪保护区等,每个地方都变得越来越"淹不起",都期望洪水通过上游水库拦蓄起来,如仍不能控制,则通过河道强迫行洪,致使超标准洪水的行蓄洪空间大为减少,增加了防洪决策的压力。

遭遇超标准洪水时,水库调度面临上下两难的困境,以嫩江流域为例,由于未就围堤等阻水建筑物制定完善的超标准洪水应对方案,导致围堤的弃与守成为影响防洪决策的关键,造成尼尔基水库不能按计划调度,为保证围堤防洪安全,常常过于挖掘水库潜力,甚至造成水库上游大片地区淹没;以长江流域 2020 年 4 号和 5 号洪水为例,通过含三峡水库在内的上游水库群联合运用,将中下游干流宜昌及以下各站洪水削减为常遇洪水,降低宜昌至莲花塘江段洪峰水位 2.0~3.6m,沙市站最高水位为 43.24m,仅超警戒水位 0.24m,避免了荆江分洪区的启用,但同时抬高了三峡水库水位。此外,对河道强迫行洪的期望剧增,以 1998 年长江流域型洪水为例,长江中下游干流螺山、汉口、大通等站 1998 年最大流量、最大 30d 和最大 60d 洪量均小于 1954 年,但年最高水位却大大高于 1954 年,导致长江中下游水位偏高。分析原因,除河湖围垦、泥沙淤积、三口分流减少、大量涝水排江、荆江河段裁弯取直等因素外,还包括原本应启动分洪的荆江分洪区(区内人口已撤离)终因各种原因放弃分洪,致使洪水归槽强迫行洪。

总之,人口倍增是防洪形势演变的主因,在流域超标准洪水应对中,必须充分考虑人口压力的时空量变化规律。流域机构应充分发挥其在流域超标准洪水灾害防御中的主导作用,加强其对上下游、左右岸、跨地区、跨部门的协调指挥能力,统筹地方政府和其他行业部门的洪涝灾害防御工作。

1.2 超标准洪水监测的主要内容

我国自古以来就是一个洪水频发的国家,加上人口密度大,城市大多集中在易受洪涝灾害威胁的地区,因而洪水造成的损失大、影响范围广。随着经济社会的发展,防洪安全保障的需求也在不断提高,防洪问题正在日益成为影响我国可持续发展的一个重要而紧迫的问题。为更好应对未来可能发生的超标准洪水侵害,对水文监测的要求也越来越高。

1.2.1 超标准洪水监测要求

1.2.1.1 超标准洪水监测的准确性

当洪水超过防洪工程的设计标准或超过防洪体系的设计防御能力时,为避免或减轻遭遇超标准洪水时造成的重大灾害,最大限度地减轻灾害损失,需采取超常规应急对策,需要对洪涝灾害相关信息进行及时、准确、可靠的采集和反馈。

利用天、空、地不同层次的观测手段互相补充配合,形成立体多维的对地综合观测体系,实现面向超标准洪水的全天候、全天时、全要素的监测。由于其数据源多、数据多样的特点,不同的数据源或者不同时刻产生的数据,有可能会相互矛盾或冲突,因此在数据分析之前,应该处理信息源之间的内容冲突,消除信息的歧义。同时,单一数据源的数据有时包含的信息不够全面,获取多个信息源的数据进行融合关联,可以补全信息或者对信息进行相互印证,从而提高数据的准确性。

1.2.1.2　超标准洪水监测的时效性

防洪体系由防洪非工程措施与防洪工程措施组成,二者相结合是防洪工作的长期方针。防洪非工程措施包括洪泛区的管理,分、滞洪区的运用和管理,分、滞洪区的土地利用和生产结构调整,洪泛区内建筑物的各种防御洪水措施,政府对洪泛区的政策和法令,河道管理,洪水保险,洪水预报和警报系统,防御特大洪水方案,以及组织群众安全转移等方面,其作用在于尽量减少洪灾损失。洪水预报和警报是防洪非工程措施中的重要措施,洪水预报精度的高低直接关系到防洪安全,准确、及时的洪水预报为决策的制定提供可靠的技术支撑,在非工程措施减少洪灾损失中占有举足轻重的地位。

随着人民生活水平的不断提高,对防洪减灾的关注度也随之提高。江河洪水往往突发性强、来势迅猛,需要快速、准确地收集、传递、分析和发布汛情、灾情,并据此正确地指挥决策。目前我国信息采集、传输、处理手段已发展得较为成熟,站点覆盖面也较广。以长江流域为例,长江水文自 2005 年 7 月 1 日在全国率先实现 118 个中央报汛站自动报汛后,水位、降水项目的观测实现了自动采集、自动存储、自动传输,相应流量报汛通过水位—流量关系绳套动态模拟方法,首次成功地解决了水位—流量关系非单一情况下流量数据同化,实现了自动报汛。

加强防灾减灾的非工程措施,重点是建立一个高效、可靠的防汛指挥系统,实现现代化、信息化的水文测报是其首要任务。在美国,水文站网管理模式以自动化仪器采集和巡测相结合为主,单站流量施测次数比我国少,信息化管理程度高,许多经验值得我们借鉴。

目前,我国常规测线测点法测流方式,费时较长,对防洪测报影响较大。因此,积极探索水文监测方式方法创新,提高水文监测能力,加强水文信息采集自动化和信息传输网络化建设,开展快速测流和实时在线测流研究,是提高超标准洪水监测时效性的关键。

1.2.1.3　水情测报的长期性

特定的地理位置及气候条件决定了我国防洪任务的艰巨性。特别是随着我国经济的快速发展,大量工程的兴建致使防洪形势不断发生变化,作为防洪耳目的水文测报,必须长期不间断地开展水文监测工作。水情监测要素、精度和频次,应满足超标准洪水预报预警和调度决策的需求。必要时,根据需要可加密监测和报汛段次,及时调整预报对象、要素与频次。根据水情发展,及时发布重要控制断面相应级别的洪水预警。

1.2.1.4　水情信息报送与共享

近年来,随着气候变化及人类活动的影响逐渐加剧,我国洪旱灾害呈现频发、重发趋势,旱涝急转现象显著。在历年的防汛抗旱决策中,水情信息起到了重要作用,而水情信息报汛及发布技术是其关键技术支撑。

需进一步完善、发展水情信息的传输网络及发布平台,为各级决策部门提供及时、高效的数据服务。近年来,随着信息、通信技术的发展及防汛工作要求的提高,水情信息趋于全面化、多元化。不同类型的数据对传输网络、存储形式、发布平台有不同的要求。针对这一情况,尚需进一步完善、扩展各类信息的传输网络及发布平台,流域水雨情、工情、险情、灾情等超标准洪水防御相关信息实行分级上报,归口管理及共享。确保各类水情信息及时报送至各级领导及相关决策部门,为防汛工作提供更为高效的数据服务。

1.2.2 超标准洪水监测现状及存在的问题

1.2.2.1 超标准洪水监测技术有待提升

虽然近年来我国水文监测基础设施建设有了较大改观,但是水文监测整体水平仍旧无法充分满足超标准洪水监测需求。主要表现为测验精度未能随测站升级而获得较大提升,水文测站的应急工作能力仍无法有效应对超标准洪水。较低的自动化程度,使得测验过程、数据链路未能有效衔接,人工参与的数据处理过程可能出现失误的概率高,水文监测工作质量得不到有效的保障。

流域超标准洪水的水文信息一般包括雨量、水位、流速、流量等监测信息。流域超标准洪水发生时,常规监测手段可能无法达到监测效果,需采取应急监测手段。目前应急监测中,水位资料最有效的收集方法为使用水尺人工观测水位,在一些特殊情况下,可采用免棱镜全站仪进行观测,或采用非接触式的雷达水位计、超声波水位计等进行监测,应用较为成熟,成果质量和精度均较好。对于流量观测,在水上条件允许的情况下,一般采用走航式 ADCP、转子式流速仪测流,条件不具备时采用浮标法。这些测验方法受环境影响较大、安全性低、时效性也得不到保障,不能完全满足流域超标准洪水实时监测的要求。非接触式水文监测方法和技术应用在超标准洪水情况下,既能保证测验人员安全,又能收集实时有效的水文资料。

1.2.2.2 工程建设对测验环境的影响降低了测验精度

随着经济社会的快速发展,国家为了切实推动水资源的高效利用,开始对原有的水利水电工程进行改建、扩建、重建,也组织开展了诸多新的水利水电工程建设,但是这些建设工作在改进我国水资源开发利用状况的同时,为水文测验工作造成了不可避免的影响。

建于水文测站上游的工程,会出现水文及水位的变化幅度过大与频率过高的情况,不利于测验工作的开展。建于水文测站下游的工程会造成回水问题,使测验河段原有流态发生改变,影响垂线平均流速与测点流速关系的稳定性,对常规测验工作质量、资料连续性及科技创新有着较大影响,超标准洪水应急预案的可行性也难以得到有效保障。

同时,工程建设工作的开展势必需要建立新的水文站、改变原有的工作方式或者是重新添置开展水文测验工作的各项设施设备。这使得水文测验工作原有投入计划被打乱而造成水文测验的中途停顿。水文测验工作在工程建设中普遍面临着索赔困难的问题,致使水文测验工作的开展遭遇资金短缺问题,这就从整体上阻碍了水文测验工作水平和应急监测能力的提升。

1.2.2.3 人员综合素质的不匹配

由于科技的快速发展,水文监测新模式的涌现,现代水文监测技术设备和方法的更新换代加快,需要相关监测人员拥有较高的专业素质和实际操作能力,但现实中有不少工作人员达不到这一要求,由对新技术的应用了解不深而导致的监测结果与实际情况存在差异,降低了新技术应用的效能。

水文监测工作人员是确保监测工作顺利、有效进行的重要基础,其职业素养对于水文监测工作质量存在直接影响,只有拥有良好的职业技能和道德素质水平才能确保监测工作成效,部分水文监测工作人员思想认识不足,缺乏与时俱进的思想理念,对于水文监测工作缺乏一定的责任感,漏测、误测的情况时有发生,甚至存在测量数据真实性、准确性存在一定的问题,水文监测资料的准确性、有效性不能保障,丧失了水文监测工作的基本意义。

1.2.2.4 资料整理自动化程度较低

通过信息技术监测到的信息资料和最初的监测资料的对比常出现差异,降低了对比结果的可信度,两者也缺乏有效的整合技术手段,只能由工作人员对监测资料中反映出的问题进行逐一排查,增加了工作人员的工作量,降低了问题排查的效率。水文资料整编、汇编的自动化水平较低,整编的时效性、可靠性不够。

加大监测数据的日常比对和分析,不过分依赖计算机技术,需要工作人员对监测的实时数据进行逐一核对,提高监测数据统计结果的真实性和有效性。对水文资料采取及时整编,日清月结,及时开展上下游及相邻测站水沙平衡对照,简化流程,提高效率。

1.2.3 超标准洪水监测预案

我国目前的防洪工程体系已经能够防御新中国成立以来所发生过的洪水,如果超过现有工程标准,洪水防御就要采取超常规措施。2019年12月,水利部办公厅印发《关于组织编写流域大洪水应对措施的通知》,要求各流域机构准确分析防御流域历史最大洪水的问题症结并提出关键举措。2020年,水利部要求所有大江大河和重要支流、有防洪任务的县级以上城市都要编制超标准洪水的防御预案。

超标准洪水防御预案的编制,面临众多复杂且相互关联的影响因素。预案要编制得有针对性与可操作性,对防汛工作有切实的指导作用,就需要既立足本职,同时摆脱"就水利论水利"的局限性。按照防灾减灾要"从减少损失向减轻风险转变"的要求,从风险辨识、工程安全与潜力评价、洪水监测预报与预警发布、优化调度、应急联动等各个环节做好调研,为预案编制打下坚实基础。

1.2.3.1 认清变化环境下洪水风险的演变特征

在高速城镇化、涉水工程建设及气候变暖的背景下,超标准洪水很可能是稀遇且难以预估其后果的"黑天鹅",超标准洪水防御预案编制中要尽可能基于当代社会对洪水风险演变特征的认识和风险演变趋势的把握,考虑最大可能与最不利的情景。

1.2.3.2 以流域为单元了解防洪排涝体系的现状标准与能力

超标准洪水的形成,往往并不单纯取决于局部降雨的强弱和局部工程的建设标准,预案编制需对流域防洪排涝整体能力有所评估。

1.2.3.3 完善暴雨洪水监测预报体系与洪水预警发布机制

暴雨洪水监测预报信息是超标准洪水防御预案编制的重要基础和预案启动的基本依据。针对超标准洪水预报信息的不确定性,在预警等级、发布范围与发布时机的判定上,需要引入风险化解机制,既确保预警的时效,又降低盲目响应的成本。

1.2.3.4 理解防洪工程体系应急调度的风险

面对超标准洪水,防洪工程调度中需做出蓄与泄、守与弃等一系列两难的抉择,两害相权取其轻,防洪决策本身就是风险决策。对此类风险也需要有充分的预判,及时向决策者阐明,并向相关部门与社会做必要的说明,以利于采取风险防范的相应措施。

1.2.3.5 强化健全应急联动的体制

超标准洪水一旦发生,局部区域受淹难以避免,其危害也很可能超出区域自身的承受能力。在这种情况下,不仅需要各相关部门的应急联动与社会力量的组织动员,更需要上级政府启动高级别的应急响应,做到一方有难八方支援。

1.2.4 超标准洪水防御工程安全

应对超标准洪水防御,各级人民政府行政首长应实行工程巡查与防守工作责任制,统一指挥,分级负责。汛前做好组织准备、预案准备、工程准备、防汛检查、通信准备、物料准备、防汛演练等各方面的防汛准备工作。相关水行政主管部门做好工程运用和巡查防守的技术支撑工作,并及时将出险情况、应急处置情况和防守情况向地方人民政府和上级水行政主管部门报告。

部分河段堤身、堤基存在隐患,汛期易于出现险情。长江流域主要支流和重要湖泊堤防工程线长面广,存在建设标准偏低、行洪能力不足、堤身断面不足、堤身质量较差、涵闸老化破旧等诸多问题,如洞庭湖区一般垸堤防达标率仅 33.1%～51.7%,遇高洪水位时管涌、渗漏等重大险情较多,是防洪工程体系的主要薄弱环节,严重制约地区经济社会发展。2016 年汛期,支流及湖区堤防发生险情 3222 处,占全部险情的 96.5%;2017 年汛期,长江中下游地区累计出险 138 处,其中洞庭湖、鄱阳湖区堤防出险 127 处。因此,必须重视对堤防特别是长江干堤等重点堤防的检查与防守,做好抢险的准备,尤其是做好抢护溃口性险情的预案和必需物料的准备。

1.3 本书的研究目的

本书以提高超标准洪水监测的时效性、准确性为目标,重点研究了流域超标准洪水立体动态实时监测与多源数据融合技术体系,提出了超标准洪水水文监测技术;介绍了接触式和非接触式两种类型的水位流量监测技术,对非接触式水位流量监测方法进行分析和实验应用,为预警与防范流域超标准洪水提供有力的数据支撑,满足预警与防范流域超标准洪水的时效性、安全性与可靠性要求。

第 2 章　超标准洪水监测技术进展

2.1　国外研究进展

15 世纪以后,国外对水文测量技术和设备的研究有了显著进步。1610 年,Santorio 创制第一台流速仪;1663 年,Wren 等设计的自记雨量计,以记录降雨过程的雨强变化;1687 年,Halley 设计发明蒸发器;1790 年,德国 Woltmann 发明流速仪;1870 年,美国 Ellis 发明旋桨式流速仪;1885 年,美国 Price 发明旋杯式流速仪。

国外对非接触水体测流法测流研究得较多,目前较成熟的是采用微波测速和低频雷达测量面积的技术。20 世纪 70 年代初,一些发达国家运用雷达原理来测量水流速度获得成功,利用雷达多普勒效应,实现无接触远距离流速测量,在水情复杂、水流急、含沙量大、水中有大量漂浮物,一般流速仪无法下水的情况下,该方法显示了其特有的优越性,且测量过程对流场无干扰。

采用微波仪器直接测量河流断面上各点的水面流速,其原理是高频(10GHz)脉冲多普勒雷达信号的布拉格散射(Bragg)原理。过水横断面可通过悬吊在断面上的低频(100MHz)探地雷达(又称透地雷达)系统测量,可采用水文缆道或测桥等运载探地雷达横过测验断面上空。美国地质勘探局(USGS)采用特高频(UHF)微波测量流量,试验结果显示误差一般小于 5%。

探地雷达(Ground Penetrating Radar,GPR)是一种用频率介于 106～109Hz 的无线电波来确定地下介质分布的无损探测方法。该方法是通过发射天线向地下发射高频电磁波,通过接收天线接收反射回地面的电磁波,电磁波在地下介质中传播时遇到存在电性差异的分界面时发生反射,根据接收到的电磁波的波形、振幅强度和时间变化等特征推断地下介质的空间位置、结构、形态和埋藏深度。对于水文测验,主要是分析测量河底高程,计算过水断面面积。

为改变现有河流测验常用的方法(流速面积法)费用高、危险性大的状况,美国地质勘探局在 20 世纪发起领导一个新的流量测验方法研究计划,它与有关大学研究机构正在合作研究科技含量更高、更先进的流量测验设备,旨在研制出一种"非接触法"流量测验方法和仪器设备。非接触法流量测验见图 2.1-1,研制的仪器测站安装工作情况见图 2.1-2。使用该技术仪器可实现岸上遥控测量水位、水深、流速、流向、断面和流量。新方法将使流量测验速度更快,精度提高,减轻劳动强度,降低水文站管理运行费用,基本消除流量测验的危险性。

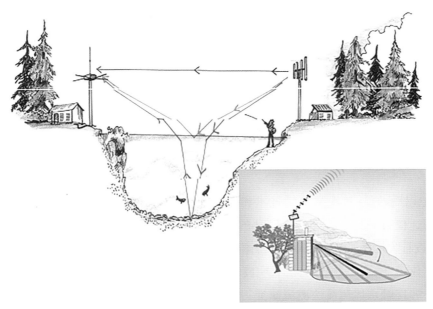

图 2.1-1　非接触法流量测验

发起:NSF(The National Science Foundation,国家科学基金会)

Hydrology Program and the US Geological Survey

图 2.1-2　非接触法流量测验现场工作情况

美国地质勘探局的水文科学家正在美国国家航空和宇宙航行局(Nasa)的帮助下开始研究通过太空监测水面流速的可能性。研究利用这种观测平台在空间的测量系统(以下简称"空基系统"),通过雷达测高技术测量河流水位,通过一种星载的干涉合成孔径雷达(SAR)

测量一段河流的水面流速,也可通过空基遥感系统测量河流断面流量。利用卫星的空基监测技术超越了传统的基于站网、站点提供流域范围内的流量等水资源信息,可提供全球范围内的流量等水资源信息。

大尺度粒子图像测速技术(Large Scale Particle Image Velocimetry,LSPIV)是 Fujita 等(1997)通过拓展粒子图像测速技术(Particle Image Velocimetry,PIV)的应用而来,使其从实验室延伸至大尺度测量范围的现场作业。PIV 算法能实现带粒子水体的瞬时流速计算(Adrian,1991,2005;Raffel et al.,2007),但 LSPIV 无法从水体侧面拍摄,因而只能得到现场水流的表面流速。20 年来,诸多研究聚集在 LSPIV 技术的硬件开发、算法革新、应用场景扩展等领域,并将其作为技术手段解决了河流尺度的若干科学问题,极大地推动了 LSPIV 核心技术的发展,也全方面验证了该方法的可行性和适用性。

LSPIV 技术的首要步骤是获取目标水体的高质量图像,因此硬件系统开发十分重要,应根据不同现场条件和实验目的搭建合适装置。Kim 等(2008)研发了一种适用于河流快速监测的移动系统,摄像头用桅杆支撑,保证能以较大倾角拍摄水面,该设备的测量结果与美国地质勘探局的结果对比,误差约为 2%,十分理想。徐立中等(2013)、张振等(2015)系统整理了 LSPIV 算法及研究进展,并研发了一种基于近红外成像的便携式大尺度粒子图像测速仪,提高了流场计算精度(张振等,2013)。Bechle 等(2011)开发了采用双摄像头的流量自动测量系统(AREDIS),由于目标河段较宽(约 370m),因此两个摄像头分别针对远岸与近岸拍摄,避免河宽造成的物理分辨率较低、图像质量较差的问题,也提出一种测量大江大河的方式。

2.2 国内研究进展

据史料记载,距今 4000 多年前,大禹担起治水大任,通过水文调查,因势利导,采取疏导措施,取得治水成功;公元前 251 年,秦国李冰在四川岷江都江堰工程上设立"石人"观测水位,开创了水文观测的先河;战国时期的慎到(约公元前 395—前 315 年)曾在黄河龙口用"流浮竹"测量河水流速;到隋朝,水位改用木桩、石碑或在岸边石崖刻画成"水则"观测江河水位,并一直沿用到现代;汉朝张戎在西汉元始四年(公元 4 年)提出"河水重浊,号为一石水而六斗泥",说明当时曾对黄河含沙量做过测量;宋朝熙宁八年(1075 年),在重要的河流上已有记录每天水位的"水历",宋朝"吴江水则碑"把水位与附近农田受淹情况相联系,1078 年开始出现以河流断面面积和水流速度来估算河流流量的概念;明、清时期,水位观测已较普遍,并乘快马驰报水情。另外,江河沿岸还有许多重要的枯水石刻、石刻水则和古水尺,如四川涪陵河道中的白鹤梁石鱼,记录了自 764 年以来 1200 年间川江 72 个枯水年的特枯水位;1110 年,引泾丰利渠渠首渠壁的石刻水则,用来观测水位(水深),以便于推算引水水量(流量);1837 年,在长江荆江河段郝穴设立古水尺,用以观测水位。

1840 年鸦片战争后,帝国主义列强入侵,中国沦为半殖民地半封建国家。从 1860 年起,清海关陆续在上海、汉口、天津、广州和福州等港口(码头)设立水尺观测水位,为航行服务。

1856 年,长江汉口设立水位站,为中国现代水位观测的开始。1911 年后,国民政府陆续成立国家级流域水文管理部门,负责全国的水文测验管理工作,开始掌握近代水文测验技术。到 1937 年抗日战争前夕,全国有水文站 409 处、水位站 636 处。抗日战争全面爆发后,全国水文工作大多停顿。至新中国成立时,仅接收水文站 148 处,连同其他测站,总计为 353 处。在此期间,引进了一些西方水文技术,先后根据一些潮位资料,确定了吴淞、大沽等水基准面,开始用近代水文仪器进行水准和地形测量。水位、雨量观测开始用自记仪器,流量测验采用流速仪法和浮标法,泥沙测验采用取样过滤法。从 1928 年起,一些流域机构制订水文测验规范文件。1941 年,中央水工试验所成功研制了旋杯式流速仪并建立了水工仪器制造实验工厂,开始生产现代水文仪器。

总之,我国水文测报开始较早,并逐步发展到一定规模。但大多数水文观测时断时续,观测记录和工程水文资料档案均未能系统保存下来,技术经验也未能很好地总结流传。明、清以来,由于西方国家科技迅速发展,我国水文从早期的先进转变为相对落后的状况。鸦片战争后,开始进行水文观测、水情传递、水文资料整编和水文分析计算,但发展非常有限,并且极不稳定;随着西方帝国主义列强以侵略为目的在我国进行水位、雨量观测之后,我国政府引进了一些西方水文技术,开始进行了一些近代水文工作,但因西方国家通过工业革命,科学技术突飞猛进,而我国外受列强欺凌,内为旧的社会制度所束缚,国力日衰,战争频仍,经济建设发展非常缓慢,水文工作大多停顿,处于薄弱、动荡的状态之中。

1949 年 10 月 1 日至 1957 年是我国水文监测的迅速发展时期。八年多的时间里取得了前所未有的成绩。1949 年 11 月,水利部成立,并设置黄河、长江、淮河、华北等流域水利机构。随后各大行政区及各省、市相继设置水利机构,机构内都有主管水文工作的部门。水利部起初设测验司,1950 年成立水文局。1951 年,水利部确定水文建设的基本方针是:探求水情变化规律,为水利建设创造必备的水文条件。1954 年,各大行政区撤销,各省(自治区、直辖市)水利机构内成立水文总站,地区一级设水文分站或中心站。1951 年,水文部门的水文站有 796 处,连同其他测站共 2644 处,超过了 1949 年前历史最高水平(1937 年)。1955 年,进行第一次全国水文基本站网规划,至 1957 年水文站达 2023 处,连同其他测站共 7259 处。水利水电勘测设计部门、铁道交通部门也设立了一批专用水文测站,气象部门的降水蒸发观测和地质部门的地下水观测也有了迅速发展。在此期间,随着过河设备的改进,水文测站测洪能力大为增强。

1955 年,水利部颁发《水文测站暂行规范》,并在全国贯彻实施。在测验组织形式方面,则从新中国初期的巡测驻测并存,走向全国一律驻测。在此期间,水文部门和勘测设计部门广泛开展了历史洪水调查工作,取得重要成果。水利部组建了南京水工仪器厂,研制生产水文仪器,并开展群众性的技术革新活动。群众创造的长缆操船、水轮绞锚、浮标投放器、水文缆道等都有很好的效果。

1949 年 10 月,华东军政委员会水利部组织了江淮流域积存的水文资料整编工作,1950

年 11 月后该工作由长江水利委员会完成。随后,各单位组织进行其他流域、省(自治区、直辖市)的水文资料整编,20 世纪 50 年代将 1949 年前积存的水文资料全部刊印分发,共 91 册,资料整编技术也有很大提高。1949 年后的观测资料陆续实现逐年整编刊布,从 1955 年开始做到当年资料于次年整编完成。

1958—1978 年,我国经历了"大跃进"、调整时期和"文化大革命"。与整个社会形势相联系,水文工作呈现出曲折前进的状况。1958 年 4 月,由水利部、电力部两部合并的水利电力部召开全国水文工作跃进会议,制定了《全国水文工作跃进纲要(修正草案)》。1959 年 1 月,全国水文工作会议提出"以全面服务为纲,以水利、电力和农业为重点,国家站网和群众站网并举,社社办水文,站站搞服务"的工作方针。在水利电力部的督促下,各省(自治区、直辖市)将水文管理权下放给地县,短时期内水文站网迅速增加。1960—1962 年经济困难时期,许多测站被裁撤,技术骨干外流,测报质量下降,水文工作陷入困境。1962 年 5 月,水利电力部召开水文工作座谈会,提出"巩固调整站网,加强测站管理,提高测报质量"的方针。1962 年 10 月,中共中央、国务院同意将水文测站管理权收归省级水利电力厅,扭转了水文工作下滑的局面。1963 年 12 月,国务院同意将除上海、西藏以外的各省(自治区、直辖市)水文总站及其基层测站收归水利电力部直接领导,由省级水利电力厅代管。1966 年"文化大革命"开始后,水文事业遭到破坏。1968 年,水利电力部水文局被撤销,一些省级水文机构也被合并或撤销。1969 年 4 月,水利电力部军事管制委员会要求,将省级水文总站及所属测站下放给省级革命委员会,大多数省(自治区、直辖市)又将水文管理权下放给地县,再度出现 1959 年下放所产生的问题。1972 年,水利电力部召开水文工作座谈会后,水文工作情况开始有所好转。1978 年,水利电力部成立水文水利管理司,省级水文机构也陆续恢复,但水文管理权仍大部分在地县。

"大跃进"时期,水文站网快速发展,1960 年达到 3611 处,还在水库、灌区建立了大批群众站,但测站建设质量不高,能刊入《水文年鉴》的水文站只有 3365 处。1963 年底基本水文站减为 2664 处,群众站大部分垮掉。1963—1965 年,水利电力部水文局组织对中小河流的站网进行过一次验证分析。"文化大革命"初期,水文站又被裁撤了一些,至 1968 年底有水文站 2559 处,1972 年后有所恢复,1978 年底水文站增至 2922 处。

1959 年,水利部水文局将《水文测站暂行规范》修改为《水文测验规范》,其内容包括勘测设站、测验和资料在站整理。当时《水文测验规范》计划安排 12 册,当年编写了《基本规定》《水位》《流量》《泥沙》《冰凌》《水温》6 册,并于 1960 年颁布执行。

1962 年后,各水文机构进行了测站基本设施整顿。1964—1965 年,定位观测资料质量达到了历史最好水平。"文化大革命"期间,基本保持了测报和整编工作的持续进行,但规范被批判,出现无章可循、质量下降的现象。1972 年起,水利电力部水利司组织修订新规范并出版《水文测验手册》,扭转了工作不利局面。20 世纪 70 年代中期,水文缆道和水位雨量自记有明显进展。1976 年,长江流域规划办公室水文处试用电子计算机整编刊印《水文年鉴》成功,以后陆续推广。从 20 世纪 70 年代起,随着地下水的大量开发和江河水污染的加剧,水利、地质等部门的地下水观测和水利、环保等部门的水质监测等工作也都有了显著进展。

1978 年底,我国进入了改革开放的新时期,水文工作也进入了新的发展阶段。1979 年 2 月,水利部、电力部分开,水利部恢复水文局。1982 年,水利部、电力部再次合并。到 1984 年,除上海市外,全国各地水文管理权已经上收到省级水利电力厅(局)。1984 年底,水利电力部召开全国水利改革座谈会,提出水利工作方向是全面服务,转轨变型。1985 年 1 月,水利电力部召开全国水文工作会议,确定水文改革的主要方向为全面服务,实行各类承包责任制,实现技术革新,讲求经济效益,推行站队结合,开展技术咨询和综合经营。这是我国第一次以站队结合的名义推出水文巡测的理念。1987 年 4 月,国家计划委员会、财政部、水利电力部联合发出经国务院同意的《关于加强水文工作的意见的函》,提请地方在水利水电基建费中,每年划出一定数额投资给水文部门用于发展水文事业。各水文单位在做好基本工作的同时,积极开展技术咨询、有偿服务、综合经营,以增加收入。1988 年 3 月,全国水文工作座谈会提出水文工作的中心是贯彻《水法》全面服务。随后,水利部再次单独成立,水文局改为水文司,一些具体业务并入水文水利调度中心。1990 年,水文机构负责人座谈会对水文工作模式归纳为"站网优化,分级管理,技术先进,精兵高效,站队结合,全面服务",再次对水文巡测工作进行了概括。

1988 年,全国基本水文站达 3450 处,连同其他测站共有 21050 处,以后有缓慢下降趋势。1990 年有水文站 3265 处,测站总数为 20106 处。在此期间广泛开展水文站网分析研究,设置了江西德兴雨量站密度实验区等基地,并着手编制《水文站网规划导则》。1985 年编制了《水质监测站网规划》,1988 年提出了《2000 年水文站和雨量站建站规划》,1989 年编制了《地下水观测井网规划》。

1990 年,全国水位、雨量自记站占水文站总数的比例分别达到了 59%和 62%,流量、泥沙测验的仪器设备、测验方法的研究取得了许多新成果。安徽、河南等地还开展了能迅速反映水质情况的水质动态监测。1985 年,水利电力部颁布《水文勘测站队结合试行办法》,站队结合改革在全国铺开。至 1990 年,完成了 119 处基地建设,并扩大了收集资料的范围。长江水利委员会水文局在大宁河、四川省水文总站在渔子溪进行了无人值守水文站和用卫星传输水文数据的试点,取得了成功。从 1982 年起,对《水文测验规范》进行全面修订,并制定了一批水文仪器标准。

在此期间,水文系统的电子计算机应用有了长足的发展,水利(电力)部水文局组织编制了资料整编的全国通用程序。从 1985 年起,在全国流域和省级水文单位统一配置 VAX11 系列小型机,至 1990 年,全国已全部使用计算机整编水文资料。1984 年,水文水利调度中心研制使用电子计算机的水情数据接收、翻译、存储、检索系统取得成功,投入使用并向全国推广。在一些防汛重点地段,建立起水文自动测报系统,并实现了联机预报。从 20 世纪 80 年代起,筹建分布式全国水文数据库,至 1990 年开始在全国铺开。

2007 年 4 月 25 日,国务院颁布《中华人民共和国水文条例》(国务院令第 496 号),并于 2007 年 6 月 1 日起施行。《中华人民共和国水文条例》(以下简称《水文条例》)的颁布施行,体现了党中央、国务院和水利部对水文工作的高度重视,填补了国家水文立法的空白,标志着我国水文事业进入有法可依、规范管理的新的发展阶段,是我国水文发展史上的重要里程碑。《水文条例》明确了水文事业的法律地位,将水文工作纳入法制化轨道,对促进水文工作更好地为经济社会发展服务、保障水文事业健康稳定发展具有十分重要的意义。全国水文系统在认真学习贯彻《水文条例》的基础上,根植水利,面向全社会服务,努力提升服务功能,不断拓展服务领域,充分发挥了水文在政府决策、经济社会发展和社会公众服务中日益明显的基础性作用。

2007年至今,随着水文建设投入的增加,水文测报先进仪器设备逐步得到推广和应用,水文测验新技术、新理论、仪器研制、设备更新改造等方面取得了一些突破性的进展。成功研制并引进了水位、降水量观测长期自记计,使水位、降水量观测基本实现了自动观测、自动存储、自动报汛。流量测验使用水文缆道或水文测船测验智能控制系统,实行了流量的自动测验或半自动测验;调压积时式采样器的性能也得到提高等。声学多普勒流速仪、全球卫星定位系统、全站仪、电波测流仪、激光粒度仪等一批先进的水文测报先进仪器设备得到推广和应用,改变了水文测报靠拼人力的落后状态,显著增强了水文应急机动测报能力,提高了水文信息采集的准确性、时效性和水文测报的自动化水平。当前,我国水文监测组织方式已经从以人工驻测为主向驻测与巡测相结合转变。监测技术已经实现了从人工观测和机械式短期自记向电子数字感知、实时数据传输和长期自记的演化,并已经建成了基于电子通信的水文监测数据采集与传输网络。水文常规监测的组织与技术体系处于世界先进水平。

但是,随着信息技术的发展和水文信息应用服务领域的不断扩展,特别是面对生态环境一体化监测管控的经济社会发展需求,现有的水文监测体系与技术在监测的时空尺度、要素类型和信息集成等方面均存在不同程度的不适应,迫切需要改变发展思路、创新监测技术,适应科学技术与经济社会发展对水文监测提出的新要求。

总体上,在需求的驱动下,水文监测技术未来将呈现出从数字化向智慧化发展的总体趋势。在水位、流量、沙量、水质、水生物、降水、蒸发等要素的监测方面,自动监测或智能感知设备与技术将广泛应用。在数据传输方面,传感网(物联网)和移动宽带网将成为主要信息通道。在面要素观测方面,卫星、无人机、雷达等遥感技术将成为常规信息获取手段。在数据的预处理(整编)与存储方面,多时空要素异构数据的集成、处理与存储将成为水文监测体系的重要组成部分。建设智慧水文监测体系,是未来一定历史时期水文监测技术发展的基本目标。

第3章　水位监测技术

3.1　水位的定义与水位监测的作用

3.1.1　水位

水位是指河流、湖泊、水库及海洋等水体的自由水面离固定基面的高程,以米(m)计。基面是确定水位和高程的起始水平面,常用的基面有四种:①绝对基面,以河口海滨地点的特征海水面(多年平均海水面)为准,记为 0.0000m,如黄海、大沽、废黄河口、吴淞、珠江、罗星塔等标准基面,我国的统一基面为青岛黄海基面;②假定基面,假定某特定点高程数值,则此高程的零点就是假定基面;③测站基面,测站选河流历年最低水位或河床最低点以下 0.5~1.0m 处的水平面为基面,是水文测站一种专用基面;④冻结基面,取测站第一次使用的基面,一直沿用不再变动(称冻结)。

水位是反映水体水情变化的最基本的资料之一,是一般水文站最基本的观测项目。

3.1.2　水位监测的作用

水位监测在内河航运建设、运营、管理、养护等过程中具有至关重要的作用。水位监测的直接作用是为水利、水运、防洪、防涝提供具有单独使用价值的资料,间接作用是为推求其他水文数据而间接运用资料。在航道管理方面,需要结合水位情况实时调整航标或谋划港航施工;在航道整治和航道疏浚方面,需要结合水位情况施工才能确保其经济性;在海事管理方面,水位情况关系到船舶航行政策;在船舶航行方面,需根据水位变化情况合理安排载货量,控制吃水深度等;在港口码头作业方面,需要根据水位信息调配船舶靠离泊、装卸货物等。因此,建设具有自动采集、自动监测、自动运行维护的非接触式智能水位监测系统,具有重要的意义。

3.2　基本原理

根据水位的定义,水位观测原理很简单,最基础的方法就是采用水尺,人工不同时间观读水尺读数,基准时间为北京时间8时,全国统一。直接观测水位计算公式如下:

水位＝观测水尺读数＋该水尺零点高程(各水尺不同)

3.3 监测方式方法

水位观测有人工观测和使用各种自记水位计自记两种方式。人工观测水位时使用水尺、水位测针、悬锤式水位计观测水位,人工记录水位值。自记水位计包括浮子式水位计、压力式水位计、超声波水位计、雷达水位计、电子水尺、激光水位计等多种形式,都可以自动记录水位变化过程,基本都能接入遥测系统,遥测传输水位数据。本节介绍水尺、水位测针、悬锤式水位计、浮子式水位计、压力式水位计、超声波水位计、雷达水位观测计等较为常见的接触式水位观测仪器的使用方法。

3.3.1 水尺

水尺分为直立式水尺、倾斜式水尺及矮桩式水尺等(图 3.3-1、图 3.3-2)。通常将长 1.2m、宽 5～10cm 的尺面称为水尺板。水尺板垂直固定在水尺桩、固定建筑物或岸壁上,也可以直接刻画在岸边各类固定面上,或者采用不锈钢水尺。水尺的最小刻度为 1cm,误差不大于 0.5mm。水尺长度在 0.5m 以下时,累积误差不得超过 0.5mm;水尺长度在 0.5m 以上时,累积误差不得超过长度的 1‰。刻度数字应清楚且大小适宜,数字的下边缘应靠近相应的刻度处。刻度、数字、底板的色彩对比应鲜明,且不易褪色和剥落。水尺板通常由搪瓷板、合成材料或木材制成,需要有一定的强度,不易变形、耐室外气候环境变化、耐水浸。野外自然环境条件下,水尺的伸缩率应尽可能小。为了便于夜间观察,尺面表层可涂被动发光涂料,在受到光线照射时比较醒目,便于夜间水位观读。水位的人工观测要求精确到厘米,1m 的水尺刻度误差和由环境引起的伸缩误差应小于 0.3cm。

图 3.3-1 直立式水尺

图 3.3-2 倾斜式水尺

3.3.2 水位测针

水位测针用接触式方法测量水位。图 3.3-3 所示的数字式水位测针,由测针、手轮、测尺和读数装置、支架四部分组成。一般的水位测针用游标读数,数字式测针自动显示读数。测量水位时,手动旋转手轮带动测针上下移动,使测针针尖正好接触水面。通过安装在支架上的游标可以在标尺上精确地读出测针针尖的位置,或自动显示水位读数,可以读到分辨率 0.2mm 或 0.1mm 的水位值。水位测量精度取决于人工操作时针尖是否恰好和水面接触的程度。使用一般的直针尖,观测人员在水上难以看清针尖和水面的相对位置,所以也可使用钩式针尖(图 3.3-4)。使用时使钩形针尖从水下向上升,易于人工观察。国内没有应用钩式水位测针尖。有些水位测针配用音响或指针指示,当直式针尖接触到水面时发出音响或指针偏转,帮助观测人员判断。

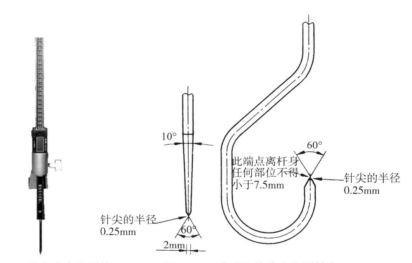

图 3.3-3　数字式水位测针　　图 3.3-4　直式和钩式水位测针尖

　　水位测针所测水位受测针长度的限制,一般不超过 1m,但精度很高,主要适用于实验室和试验场,也用于一些人工小水体,如蒸发桶水面的测量。简单、分辨率较低的水位测针可以用于野外的堰槽流量计的水位测量,极少使用水位测针测量天然水体的水位。

　　自动跟踪式水位测针将水位测针上的测针升降由手动改为受控的电动方式,同时将测针的上下移动与编码器相连,输出测针位置的数字信号。工作时,电动驱动装置驱使测针从空中接触水面,刚接触到水面时,立即读取测针位置编码器输出的信号,显示记录水位值。测量完毕,测针尖退离水面,等待下一次测量指令。自动跟踪式水位测针在实验室内使用很多,安装在模型的各水位测量点上,构成水位自动测量系统,自动取得同步的水位数据。

3.3.3 悬锤式水位计

　　悬锤式水位计用接触式方法测量水位,用柔性特殊卷尺作为悬索,下面挂有带触点的重锤,悬索上有两根导线,导线的一头连接触点,另一头引出,接入音响或指针指示器。人工下放悬锤,当悬锤上的触点接触水面时,发出音响或指针偏转指示,这时可以从作为悬索的卷尺上读出水位(图3.3-5)。悬锤式水位计都必须带有接触水面的指示器,有音响、灯光、指针偏转等指示形式。

悬锤式水位计可以测量很大量程的水位,其测量精度主要取决于测尺的刻度精度,精度较高。国外用于测量水位测井内的水位,以此校核自记水位计,大量被用于地下水位和大坝测压管水位的测量。其结构简单,可以用于天然水体的水位测量,但需要有静水井。

图3.3-5　一种悬垂式水位计

自动跟踪式悬锤水位计的原理和自动跟踪式水位测针类似,即受控自动收放测尺,使悬锤触点接触水面,然后读取和悬尺升降联动的编码器输出数据,显示记录水位。

3.3.4　浮子式水位计

3.3.4.1　浮子式水位计的工作原理及类型

(1)浮子式水位计的组成

浮子式水位计用浮子感应水位,浮子漂浮在水位井内,随水位升降而升降。悬挂浮子的悬索绕过水位轮悬挂一平衡锤,由平衡锤自动控制悬索的位移和张紧。悬索在水位升降时带动水位轮旋转,从而将水位的升降转换为水位轮的旋转(图3.3-6、图3.3-7)。

图3.3-6　城陵矶站水位自记井

图3.3-7　浮子式水位计

用模拟划线记录水位过程的浮子式水位计,水位轮带动传统的水位划线记录装置记下水位过程。

用于自动化系统或数字记录的浮子式水位计,水位轮的旋转通过机械传动使水位编码器轴转动。一定的水位或水位变化使水位编码器处于一定的位置或位置发生一定的变化,水位编码器将对应于某水位的位置转换成电信号输出,达到编码目的,此水位编码信号可以直接用于水位遥测。同时水位轮也可带动传统的水位划线记录装置记下水位过程,或用数字式记录器(固态存贮器)记下水位编码器的水位输出。

浮子式水位计分为水位感应部分、水位传动部分、水位记录或水位编码器三部分。

1)水位感应部分

水位感应部分由浮子、水位轮、悬索和平衡锤组成。

绝大多数的浮子都设计成空心状,有很好的密封性,能够单独浮在水面上。连接上平衡锤后,只是将浮子提起一定的浮起高度而已。也有个别仪器将浮子设计为实心状,使用时,依靠平衡锤的重量将浮子的一部分拉出水面,实心浮子不存在漏水问题。浮子的中段有一圆柱形工作部位,正常工作时,水位基本上处于此工作部位的中间位置。国内的浮子直径以200mm 最为普遍。

悬索应由耐腐蚀的材料制成,现在普遍使用线胀系数小的不锈钢丝绳制作。悬索应能承受浮子和平衡锤的重量,并能自如地绕过水位轮而不发生永久变形。悬索的形状要稳定,保证不因温度和受力变化而产生影响测量精度的伸缩和直径的变化。

设计较好的水位计将悬索和水位轮之间的带传动关系改为链传动关系,可以完全消除悬索和水位轮之间的滑动现象,并能达到在长期不断的水位升降中,悬索和水位轮之间不会发生相对滑动。目前采用链传动的悬索有带球钢丝绳和穿孔不锈钢带两种。

平衡锤的作用是平衡浮子的重量,张紧悬索,保证悬索正常带动水位轮旋转,不发生滑动。

2)水位传动部分

水位传动部分将水位轮的转动传动到水位记录部分和水位编码器,使水位的变化能和记录部分的水位坐标或水位编码器的输入准确地对应起来。按不同要求,水位传动部分可以分为水位划线记录和水位编码信号输出两种类型。

以日记水位计为代表的短周期自记水位计将记录纸卷在一个水位滚筒的外侧,水位轮和水位滚筒同轴,水位轮和水位滚筒同步转动,没有水位传动环节。

长期自记水位计的连续运行时间都在一个月以上,使用长图形记录纸。记录纸可以长达 10m,由自记钟控制着缓慢地走动。水位坐标只有 10cm 或 20cm 宽,只代表 1m 或 2m 水位,所以水位记录装置要使用来复杆,将大变幅的水位往复记录在 10cm 或 20cm 宽的水位坐标上。

3)水位编码器

水位编码器将水位轮的旋转角度、位置转换成代表相应水位的数字信号或电信号。

水位编码器按编码方式分为增量编码器和全量编码器两类,还有通称为"半全量编码"的方式。

增量编码器将水位的升降变化转换成相应的脉冲输出,再用接收器判别脉冲的性质以决定水位的升降变化,在原水位上加上此变化,得出变化后的水位。增量编码器结构简单,成本低廉。但一旦有一次水位升降判断错误,产生的水位差错将一直传递下去。因此,各个环节都必须做得非常可靠,才能投入运行。先进的增量编码器具有在输入量(水位)变化一定范围后自动进行校正的功能,可以避免因一次水位升降判断错误而产生的水位差错累积。

全量型编码器将水位数字的全量转换成一组编码,并以全量码输出,接收器再将这一组全量码转换成水位数字。水位全量编码器的量程以 4 位为多数。

半全量编码方式应用的也是全量编码器,但编码位数较小。如使用 2^8(256 位)的格雷码编码器,只能对应于 2.56m 水位变幅,水位上涨,超出 2.56m 水位时,编码器又从 0.01m 开始。这时,编码器内的电路会通过数据比较判断处理,使水位数据在原来的 2.56m 基础上累加编码器输出值。如果在 2.56m 处水位下降,编码器内的电路同样能通过数据比较,判断出实际水位就是编码器的输出值。

按编码的码制分为增量型和全量型的编码码制都有多种类型,最常用的为全量型编码码制。水利部的标准推荐使用格雷码(Cray Code)和二—十进制编码(BCD 码,Binary Coded Decimal)两种方式,都是全量编码。

BCD 码是一种通用的编码方式。它将十进制数字中的每一位数用二进制的方法进行编码,得到一组二进制数字代表一个十进制数。按照二进制规律,十进制中 0~9 可用表 3.3-1 的四位二进制数代表。如果水位是 17.62m,对照表 3.3-1,1762 可以用 0001 0111 0110 0010 16 个二进制数表示。这种编码方式就称为 BCD 码。

表 3.3-1 十进制和二进制转换

十进制	二进制	十进制	二进制
0	0000	5	0101
1	0001	6	0110
2	0010	7	0111
3	0011	8	1000
4	0100	9	1001

BCD 码是电子测量仪器编码的标准方式,不适用于机械轴角编码器,机械传动的轴角编码器普遍使用格雷码编码方式。

格雷码也是循环码,其特点是相邻两数码(十进制数)的二进制编码中仅有一位发生变化。格雷码使用得很多,所以有时会把循环码称为格雷码。格雷码的实质也是用二进制的0和1来表示十进制数字。十进制的0~15用格雷码表示见表3.3-2。

表 3.3-2 十进制数字与格雷码对照表

十进制	格雷码	十进制	格雷码
0	0000	8	1100
1	0001	9	1101
2	0011	10	1111
3	0010	11	1110
4	0110	12	1010
5	0111	13	1011
6	0101	14	1001
7	0100	15	1000

格雷码的特点为:①相邻两数码仅有一位发生变化(单位间隔码);②头尾两数码也仅有一位发生变化(循环码);③当从头尾两端去掉同样数目数码时,代码序列仍保持循环码特点;④除最高数位数码外,其余各位代码都与中线对称。这些特点使格雷码编码器即使在被测量值分辨率变化的中间状态位置,其输出至多也只相差一个分辨率,输入轴连续变化时输出误差不大于 0.5 或 1 个分辨率,不需要步进机构。码盘码轮的设计简单,易于制作。所以格雷码成为主要的使用码制。格雷码编码器的量程按二进制计算,使用范围都是 2^n。用于水位测量时,一般制作成 2^8(256)、2^{10}(1024)、2^{12}(4096)。

按编码信号的产生方式可将编码器分为机械接触信号和光电信号两个主要类别。多数编码器使用机械接触信号,信号产生的方式有电刷和码道接触、码轮凸起推动微动开关和磁钢吸合干簧管三种方式。

机械接触式编码器的码轮或码盘在转动时要受到电刷的压力、微动开关簧片的压力、磁钢的磁性吸力,都会产生一定的旋转阻力,影响测量的准确性。光电信号编码器工作时基本无阻力,信号的产生依靠一组光源和一组光敏器件,在光源和光敏器件之间安装一平面码盘,码盘上对应的码道位置上做出一些符合编码码制的通孔。当码盘上的通孔位于光源和光敏器件之间时,光线通过通孔照到光敏元件上从而产生信号;反之就没有信号发生,形成编码输出。光电编码器转动阻力极小,提高了仪器的准确性和灵敏度。

(2)浮子式水位计的主要类型

1)浮子式日记水位计

这是我国最早普及使用的自记水位计,自记周期为一天。记录方式是在记录纸上划线记录水位过程,用自记钟带动记录笔走动,水位轮带动记录滚筒转动,建立起时间、水位坐标。

2)浮子式长期自记水位计(划线记录)

日记水位计只能记录一天的水位过程,不能满足长期自记的需要,因此曾经发展了一些自记周期较长的自记水位计,自记周期在一周、一月、三月以上。自记周期在一月以上的仪器采用长周期的机械或石英自记钟,带动长图形记录纸走动,水位轮带动来复装置使记录笔来回走动记下水位变化。由于电子记录(固态存贮)方式的发展,划线记录的长期自记方式只应用于很少场合。

3)浮子式编码水位计

将浮子、水位轮的水位感应系统通过机械传动系统连接一个轴角编码器,构成一台浮子式编码水位计。该编码器可以是全量编码器或者是增量编码器,目前应用较多的是格雷码制的全量编码器,一般都采用机械接触的方式产生信号。在灵敏度要求较高时,采用光电编码器。

4)其他类型的浮子式水位计

①浮子式地下水位计。

可用浮子式水位计测记地下水位,由于地下水位井的管径很小,有时又很深,使得所用水位计的浮子和平衡锤都要很小,很影响测量准确性。

②斜井式浮子水位计。

浮子水位计都要有一直立式测井,但有些地点很难建直井,为方便施工,也有应用斜井式浮子水位计的。在水体和仪器房之间架两根斜度一致的圆管,分别放入浮子(球)和平衡锤(球),二者都能在管内滚动。连接浮子(球)和平衡锤(球)的悬索绕过水位轮,带动水位轮转动,使水位计工作。斜井必然影响水位测量的准确性,在设计中要全面考虑,还会产生一个水位升降和斜井斜长的转换问题。

斜井式浮子水位计的斜井安装示意图见图3.3-8。

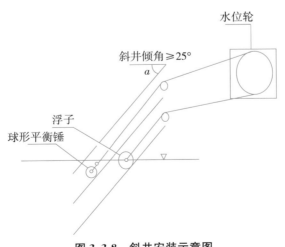

图 3.3-8 斜井安装示意图

在斜井中可以运用激光水位计测量水位。只需设一根斜井井管,在管中设一专门设计的激光反射浮子,该浮子的激光反射面应能准确代表水位,又能稳定地对准、反射激光束。

3.3.4.2　浮子式编码水位计的结构

以典型产品 WFH-2 型全量机械编码水位传感器为例来介绍浮子式编码水位计的结构,仪器外形图见图 3.3-9。

图 3.3-9　浮子式编码水位计

（1）工作原理

WFH-2 型系列全量机械编码水位传感器用浮子感测水位的变化,同时通过轴角编码器将水位模拟量转换为数字量。水位变化时,浮子、悬索使水位轮产生转动,并准确地将水位升降位移量转换为相应的水位轮角位移量(转动),水位轮轴就是轴角编码器的输入轴。因此,水位轮旋转的同时,轴角编码器已将水位模拟量 A 转换,并编制成相应的数字编码 D。此数字编码 D 用多芯电缆并行输出至采集器,由采集器进行显示、存贮、处理或传输。

（2）主要技术指标

WFH-2A 型浮子式水位计技术指标如下:

浮子直径:150mm;

水位轮工作周长:320mm;

平衡锤直径:20mm;

悬索:1mm 多股(19 股)不锈钢丝绳,或防滑带球钢丝绳;

测量范围:0～40m;

水位分辨率:1cm;

水位变率:≤1m/min;

水位测量精度:量程≤10m 时,±2cm;量程＞10m 时,±0.2%;

输出形式:12bit 格雷码;

显示方式:5 位机械数字显示;

工作环境:温度-10~+50℃(水体不结冰),湿度≤95%RH(40℃无凝露)。

(3)结构

WFH-2型全量机械编码水位传感器由浮子感测系统和轴角编码器两部分组成。图3.3-10为仪器全套设备及其安装示意图。

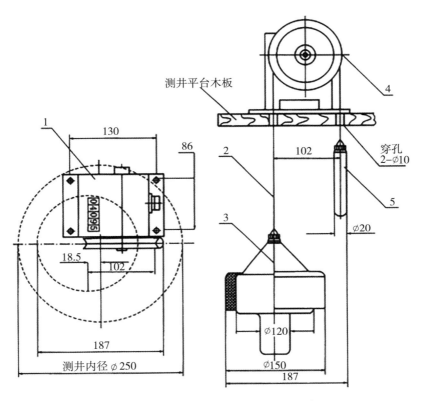

1.轴角编码器; 2.县索; 3.浮子; 4.水位轮; 5.平衡锤

图3.3-10 仪器全套设备及其安装示意图

①浮子感测系统包括浮子、平衡锤、悬索、水位轮等。

②轴角编码器包括十六进制计数器、码轮组部件、开关组部件、支承系统、机壳、底座和十进制机械计数器,图3.3-11为其正视图。

(4)机械编码工作过程

编码器采用带凸齿的码轮推动滚轮接触点开关来完成格雷码的编码。在每一码轮(码道)上按导通与断开要求制作凸起和凹下,在凸起处,凸点顶起微动开关,开关接通;在凹下处,微动开关仍处自然状态,触点断开,如图3.3-12所示。

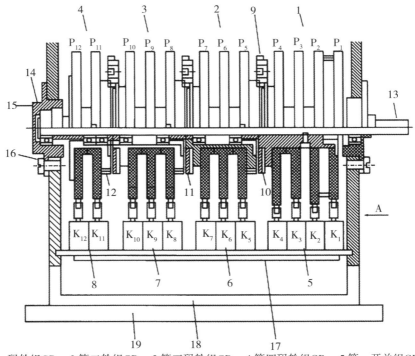

1.第一码轮组GP$_1$；2.第二轮组GP$_2$；3.第三码轮组GP$_3$；4.第四码轮组GP$_4$；5.第一开关组GK$_1$；
6.第二开关组GK$_2$；7.第三开关组GK$_3$；8.第四开关组GK$_4$；9.进位轮；10.主动计数轮之定位轮；
11.主动计数轮之拨轮；12.被动计数轮；13.水位轮枢轴（轴角编码器输入轴）；14.轴承座；
15.轴承；16.固定螺丝；17.开关部件；18.机壳；19.底板

图 3.3-11　轴角编码器结构图

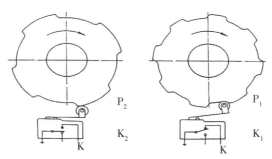

图 3.3-12　应用微动开关的机械编码过程图

3.3.4.3　浮子式水位计的特性

（1）优点

①浮子式水位计测量准确性很好，工作稳定可靠。

②浮子式水位计结构简单、容易掌握。其机械结构不太复杂，很直观，使用者很快就能了解其性能特点，并很快熟练应用。

③浮子式水位计应用普及、产品数量大。其类型较多，既有传统的划线记录的日记水位计，又有带编码器的浮子式遥测水位计；既可用于简单的水位自记，又可用于先进的自动化

系统;又因为浮子感应系统测量水位的准确稳定性和较低廉的价格,使得凡是可以建造水位测井的地点,都会优先考虑使用浮子式水位计。

（2）存在的问题

①日记型浮子式水位计只能得到一天的水位记录过程线,又不能自动进行数据处理,因此日记型浮子式水位计将会逐步缩小使用范围。应用纸带记录水位的长期自记水位计也只会在极少场合使用,故浮子式水位编码器的编码遥测水位计以及固态存贮记录器将会大量使用。

②修建水位测井的困难。修建测井需要较大的投资,在有些地方,修建测井很困难,甚至不可能修建测井,这些问题影响了浮子式水位计的应用。在不宜建造水位测井的地方,应该使用压力式、超声波、雷达等无测井水位计。

3.3.5　压力式水位计

压力式水位计是一种无测井水位计,测量水下传感器所在位置点的静水压力,从而测得该点以上的水位高度,得到水位。主要应用的压力式水位计分为投入式压力水位计和气泡式水位计两大类型,共4种形式。振弦式水位计也属于压力式水位计,但其水位测量准确性较差,不用于水文部门。

投入式压力水位计分为大气压自动补偿型(使用通气电缆)、绝对压力测量型(不用通气电缆)。气泡式水位计分为恒流型气泡水位计、非恒流型气泡水位计。压力水位计的压力传感器或气泡水位计的气管口固定安装在水下的测点位置上,该测点相对于水位基面的高程,加上此测点以上的实际水深 h ,就是水位(测量时如图 3.3-13 所示)。

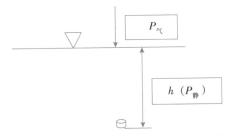

图 3.3-13　压力式水位计水位测量原理图

3.3.5.1　投入式压力水位计

（1）工作原理及类型

投入式压力水位计将压力传感器固定安装在水下测点测量压力,水体的水面是暴露在大气中的自由水面,水面上承受着大气压力。因此,水下测点测到的总压强"$P_{总}$"是测量点以上水柱高度 h 形成的静水压强"$P_{静}$"加上水体表面的大气压强"$P_{气}$"之和,$P_{总} = P_{气} + P_{静}$。换算成测量点以上水柱高度 h 时,用 $P_{总}$ 减去 $P_{气}$,或者应用补偿方式自动减掉 $P_{气}$,得

到 $P_{静}$。

$$P_{静} = h\gamma \tag{3.3-1}$$

式中：$P_{静}$——测点的静水压强(g/cm^2)；

　　h——测点水深，即测点至水面距离(cm)；

　　γ——水体容重(g/cm^3)。

推算得测点水深：$h = P_{静}/\gamma$。推算出对应的水位值。

水体容重 γ 一般以 $1g/cm^3$ 计算，但要精确测量时，需要考虑进行温度、盐度、含沙量等密度修正。水温从 $4℃$ 变化到 $45℃$，密度从 $1g/cm^3$ 变化到约 $0.99g/cm^3$，对水位误差的影响应该加以考虑。

固态压阻式压力传感器采用集成电路的工艺，在硅晶片上扩散电阻条形成一组电阻，组成惠斯登全电桥。当硅应变体受到静水压力作用后，其中两个应变电阻变大，另两个应变电阻变小，惠斯登电桥失去平衡，输出一个对应于静水压力大小的电压信号。常用的压力变送器将该电压信号经放大、调理和电压/电流转换，最后输出一个对应于静水压力大小的电流信号。

使用陶瓷电容压力传感器的投入式压力水位计的基本结构与使用压阻式压力传感器的投入式压力水位计基本相同，但陶瓷电容压力传感器和压阻式压力传感器不同，陶瓷电容压力传感器使用陶瓷感压膜片。陶瓷电容压力传感器原理见图 3.3-14。

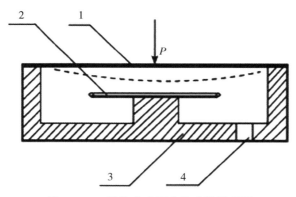

图 3.3-14　陶瓷电容压力传感器原理图

1. 感压膜片；2.固定电容电极；3. 壳体；4.通气孔(通大气)；5. 感测压力

(2)投入式压力水位计的大气压修正

在水下直接测量压力时，测得的是这一测量点的静水压强和水面上大气压强之和，要计算水位，必须将大气压强从测得的总压强中减去。修正方法有两种：一种是使用通气电缆自动消除大气压强；另一种是单独测量大气压，然后再进行数据处理。

1)使用通气电缆进行大气压修正

投入式压力传感器固定安装在水下，多数需要一根信号传输电缆传输信号和供电。为了在水下自动消除大气压强,需要将大气压引到测压膜片的背水面,采用的方法是在信号传输电缆中加装一根塑料通气软管。软管内孔直径约 2mm,包在电缆内,生产传感器时已将通气软管密封连接在测压传感器膜片背面的通气孔上,使得感压膜片背面空腔通过通气软管和大气相通,此空腔内的空气压力和大气压相同。这样,测压膜片的承压面承受着静水压和大气压之和,背面承受着大气压,膜片的变形只受到静水压的作用,其变形输出信号只与静水压有关,大气压被自动补偿消除了。通气电缆用于压阻式压力传感器和陶瓷压力传感器的大气压自动补偿。

2)单独测量大气压进行大气压修正

有的压力传感器不使用通气电缆,其通气孔封闭,传感器感压膜片背面空腔呈真空状态,测得的是静水压和大气压之和,$P_总 = p_气 + p_静$。需要用一单独的测压传感器同步自动测量大气压 $p_气$,然后用专门的软件从同时间测得的水下总压强 $P_总$ 中减去大气压 $P_气$,得到静水压强 $P_静$,再换算成水位。专门用于测量大气压的气压计,只测量大气压变化范围内的压力,压力测量范围不大。

这样的方法需要两个压力传感器,增加了成本。实际应用中,如果在面积不大的区域内布设了多个水位测量点时,可能在中心站设一个测量大气压的传感器,用中心站处测得的大气压代表所有站点当时的大气压,统一修正。这样的处理方式可以节约经费,但显然会产生相应的水位误差,不应采用。

3)两种大气压修正方法比较

①应用可靠性比较。

通气电缆的通气管较细小,又很长,不容易长期保证通畅。通气电缆发生折弯时,通气管内进入灰尘杂物时,尤其是空气中水汽在管内发生凝结积聚以及冰冻时,很容易使通气电缆堵塞。一旦堵塞,很难修复,有时没有完全堵塞也会影响测量准确性。有些产品的通气管口有干燥保护装置,国外有的产品的保护罩开口处还装有水分子筛来滤掉进入保护罩内空气中的水分,和保护罩端部的干燥单元一起起干燥通气管内空气的作用。经过这些处理,通气管内堵塞的可能性会有很大改善,但增加了运行成本。

单独测量大气压进行修正的压力式水位计不使用通气电缆,没有通气电缆带来的可靠性问题。因此,使用通气电缆的压力式水位计的可靠性可能低于单独测量大气压进行大气压修正的压力式水位计。

②水位测量准确性比较。

使用通气电缆后,大气压在压力传感器内被自动消除,测得的静水压比较准确,不存在大气压修正误差。单独测量大气压进行修正时,大气压的测量必须相当准确,大气压相差1‰,就会形成 1cm 的水位测量误差。测压传感器本身的测压误差也可能达到1‰的数量级,会对水位测量误差产生同样数量级的影响。测压传感器不可能永远贴近水面而测到水面上的大气压,距水面每 10m 高度将产生 1cm 水位误差。因此,使用通气电缆的压力式水位计的水位测量准确性优于单独测量大气压进行大气压修正的压力式水位计。

（3）投入式压力水位计的形式和基本要求

投入式压力式水位计是普遍使用的压力式水位计，比气泡式水位计的使用范围广，一般被直接称为压力式水位计。从总体结构上可以分为一体化的压力式水位计和传感器＋主机形式的压力式水位计两种形式。

1）一体化压力式水位计的结构功能

这类产品的压力传感器、测量控制装置、测量数据的固态存储器、电源、数据输出通信接口，都密封安装在一圆筒形的机壳内，外形呈长圆柱状。外壳具有很高的耐压密封要求，外壳防护等级达到 IP68 要求，水位量程大的仪器的水位计可能在较深的水下工作，耐压要求应该高于水位量程小的仪器。其外形和结构见图 3.3-15、图 3.3-16。

图 3.3-15 一体化压力式水位计外形图

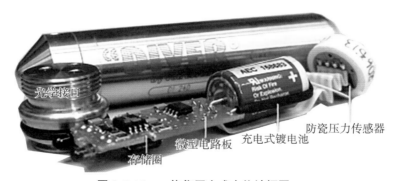

图 3.3-16 一体化压力式水位计框图

电路处理板控制仪器定时测量，对测量数据处理修正，送入固态存储器存储并准备输出。当需要进行数据通信时，进行数据传输通信。

固态存储器对测量数据进行存储。存贮数据一般都超过 10000 个，如果 1 小时记录一个水位，可以使用一年以上。使用 RS232、RS485、RJ－45、SDI12 等标准输出接口，有的产品用专用通信电缆，或使用专用通气电缆，都已和水位计连接好，电缆输出端在地面上和读数、传输装置连接。少数产品使用光纤输出，用光学接口连接光纤输出数据，光纤连出地面，在地面上用光纤接口接入计算机或专用读数装置，读取水位计内存储的数据。

因为是一体化的结构，这类产品都使用内置电池供电，大部分使用体积小、容量大、寿命长的锂电池供电。一些产品的电池不能再充电,需要定期更换,但更换周期都很长,在一般的应用条件下,都可以使用5年以上。一些产品的锂电池可以拆下充电,有些产品可以不拆下电池直接充电,方便应用。

外壳除了要达到IP68的防护要求外,还必须有很高的耐腐蚀性能,一般都用较好的不锈钢材料制作,质量好的产品用陶瓷材料外壳,完全解决了防腐蚀问题。

一体化的压力式水位计在测量水位的同时,基本上都可以同时测量水温,并对水温数据记录存储。一些一体化压力式地下水水位计为了兼顾测量地下水盐度的需要,可以同时测量水位、温度、电导率,构成三参数地下水自动测量记录仪。

所有产品的测量时间间隔都可以任意设置,时间间隔可以是1分钟至几天。

2)压力传感器+主机形式的压力式水位计的结构

这类产品由压力传感器和测量控制装置组成,用专用电缆连接(图3.3-17)。连接压力传感器的一段专用电缆带有通气管,通气管的开口端露出水面。仪器用专用缆索悬挂在水体的最低水位以下,测控装置安放在地面上的站房或仪器箱内。电源和记录装置也可能是单独的,和测控装置相连。水下的压力传感器只是一个压力测量元件,在水下工作。这类仪器都使用带通气电缆的专用电缆,压力传感器测得的是静水压强,不用进行大气压修正。

图3.3-17　压力传感器+主机形式的压力式水位计

地面上的测控装置的结构功能差别较大,其必须具备的功能是控制水下压力传感器工作,定时测量水下静水压强值,并将此静水压强值进行处理后转换成地下水埋深或水位值。可能具有固态存储功能、数据显示功能、传输功能、多参数测量功能。

测控装置用电池或蓄电池供电,大部分需要用太阳能电池进行浮充电,以保证长期工作。新型仪器功耗降低,一些产品可以用内置电池供电,工作较长时间,在使用较长时间(至少半年以上)后,更换内置电池或进行人工充电后再次应用。

在产品设计中,对影响水位测量准确性的诸因素都采取了有效的解决和克服措施,保证了整机的测量准确性。应用温度修正是减少漂移影响、提高测量准确性最重要的措施。

3)投入式压力水位计的基本技术要求

投入式压力水位计用于遥测时要符合遥测水位计标准的技术要求,同时要符合压力水位计标准要求。该标准对产品的基本技术要求如下:

水位分辨力:可为0.1cm、1.0cm(此分辨率与准确度关系不大);

水位测量范围:0~5m、10m、20m、40m;

水位变率:不小于 60cm/min;

水位准确度:在 0~10m 水位变化范围内,水位基本误差为±1cm、±2cm,应充分考虑温度稳定性和时间稳定性等附加误差;

使用环境:水下温度:0~40℃,水上环境温度-5~50℃,95%RH,水质有含沙量和盐度限制;

可靠性要求:MTBF>25000h;

信号输出要求:标准接口;

其他要求:波浪抑止功能,水下部分耐压、防水功能。

(4)典型产品介绍

国内外压力式水位计的产品很多,大多数产品可以用于地表水和地下水水位测量,且都是一体化产品,少量产品只用于地表水水位测量。

1)国产 WDY-1S 型遥测压力式水位计

WDY-1S 型遥测压力式水位计包括压力传感器和遥测两部分,可用于地表水和地下水水位测量。用于地下水水位测量时,遥测部分可以放在地下水测井内。使用通气电缆,可实现水位数据的定时采集、存储及传输(图 3.3-18)。

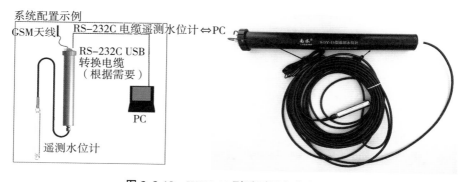

图 3.3-18　WDY-1S 型遥测压力式水位计

其技术性能如下:

测量参数:水位、水温;

水位测量误差:0.1%FS,分辨率 1mm;

水温测量误差:0.2℃;

水位量程:10m、30m;

固态存储数据:30000 个;

通信传输:GPRS/GSM;

接口:RS485;

电源:6VDC(4 节 1 号电池),应用一年以上;

环境温度:-10~70℃(水不冰冻);

外形:压力传感器 f22mm×134mm ,遥测部分 f50mm×489mm;

外壳防护:水下部分 IP68,水上部分 IP67;

应用通气电缆。

2)WYY-1 型遥测压力式水位计

WYY-1 型遥测压力式水位计包括压力传感器和遥测两部分,可用于地表水和地下水水位测量。用于地下水水位测量时,遥测部分可以放在地下水测井内。不使用通气电缆,可实现水位数据的定时采集、存储及传输(图 3.3-19)。

图 3.3-19 WYY-1 型遥测压力式水位计

其技术性能如下:

适用测井:>φ120mm 水位测量范围:0~10m、20m、40m;

水位测量误差:量程≤10m 时≤±2cm,量程>10m 时≤±2‰;

水温:测量范围 0~50 ℃;

误差:0.2℃;

电源:DC 4.5V(内置 3 节 1 号电池),可连续使用一年以上;

通信方式:GPRS(CDMA、SMS);

数据存储容量:>20000 个;

温度环境:−25~55℃(不结冰);

外壳防护:压力水位计 IP68,水上部分 IP67;

不使用通气电缆,自动测量大气压并自动修正水位压力值。

3.3.5.2 气泡式压力水位计

(1)工作原理及类型

气泡式压力水位计是压力式水位计的一种,其典型特征是在工作过程中要通过吹气管向水中吹放气泡,所以被称为气泡式压力水位计。气泡式压力水位计的造价比压阻式压力水位计高,也较复杂。但其和被测水体完全没有"电气"上的联系,只有一根吹气管进入水中,从而可以避免很多干扰和影响。

气泡式压力水位计测量水位的工作原理与投入式压力水位计相同,但测量静水压力的方法不一样(图3.3-20),其将压力传感器安装在岸上仪器内,通过一根吹气管将吹气管口的静水压强引入岸上仪器进行测量。气泡式压力水位计有一根吹气管进入水中,吹气管口固定在水下某一测点处。吹气管另一端接入岸上仪器的吹气管腔(气包),吹气管腔连接有高压气瓶或气泵。其引压原理基于:在一个密封的气体容器内各点压强相等,也就是说:如果气水分界处正好在管口,而气体又不流动或基本不流动(只冒气泡),那么吹气管出口处的气体压强和该点的静水压强相等,又和整个吹气管腔内的压强相等。将压力传感器的感压口置于吹气管腔内,压力传感器就可直接感测到出气口的静水压强值,即可换算得到该测点位置对应的水位。

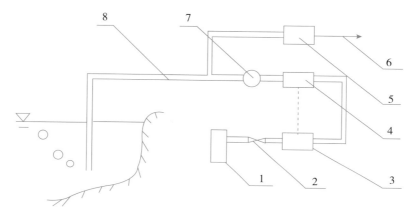

图 3.3-20　恒流式气泡水位计典型组成示意图

1. 高压气瓶;2. 阀;3. 调压器;4. 恒流阀;
5. 压力传感器;6. 测得压力值输出;7. 流量计;8. 吹气管

要使吹气管出口处的气体压强和该点的静水压强相等,可采用两种方法:一种是仪器内部装有自动调压恒流装置,自动适应静水压力的变化,长期控制管口慢慢均匀地放出气泡,一般是1分钟冒数十个气泡,这时可以认为气体压强等于出气口的静水压强,这种方式称为恒流式气泡水位计;另一种是平时仪器不工作,要测量时仪器启动气泵,使气体压强超过吹气管口的静水压强,吹气管冒出大量气体,然后气泵停止工作,吹气管口的出气很快停止,此时管内压强等于静水压强,仪器快速自动测出此压强,这种方式称为非恒流式气泡水位计。

(2)恒流式气泡水位计

以一种国外产品为例来说明,恒流式气泡水位计外形见图3.3-21。

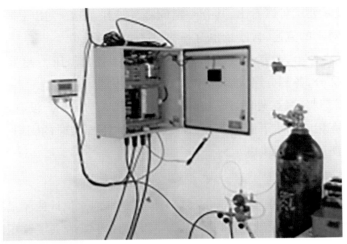

图 3.3-21　恒流式气泡水位计

该仪器工作时,气体(一般为氮气)从高压气瓶内流出,经调压阀调整为所需压力。恒流阀和流量计测得和控制气体流量。如流量超过预定值,内部控制系统会调节调压阀的压力,保证有一恒定气体流量,此气体流量将吹气管内水推出管外,冒出吹气管。由于气体流量只是 1 分钟数十个气泡,可以认为水、气界面就在管口,管内气体压强等于管口静水压强。也可以这样解释:如果一个气泡也不冒出,那就说明管口水压强大于管内气体压强;相反,如果气体压强大于管口静水压强,气体将连续向外喷冒,不会形成断续的气泡;当只是冒气泡的时候,可以认为吹气管内气体压强等于管口的压强。用压力传感器测量出吹气管腔内的气体压强就得到水下测点的静水压强。

对恒流式气泡水位计的基本技术要求和投入式压力水位计基本一样。

典型产品技术指标如下:

水位测量范围:0~15m;

水位分辨率:1cm;

水位变率:0~40cm/min;

水位准确度:10m 水位变幅内 95％测点允许误差为±2cm,99％测点的允许误差为±3cm;

水位记录:内存容量≥128kB,记录周期 6min(可选);

数据传输:RS232 口,有线无线传输方式;

显示:时间、水位;

气源:氮气,具有恒压恒流装置;

耗气量:＜5mL/min;

电源:12VDC±10％,值守电流＜ 0.5mA,工作电流＜ 100mA;

工作环境:气温−10~+50℃,湿度 93％RH(40℃时);

水流环境:流速 0~3m/s,含沙量 0~10kg/m³,波浪高度 0~10cm;

输出信号线应有防雷电措施。

从该产品的技术要求可以看出，其有一定的氮气消耗，需要专用气源；水位误差略大于其他类型水位计；对水的流速、含沙量也有一些限制。

仪器部分安装在岸上，包括调压供气部分、恒流控制部分、压力测量部分、信号处理部分、显示记录输出部分，各部分组成因各种仪器不同而不同。

吹气管是一根塑料软管，外径 5～10mm，内孔孔径 3～5mm。没有任何信号线和电源线，但入水管口会有相应的水下固定设施，方便在现场水下安装时的固定。可能需用交流供电，较新的仪器都能用蓄电池供电。

（3）非恒流式气泡水位计

非恒流式气泡水位计的外形（图 3.3-22），与恒流式气泡水位计的测量原理基本相同，都是通过测量水体的静水压来反映实际的水位；不同之处在于其省去了调压阀、恒流阀等机械部件，不用高压气瓶而用气泵直接压缩空气。在气泵出口处安装单向阀，每次测量时通过单向阀输气，使储气罐形成高压气室，吹入吹气管，当吹气管出口处水、气交换面位于吹气管口时，测得水体静水压并转换为水位值，其工作原理见图 3.3-23。

图 3.3-22 一种非恒流式气泡水位计

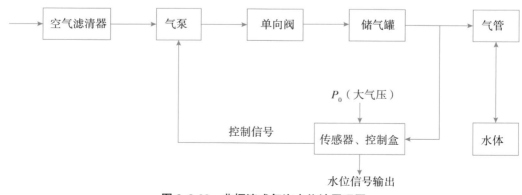

图 3.3-23 非恒流式气泡水位计原理图

气泵首先工作,产生高压气体"吹通"气管,在水体中形成气泡,此时测得的压强值应大于水压。气泵自动停止工作后,单向阀关闭,储气罐和气管在水中形成高压气室。随着气泡逐渐减少,高压气室的压力也逐渐降低,直至高压气室内压力和气管口静水压相同,不冒气泡,气室内压力也不再降低。控制电路密集采样气室压力,可以得到自气泵停止工作到水、气压平衡时整个时间段内的压力变化曲线,压力室压力变化曲线见图3.3-24。

图中 t_0 为气泵开始工作时刻,其压力为上次测量时气管中的保持压力,应小于或等于现在的静水压力;t_1 对应于气泵停止工作时刻,而 t_2 则对应于水、气交接面位于气管口处不再出气泡的时刻,此时测得的压力值经换算对应于水位值。t_2 以后短时间内气管内压力不会变化太大。

通过连续采样 t_2 时刻前后的压力值,当压力基本不变时,判断此值为水位真值的压力值,并可以通过设置不同长短的采样时间和误差阈值得到不同精度的读数。由于吹气压力足够大,在"吹通"气管后气室压力下降的时间基本一致,也可以通过统一设置一个读数等待时间来得到水位值。t_2 时刻的确定由实验获得,并可调。

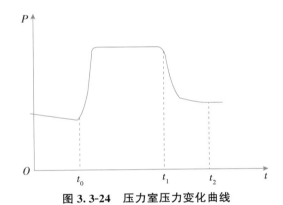

图 3.3-24　压力室压力变化曲线

一种国外非恒流式气泡式水位计的技术性能如下:

量程:0~15 m / 0 ~30 m(可选);

精度:标准± 5 mm,可选± 1.5 mm(USGS 标准)在15m量程的最初 3 m 内;

分辨率:1 mm/0.1 mBar;

单位:m、cm、feet、mBar、psi;

测量间隔:1min~24h;

输出:SDI12、4~20mA;

电源:10~30VDC,通常 12V/24V;

功耗:测量间隔 1min 时 320 mAh/d,测量间隔 15min 时 25mAh/d;

吹气管直径:2mm、1/8″、4mm;

工作温度:—20~60℃;

存储温度:—40~85℃;

相对湿度：10％～95％

尺寸：165mm×205mm×115mm；

重量：1500g；

外壳材料：ABS工程塑料。

非恒流式气泡水位计由仪器和外接吹气管组成，仪器内有气泵、储气瓶、压力测量部分、控制及数据存储处理输出、电源等部分。

气泵和储气瓶都是微形化的，装在仪器箱内。由电池供电使气泵定时工作，压缩空气进入储气瓶并直接吹入吹气管，压力测量部分测量气室内气体压力，控制及数据处理输出部分控制仪器运行及进行数据处理。这类气泡式水位计都使用空气，有些产品需要一个除湿容器，对空气进行除湿过滤处理。

非恒流式气泡水位计间歇性工作方式提高了测压传感器的稳定性和可靠性，能提高测量准确度。经常高压吹通气管使吹气管不会淤塞，保证了工作可靠性。其不需要较大气瓶供气和更换高压气瓶，给使用带来了很大方便。这类仪器采用了全面的准确度自动修正、补偿措施，自动化程度很高。

（4）压力式水位计的性能

1）压力式水位计的特性

压力式水位计的最大特点就是不需要建水位测井，可以应用于不能建水位测井和不宜建井的水位测点，也适用于一些临时观测水位的地点。投入式压力水位计可以测量冰盖下的水位，但如果将传感器冻住会损坏传感器。气泡式压力水位计可以很方便地用于冰下水位测量，由于水下只是一根气管，就是冻结了也没有关系，不会损坏仪器。

影响压力式水位计水位测量准确度的因素很多，传感器长期在水下处于受压工作状态，影响仪器的长期稳定工作。压力式水位计适用于含沙量不大的水体，不适用于河口等受海水影响盐度会变化的地点。但先进的产品提高了水位测量准确度等各项性能，正在扩大压力式水位计的应用范围。

陶瓷电容压力传感器的应用提高了压力式水位计的水位测量准确性和稳定性，加上温度自动修正功能后，使得压力式水位计的性能得到很大提高。

2）准确度分析

投入式和气泡式压力水位计仪器本身的误差主要是压力传感器的误差。但是，影响压力式水位计测量精度的因素还有很多，如大气压力变化、波浪、流速、含沙量的变化、水体容重变化、压力传感器（或压力变送器）的品质因素以及测量电路品质等都会影响压力水位计的水位测量精度。

①大气压力变化对水位测量的影响。

使用通气电缆的仪器自动消除了大气压力变化带来的影响。一些投入式压力水位计不使用通气管，而是同时单独用一个传感器测量大气压力，大气压的测量精度直接影响水位测量准确性。

②波浪对水位测量的影响。

由于波浪的衰减作用，它不会使深水处的静水压力产生相应的波动，一般认为在 3 倍的平均浪高水深处的静水压力就不会产生波动。波浪会使浅水处静水压力值产生同步波动，因此在压力式水位计的研制、安装和使用中要注意波浪的影响。可以用增加机械阻尼、电气阻尼的方法减少影响。增加的阻尼太强时会影响压力式水位计的灵敏度，也就降低了水位计对水位变率的适应程度。

③流速对水位测量的影响。

流速产生的动水头压力若被引入压力传感器内，将会引起水位测量值偏大；若水流流线在压力传感器外表的引压口表面处产生脱离现象，就可能出现负压，会引起水位测量值偏小。因此，必须采取适当措施减小流速对水位测量的影响。首先，选用的压力传感器的引压通道宜有一些折弯；其次，压力传感器外表的引压口表面必须尽量平行于水流安装；最后，压力传感器的安装位置要避开较大的流速区。这三种措施必须同时具备两种以上。

④含沙量对压力水位计测量精度的影响。

含沙量的大小及变化将可能直接影响压力式水位计水位测量的准确度。

压力式水位计的计算公式中，实测水位 H_w 与静水压力 P 呈线性关系，与水体的容重倒数呈线性关系，也就是说，实测水位与水体容重 γ 有关。对于那些极细微粒径的泥沙，若将其视作可溶性物质来计算，则泥沙含量会使水体容重改变，测点的静水压力值也发生改变。根据计算，可用下式表达：

$$P_s = h\gamma + 0.00062Wh\gamma \qquad (3.3\text{-}2)$$

式中：P_s——考虑含沙量影响时的静水压力；

　　　h——压力传感器安置水深；

　　　W——含沙量，即实测水体每立方米含沙量的千克数值；

　　　γ——水的容重。

此公式是在取悬移质泥沙比重为 2.65g/cm^3 时得出的，其中 $0.00062Wh\gamma$ 可视为由含沙量引起的静水压力变化最大附加值。从式 3.3-2 得出下述结论：当含沙量为 0 时：$P_s = \gamma h$，说明测量值无含沙量影响；当含沙量相同，压力传感器安置深 h 越大时，P_s 的附加值就越大，说明含沙量对水位测量影响越大。当压力传感器安置水深 h 相同时，含沙量 W 越大，P_s 的附加值也就越大，说明含沙量对水位测量影响也越大。在实际安装使用中可以据此来采用相关措施减少含沙量对水位测量精度的影响。

由于泥沙并非可溶性物质，所以实际上含沙量对静水压力的影响并没有计算值大。泥沙颗粒较大时，影响更不大。一些专家提出了这方面的问题，但这方面的研究不多。在我国绝大部分江河，含沙量不高时，压力式水位计的含沙量修正问题并不重要；含沙量较大时，要考虑对压力式水位计实测水位值进行含沙量修正。

⑤水体含盐度变化对水位测量精度的影响。

被测水体含盐或含有其他可溶性物质将引起水体容重变化,从而直接影响水位测量。被测水体容重虽偏大但比较稳定时,压力式水位计仍可使用,在使用中应进行容重修正。水体容重在大范围内变化无常的少数特殊场合,应慎重使用压力水位计。

⑥压力传感器的漂移、品质因素对水位测量的影响。

压力传感器的漂移主要是温度漂移和时间漂移,漂移量将直接转化为水位测量误差叠加到水位值上。应选用漂移尽可能小的压力传感器,并具有有效的温度补偿措施。在有人驻站时,通过定期人工比测,修正水位,可以有效地解决压力传感器的漂移问题。压力传感器不适用于自动站。仪器的线性度、迟滞、重复性误差都应能达到0.1%的精度,经误差合成分配后才可能满足水位测量要求。

外界因素如大气压力变化、波浪、流速的影响可以经适当处理后减少或消除。含沙量和盐度的影响一般用限制使用场合的方法来避免和降低影响。一些仪器有水密度的调整措施,不过也不能适用于含沙量和盐度多变的地点。

压力传感器本身会有温度漂移、时间漂移以及灵敏度漂移,还有压力传感器本身的线性度、重复性、迟滞等误差。这些误差变化很大,取决于压力传感器的品质。

3.3.6 超声波水位计

超声波水位计分为液介式和气介式两大类,分别以液体(水)和空气作为声波的传播介质。

3.3.6.1 超声波水位计的工作原理与组成

声波在介质中以一定的速度传播,当遇到不同密度的介质分界面时产生反射。超声波水位计通过安装在空气或水中的超声换能器(声传感器),将具有一定频率、功率和宽度的电脉冲信号转换成同频率的声脉冲波,定向向水面发射。声波束到达水面后被反射回来,被超声换能器接收。通过这组发射与接收脉冲信号的发射、接收时间,测得声波从发射经水面反射,再由换能器接收所经过的历时。根据声波的传播速度 C 和测得的声波来回传播历时 t,可以计算出换能器离水面的距离 H。

$$H = Ct/2 \tag{3.3-3}$$

由超声换能器安装高程 $H_{仪}$ 和 H 可以得到水面高程 $H_{水}$,也就是水位值($H_{水} = H_{仪} - H$)。测量控制、计算以及必须的修正、显示、记录传输等工作由测量控制仪完成。

超声波水位计定时工作,按预定设置的时间间隔测量水位。测得水位供记录显示,或供自动测报系统应用,时间间隔可选择设置。为保证水位测量准确性,超声波水位计必须具备超声波声速修正和防水面起伏的多次水位测值平均功能。

超声换能器安装在水中的称为液介式超声波水位计,超声换能器安装在空气中的称为气介式超声水位计,后者为非接触式测量。

不论是气介式还是液介式,超声波水位计都应包括超声换能器、超声发射控制部分,数据显示记录部分和电源。一些产品由超声换能器和主机(测量端机)组成,主机包括超声发射控制部分、数据显示记录部分和电源等。一体化产品将换能器和发射控制部分以及发射控制、数据处理、电源等各部分制作在一起,成为一个整体,更便于应用于气介式超声波水位计。所有产品都有标准数据输出接口,可用于自动化系统(图 3.3-25)。

液介式超声波水位计一般采用压电陶瓷型超声换能器(声传感器),其频率一般在 40～200kHz 选择;而气介式超声波水位计一般采用静电式超声换能器,其频率一般在数十千赫。两者的功能均是完成声能和电能之间的相互转换。通常发射与接收共用一个超声换能器。液介式超声波水位计都由超声换能器和主机(测量端机)组成,超声换能器安装在最低水位以下,与岸上主机以电缆相连,传输电源和各种信号。

超声波水位计应具备温度声速自动补偿功能、取多次测量平均值功能以及将处理后的数据传送给二次仪表(显示记录仪或通用型数据传输设备)的功能。

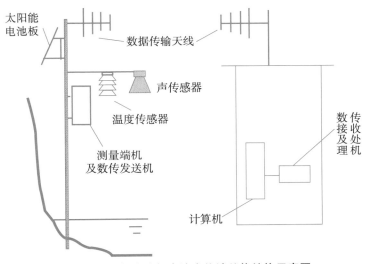

图 3.3-25 气介式超声波水位计总体结构示意图

3.3.6.2 超声波水位计的性能

(1)仪器的特点

超声波水位计是无测井水位计的一种,具有无测井水位计的特点。

和液介式超声波水位计相比较,气介式超声波水位计最大的特点是实现了非接触式测量。在测量水位时,气介式超声波水位计和水体没有接触,所有仪器放在空气中,带来的优点是明显的:

①避开了水下环境,既没有水下安装的麻烦,又可以不考虑水下环境对仪器使用的影响,可以用于对流速、水质、含沙量都不加任何限制的场合。

②降低了对仪器的适用性要求,如密封耐压性要求、形状要求,设置参照反射体进行自

动修正的限制等。

③有利于提高仪器性能,在空气中安放,有利于仪器将换能器和发收控制部分制作成一整体,空气中的环境也有利于提高仪器功能和准确性。

气介式超声波水位计主要用于不宜建井,也很难架设电缆、气管到水下的场合,如河滩、浅水等地区,流速较大、含沙量变化大的水体。

水体较深,水位变化很大的地点可以考虑应用液介式超声波水位计。选用时要考虑到水下部分的安装维护、水流影响、水位测量准确度等要求。

超声测量仪器在测量范围上有一个"盲区",即测量范围的下限。对于液介式仪器,其盲区指标一般小于 0.5m;对于气介式仪器,一般小于 0.8m。仪器的超声工作频率越高,其盲区越小。但频率越高,超声波的穿透能力越差,能测得的水位(水深)范围会越小。所有超声波水位计都存在盲区。

声速变化是影响超声波水位计测量准确度的主要因素。一般液介式仪器在 10m 量程内其误差不大于 2cm;气介式仪器在同样量程范围内其误差不大于 3cm。超声波水位计误差较大,使用性能比不上雷达(微波)水位计,使用得较少。在小量程水位测量和室内水位测量中,气介式超声波水位计能够保证满意的水位测量准确性,仍得到较广泛的应用。

(2)超声波水位计的水位测量准确性影响因素

最主要的影响因素是温度对声速的影响,还有测量电路的影响和波浪的影响等。

1)温度影响

根据超声液位测量公式 $H=Ct/2$,其中,声速 C 的变化将直接影响测量准确度。对于液介式超声波水位计来说,水中声速主要随水温、水压及水中悬浮粒子浓度的变化而变化。在含沙量不大(30kg/m³ 以下)的江河水库中应用时,如果采用的超声波工作频率较高(200kHz 及以上),那么主要应考虑的是声速随水温的变化。对于 4~35℃的水温变化范围,声速的变化量约 6%,温度变化 1℃,声速变化约 0.2%。

对于气介式超声波水位计来说,空气中声速主要取决于气温、相对湿度和大气压力。对于 0~40℃的气温变化范围,声速的变化量约 7%,声速可用 $C=331.45+0.61t$(m/s)来估算。对于 10m 水位量程的测量,如果温度测量误差达 1℃,引起的水位误差可达 2cm。对于 0%~100%(25℃标准大气压下)相对湿度的变化范围,声速的变化量约 0.3%;对于 0~2km 的海拔高程变化范围,声速约变化 0.89%。这些数据说明影响空气中声速变化的主要因素是气温。

从以上分析可知,如果不把超声波水位计工作时的声速通过直接或间接的方式测量计算出来,而仅以仪器中预设的固定声速来计算水位测量值,仪器的水位测量准确度是很低的。因此,超声波水位计的测量准确度主要取决于其温度、声速自动修正措施的完善程度,而且要每变化不到 1℃以下就进行一次温度修正。

2) 测量电路影响

超声传感器中的测量电路本身也可能引入一些误差,包括时钟频率的稳定度、计时电路可能有±1个信号计数误差、回波信号强弱变化而引起的回波脉冲前沿的滞后等。一般时钟电路的频率稳定度很高,所以其影响完全可以忽略。计时电路±1个信号的计数误差也完全可以忽略。性能优良的电路能在回波信号的第一周或第二周就检出回波,超声工作频率为 50kHz 时,一个周波的时间为 20μs,而 1cm 水位变幅的时间当量约为 60μs,滞后一个周波会造成水位测量值偏大 0.33cm。这说明由传感器测量电路本身引起的误差与由声速变化引起的误差相比还是可以基本不计的。

3) 波浪影响

自然水面必然有波浪影响,仪器要有防浪测量功能,通常是仪器应具备在每次水位施测时进行多次测量,去除若干个最大的和最小的数据,再取水位平均值的功能(称中值平均法)。

(3) 温度声速修正措施

对水位测量误差影响最大的是温度对声速的影响,必须有自动修正措施。常用的方法有直接测温法和固定距离参照反射法等。

1) 直接测温法

在超声换能器上,或在其近距离处单独安装一温度传感器测量水温或气温。根据测得的温度值计算当时的超声波速,用于计算水位值。仪器能自动实时地进行温度—声速修正,修正结果主要取决于温度传感器的测温准确度。

该方法测得的是某一点的温度,很难代表整个声程中的水、气平均温度,安装在换能器上的温度传感器更不能代表整个声程的平均温度,未考虑湿度、气压、水密度、水质等对声速的其他影响因素。

2) 固定距离参照反射法

在声程中距仪器发射面一固定距离处,设置一个很小的固定反射体,与仪器发射面距离为 D_r。实测水位时,仪器将分别接收到该反射体和水面的回波信号。用一固定声速计算参照反射体距离 N_r 和测得水位 N_s,如实际水位为 D_s,则 $\dfrac{D_s}{N_s} = \dfrac{D_r}{N_r}$,整理后得:

$$D_s = \frac{D_r \cdot N_s}{N_r} \tag{3.3-4}$$

该方法能修正包括温度在内的各种综合影响,声速修正准确度较高。在气介式仪器上设置一反射物是比较容易的,在液介式仪器上设置参照反射体会受水流、漂浮物、附着物影响,就不太合适了。设置参照反射体的气介式水位计要注意其反射体形状、稳定性,有时还要考虑其上结露、冰霜的影响。该方法用一小段声程代表全部声程,优于用一点的温度相应声速来代表,但仍不是全部声程。

3.3.6.3 典型产品介绍

(1)气介式超声波水位计

一种典型的国产气介式超声波水位计的技术性能如下：

水位测量范围：0～2m、10m、20m,可达40m；

水位分辨率：1cm；

水位盲区：安装时预留盲区距离,不影响水位测量；

水位准确度：10m水位变幅时±2cm；

使用环境：－10～＋50℃；

信号输出：BCD码、RS232C,传感器与控制器之间传输距离≤100m；

工作周期选择：1min,6min,…,24h多档选择；

工作频率：20～100 kHz；

具有声速实时补偿；

具有有线、无线传输配套设施。

(2)液介式超声波水位计

液介式超声波水位计目前国内只有个别较成熟产品,应用不多。国外一些声学流量测量系统中用ADCP、时差法测量流速的同时,采用安装在流速测量传感器上的液介式超声波水位计测量水位。

国内较成熟产品技术指标如下：

测量范围：单级0.5～10m(15m),可联四级(4个换能器)达到60m量程；

盲区：≤0.5m；

流速：≤3.0m/s；

含沙量：≤10kg/m³；

水温：0～＋40℃；

工作气温：－5～＋50℃(普通型)；

相对湿度：≤95%(40℃)；

电源：12VDC(－8%～10%)/36AH可充电电池；

功耗：守候电流≤7.6mA(3.6V守候电池提供),静态电流≤130mA(12V工作电池提供),工作电流(平均)≤300mA(12V)；

固态存储记录；

接口：RS232－C标准通信接口；

水温精度：≤±0.2℃；

水位分辨率：1.0cm；

水位准确度：在量程范围内,误差≤±3cm的置信水平＞95%；

水位重复性误差：在量程范围内误差≤±2cm；

时钟误差：≤±2分钟/月。

3.3.7 雷达水位观测计

3.3.7.1 测量原理

(1)雷达测量水位的基本原理

雷达水位计是一种非接触式水位测量仪器,向水面发射和接收微波脉冲,采用脉冲雷达技术对水位进行测量,所以雷达水位计也称为微波水位计。

雷达发射接收的是微波,微波在介质中以一定的速度传播,当遇到不同密度的介质分界面时产生反射。雷达水位计定向向水面发射微波脉冲信号,脉冲信号到达水面后被反射回来,被雷达水位计接收,测得微波脉冲信号从发射经水面反射再被接收所经过的历时。根据微波的传播速度 C 和测得的声波来回传播历时 t,可以计算出雷达水位计离水面的距离 H。

$$H = Ct/2 \qquad\qquad (3.3-5)$$

由雷达水位计安装高程 $H_仪$ 和 H 可以得到水面高程 $H_水$,也就是水位值($H_水 = H_仪 - H$)。测量控制、计算以及必须的修正、显示、记录传输等工作由测量控制仪完成。雷达水位计也必须具备防水面起伏的多次水位测值平均功能。

气介式超声波水位计、激光水位计的工作原理和雷达水位计类似,气介式超声波水位计通过超声换能器(声传感器),将具有一定频率、功率和宽度的电脉冲信号转换成同频率的声脉冲波,定向向水面发射。激光水位计应用激光测距原理,向水面(反射板)发射激光脉冲,光电元件接收水面反射的激光。两者都是根据传播速度和来回传播历时,计算传感器距离水面的距离。

与超声波相比,在空气中传播时,微波有一些优点。在可能的气温变化范围内,微波在空气中的传播速度可以被认为是不变的。这就不需要温度修正,大大提高了水位测量的准确度。微波在空气中传输时损耗很小,可以用于很大的水位变化范围。而超声波必须要有较大功率才能传输(包括反射)通过较大的距离,超过 10m 水位变幅,应用气介式超声波水位计就很困难。

雷达水位计基本上都是一体化结构的,图 3.3-26 是几种产品。仪器内部包括微波发射接收天线和发送接收控制部分,都带有记录部分、通信输出接口、电缆连接和供电电源。

图 3.3-26　几种雷达水位计

雷达水位计的技术性能基本技术要求和一般遥测水位计一致。应用的国外产品较多，典型产品技术性能如下：

水位测量范围：0～20m 或更大（已有 0～90m 的产品）；

水位测量准确度：±1cm；

使用环境：−20～70℃，湿度不限；

信号输出：4～20mA；

记录与传输：具有固态存储功能，能应用 GSM 和电话传输方式遥测数据；

电源：12VDC；

工作频率：24GH。

（2）空间定位原理

除了上述安装在固定位置的雷达水位计之外，我们还可以通过无人机搭载雷达、遥感雷达等方式测量水位，要获取水位需要知道雷达探测器位置的高度和雷达探测器到水面的高度。其中，从雷达探测器到水面的高度可以通过上节的原理进行计算，而安装在固定位置的雷达水位计的高度一般在安装阶段就已经测量得到，无人机搭载雷达、遥感雷达（人造地球卫星、航空等平台上搭载雷达高度计）等方式的雷达探测器位置可能是时刻移动的，需要用 GPS、RTK、ppK 等方式进行空间定位。

3.3.7.2 适用范围

对于雷达水位计而言，它既不接触水体，又不受空气环境影响，具有多次水位测量后取均值的功能，消除了水面波浪影响。其水位测量范围大，功耗较小，便于电源的设置。与超声波水位计和激光水位计相比，雷达水位计还有几个突出的优点：

①微波在空气中的传输速度基本不受温度、湿度影响，在使用中没有由温度影响造成的水位误差，可以在雾天测量；而超声波水位计受到温度对声速的影响。

②与超声波水位计相比较，电子电路形成的误差的估算方法是一样的，但微波的波长远远短于超声波，所以其误差更可以忽略，波浪影响也可以消除。因此，雷达水位计的理论准确度相比超声波水位计更高，一些典型产品的水位测量范围为 20m，水位测量准确度仍为 ±1cm，这是其他水位计难以做到的。

③激光水位计发射激光到水面后很容易被水体吸收，反射信号很弱，使多数激光水位计很难简单地安装在水面上方测量水位，要求在水面上设一反射物体，且该反射物要固定地漂浮在仪器下方的水面上才能增强激光反射信号。因此，激光水位计的安装受到环境的影响和限制很大。与激光水位计相比，雷达水位计安装位置受局限小，适用于不宜建井也很难架设电缆、气管到水下的场合，如河滩、浅水等地区，流速较大、含沙量变化大的水体。

但雷达水位计也存在一些局限：

①价格较贵。

②空中的雨滴、雪花会影响其水位测量。

③雷达水位计在测量范围上有一个"盲区",即测量范围的下限,一般在 1m 左右。仪器的微波工作频率越高,其盲区越小。但频率越高,微波的穿透能力越差,能测得的水位(水深)范围会越小。所有雷达水位计都存在盲区。

图 3.3-27 是一种国外雷达水位计产品,其技术性能如下:

水位测量:水位测量范围 0.8～35m,水位测量精度±3mm,水位测量历时 20s、30s;

天线波束角:12°;

电气参数:电源 9.6～28VDC,测量时功耗<140mW,静态功耗<1mW;

通信接口:4～20mA、SDI12、RS485;

工作环境:−40～+60℃、100%RH;

存储温度:−40～+85℃、100%RH;

外壳防护:IP67(最大浸没深度 1m,48h)。

图 3.3-27 典型雷达水位计产品

非接触式水文测流技术进行水位、流速测验,能够实现快速测量水流特性复杂多变的断面的水文要素,提高测验精度和测验人员的安全,降低测站的维护成本和人员的劳动强度,且具有安装维护方便、施工费用低、全自动稳定、测验时间短和实时在线监测可靠等优点。

现阶段非接触式水文测流技术主要包括基于高性能视频的图像法流量在线监测系统、利用多普勒效应和 Bragg 散射理论的雷达测流系统技术、超声速流场 NPLS 精细测试技术等。

3.3.8 视频水位观测

视觉水位智能识别系统是一种智能型非接触式水位测量方式。其采用机器视觉的方式,利用光学视觉技术测量水位变化,依据当前传统水尺水位计的图形图像来识别水位信息,对识别的信息进行采集、计算、传输、整理入库;使用无线传输功能,实现水位数据、图像信息稳定的定时采集、实时监测;结合 4G 网络传输可实现河道无人执守及安全监控,按指定时间回传水位信息,并能在水位到达警戒线时及时报警。

对于我们要识别出图像中的水位线这一目的来说,摄像机采集到的彩色水位图像是有很多冗余信息的,这些冗余信息会增加运算量,影响识别速度,从而降低系统效率和准确率。因此,收集到图像之后首先要对其进行预处理,为后续运算做准备。预处理包括灰度化、图像增强、图像分割、分类等步骤,预处理可以保障水尺相关信息的准确识别,改善水尺图像的视觉效果,以达到迅速准确识别的目的。识别算法是系统应用的关键技术,除受到图像质量影响外,系统识别水位的准确率主要由水位识别算法决定。本书提出的水位识别算法流程主要包括以下几个步骤:图像预处理、水尺定位和水位识别(图 3.3-28)。

图 3.3-28　水位识别算法流程

3.3.9　电子水尺

3.3.9.1　电子水尺的原理及组成

普通水尺上有刻度,可以人工读取水位。如果将刻度改为等距离设置的导电触点,一定水位淹到某一触点位置,相应的电路扫描到接触水的最高触点位置,就可判读出水位。这样的水尺称为电子水尺(图 3.3-29)。

图 3.3-29　触点式电子水尺

电子水尺由绝缘材料制作水尺尺体,尺体上每隔一定距离(一般是 1cm)出露一个金属触点。触点间相互绝缘,每一触点都接入内部电路。电子水尺的尺体固定垂直安装在水中,也可以是其他安装方式。被水淹到的触点和大地(水体)之间的电阻或是与水尺上水中某一特定触点的电阻将大大减小,由此可由内部电路检测到所有被水淹到的触点,其中最高的就是当时的水位所在位置,也可以用其他电感应等方式检测到水面接触点。这类水尺也称为触点式电子水尺。

另一种电子水尺的尺体是一直径较大的中空圆筒,尺体中间是空心的,而且和水体相通,筒壁内等间隔(一般是 1cm)安装有多个干簧管。当尺体垂直安装在水中时,尺体中间构成一个小直径的水位测井,内装有一浮体,浮体上安装一磁钢。水位变化时,浮体连同磁钢升降,使相应位置的干簧管导通,检测电路检测到导通的干簧管就可测得水位。这种电子水尺一般都是单根形的,用于较小变幅水位的测量。

触点式电子水尺由一根或若干根水尺尺体、检测仪、信号电缆和电源组成。

水尺尺体长为 1m 或更长一些,都由合成材料制作,既有一定强度又能防水、防腐蚀、绝缘。触点由不锈钢制作,每隔 1cm 一个,镶嵌在水尺内,表面出露。每一触点均联入电路,每根尺体的触点检测电路封装在尺体内部,有一信号电缆引出。一根尺体只能测量此尺体长度的水位变幅,实际应用时可设置多根水尺尺体,用信号电缆连接,或分别联入检测仪。检测仪通过信号电缆与各电子水尺尺体相连,可以自动定时检测水位,具有水位显示功能,并具有输出标准接口。

在特殊地点使用时,尺体可以制作成特殊形状,如斜坡式(作为斜坡式水尺安装在坝、岸坡面上)、圆弧式(安装在圆形涵洞的壁上)。这些特殊形状的尺体上所有相邻触点的垂直高度距离仍必须是恒定的水位分辨率(如 1cm)。

3.3.9.2 触点式电子水尺的特性

(1)技术性能

国内有过几种触点式电子水尺的产品,有少量应用,典型产品技术性能如下:

水位测量范围:不限,单尺长 1～3m,可设置多根;

水位分辨率:0.5cm、1.0cm、2.0cm;

水位准确度:≤分辨率;

工作环境:-30～50℃;

形状:ϕ32mm 圆柱形,可按需要改变形状;

信号传输:三芯电缆,最大传输距离不小于 5km;

检测仪信号输出:RS-232 或 RS485;

电源:15～36VDC。

检测仪可以同时连接多根水尺尺体,这些水尺可以在不同的水位测量点,也可以设在同一水位测量断面处用以测量较大变幅的水位。检测仪可以有数据采集、显示、存储功能,以及时钟自动校时、通信等功能。检测仪通过标准接口连接遥测设备,进行数据传输。

(2)准确度分析

电子水尺的每一触点对应于一个水位,可以制作得十分准确。对 1～3m 长的电子水尺尺体,各触点的累计距离误差不会超过 0.5 个分辨率。电子水尺尺体固定安装在河岸或水工建筑物的壁上和支架上,其零点高程可以安装和校测得十分准确,所以每根水尺的水位准确度保证能小于其分辨率。使用多根水尺时,每根水尺都有各自的零点高程,不会产生任何累计误差,电子电路正常工作时,对各触点的检测判别出现差错的可能性极小。因此,电子水尺的水位准确度很高,可以确定为小于其水位分辨力率。

电子水尺本身也会有水位感应和波浪造成的误差,这些误差不能忽视。

(3)特点和应用

电子水尺的特点是准确度高,且不受水位测量范围的影响,理论上讲也基本不受水质、含沙量以及水的流态影响。尺体可按使用场地的需要制造成斜坡形、圆弧形以及任何不规则形状,可以用于很多特殊场合,如坝面、涵洞内和一些工业水体等。

电子水尺需要安装在水中,相互之间要用电缆相连接,这些要求限制了它的使用范围。电子水尺适用于大量程水位测量,但大量程的水位测量会有较多水尺分布在较大范围的岸坡上,很难不受各种干扰,防护也很困难。

另外,尺体是一个较复杂的传感器,工作时要长期浸在水中,时而又露出水面,水下和日晒的影响很大。尺体的密封要求很高,又有密封信号电缆的引出。在恶劣的室外和水下环境中,可靠性会很受影响。

3.3.10 磁致伸缩水位计

3.3.10.1 工作原理与组成

磁致伸缩液位传感器应用"磁致伸缩"技术研制而成,此项技术由美国公司于1975年世界首创。现在这一技术已在国际范围内广泛地被应用在位移传感器技术之中,特别是用于要求测量精度高、使用环境较恶劣的位移和液位测量系统中。

测量水位时,仪器由测杆、电子仓和套在测杆上的可滑动磁环(环状浮球)组成(图3.3-30)。测杆由不锈钢材料或耐腐蚀工程材料制造,也可以用柔性管材制作。

图 3.3-30 磁致伸缩液位传感器

测杆内装有磁致伸缩线(波导线),环状浮球浮在水面,随水面升降。测量时,电子仓产生起始脉冲,该脉冲电流将产生一个围绕波导钢丝的旋转磁场,在波导丝中传输,与环状浮球中的永久磁场相遇时,根据 Widemanm 效应,使波导钢丝产生磁致弹性伸缩,产生波导扭曲,形成一个磁致旋转波,传输到电子仓。由发射、接收两个脉冲的时间差,已知磁致旋转波的传播速度(如 2800m/s、3000m/s),即可精确测出环状浮球位移和液位。

"磁致伸缩"技术已广泛地被应用在传感器技术之中。用于位移和液位测量系统中的一些产品的测量准确性可以达到毫米级或更高,相对误差可以达到 0.01%FS,可以用于自动蒸发器的水位测量。用于一般水位测量时,测量范围可达 4m。

3.3.10.2 磁致伸缩液位传感器的特性

磁致伸缩液位传感器是新型水位测量仪器,具有精度高、重复性好、稳定可靠、寿命长、安装方便、环境适应性强等特点。其输出信号是一个绝对位置输出,不存在信号漂移或变值的情况,因此不必像其他液位传感器一样需要定期重新标定和维护。

应用时需要有静水井,将传感器垂直固定安装,环状浮球应能随水面升降。电子仓的引出电缆接到显示记录仪或数传设备。

磁致伸缩液位传感器的水位量程不能太大,且需要有静水井,故影响其应用。但其精度、稳定性、可靠性方面的特点使它在水文测验上有应用价值。工作时,浮子沿测杆滑动,滑动时总有一些阻力,应用较长时间后,附着物引起的阻力可能使浮子呈阶梯式跳动,不能在任何时候都能感应到准确的水位值。在用于蒸发量的测定时,要求的分辨率很小,出现这种现象时可能得到不合理的测值。

3.3.11 激光水位计

3.3.11.1 工作原理及组成

激光水位计(图 3.3-31)的工作原理与气介式超声波水位计、雷达水位计类似,应用激光测距原理,向水面(反射板)发射激光脉冲,光电元件接收水面反射的激光,计时器测定激光从发射到接收的时间,计算出到水面的距离从而计算水位。另一种方法是通过接收水面(反射板)对激光的反射,测量对比发射、接收两束激光的相位差,从而测得水位。它是一种无测井的非接触式水位计。

激光水位计基本上是一体化结构,由激光发送接收部分、发送接收控制部分、信号处理输出部分等构成一个整体结构,外形和微波水位计没有原则上的差别。激光发送接收部分自然和微波天线有很大差别,但从外形上不易区分。

图 3.3-31　激光水位计

3.3.11.2　特性

激光水位计是一种无测井的非接触式水位计,具有量程大、准确性好的优点,足以满足水文部门的水位测量要求。但其对环境要求较高,在水文部门应用不普遍。

激光发射到水面后很容易被水体吸收,反射信号很弱,使多数激光水位计很难简单地安装在水面上方测量水位,要求在水面上设一反射物体才能增强激光反射信号而测得水位。反射体可以是漂浮在水面上的任何具有反射面的固体,不难找到,但要使其固定地漂浮在仪器下方的水面上就极其困难了,有时甚至是做不到的。如果有水位测井,倒是很容易在井内安放漂浮物,但也就没有了使用激光水位计的必要理由,所以激光水位计的应用受到了较大的限制。工作时,激光水位计的光学传感器都朝向下方,对着水面,如果是安装在测井上方,井中冒出的水蒸气凝结在光学镜头上,将严重影响水位测量。在一定气候条件下的某些站点,这一问题经常存在。

激光水位计的其他特点和应用要求与雷达水位计相同,其价格也较贵,使用中更容易受雨、雪影响。在一些特殊场合,如水工建筑物中已建成了大量程水位测井,或如前述在斜井中的专门应用,只要有可以利用的激光反射体,就可以应用激光水位计。

激光光速极为稳定,光的频率更高,传播的直线性很好,所以激光水位计的水位准确性很好,也非常稳定。室内测试时,10m 水文变幅情况下,激光水位计测量误差可以达到±3mm。

3.3.12　触点式报警水位计

大部分水位计在自动测量水位的同时,都具备自动报警功能,到达一定水位时发出报警信号。触点式报警水位计是最简单的报警水位计,仪器不具有自动测量水位的功能,只在到达预设的水位时发出报警信号。仪器一般可以具有多个预设水位报警点,由人工预设。水位到达预设报警水位时触点导通,经有线、无线传输,发出各类报警信号。这类报警水位计主要用于突发灾害、山地灾害的报警。图 3.3-32 是一种典型产品 WCX-1 型报警水位计,仪器由柱形水尺、水位感应器、无线信号发射器(采用无线传输方式时)、报警器(无线信号接收器)组成。

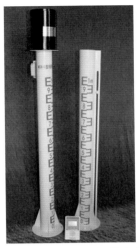

图 3.3-32 WCX-1 型报警水位计

柱形报警水尺安装在需监测水位涨落的监测断面,水位感应器固定在柱形水尺上。仪器共配有 3 个水位感应器,分别对应 3 个不同级别的报警水位高度,当水位上涨至水位感应器位置时即可产生相应的水位报警信号。

水位报警信号接收方式分为有线和无线两种。有线方式是通过信号线直接将安装在报警水尺上的水位感应器信号连接至报警器的信号输入端;无线方式则是通过安装在报警水尺顶端的无线信号发射器将采集到的水位感应器信号编码后通过超短波发送至报警器,此时的报警器需增加一套无线信号接收器,无线信号接收器将接收到的报警信号解码后再输出至报警器信号输入端。

报警器可根据不同水位感应器的报警信号发出 3 种不同水位的报警信息,一般讲它们可以分别是警戒水位、危险水位和撤离水位。

触点式报警水位计性能如下:

水位分辨力:1cm;

测量范围:0~100cm(单根水尺)(标配:2 根水尺);

水尺结构:圆柱形;

测量误差:±1cm;

电源:无线发射器 3 节 5 号碱性电池,室内报警器 DC3.7V 锂电池＋交流充电器;

功耗:无线发射器值守≤0.03mA、发射≤300mA,室内报警器值守≤0.1mA、报警≤300mA;

报警级别:三级,分别为"警戒""危险""撤离";

报警方式:语音＋声光,并可显示报警水位;

显示:LCD;

信号传输距离:有线≥150m,无线 30~300m;

工作环境：温度－10～50℃，湿度95％RH。

3.3.13 洪峰水尺

洪峰水尺在我国应用较少，国外在中小测站采用较多，洪峰水尺也是国际标准（ISO 1070）推荐的一种水尺。对于开展巡测的测站，在洪水期间，当其他记录水位的方法不能使用时，洪峰水尺用于获取洪峰水位记录。在上、下游设置两个洪峰水尺可以得到洪峰时的水位比降，估算出洪峰流量。

洪峰水尺结构见图3.3-33，其主体是一根大约50mm内径的垂直放置的透明管，在其中心安装一根有刻度的测杆（水尺），透明管下部有一些进水孔，可使上涨的河水进入。管顶必须封闭，以防止雨水进入，但管顶应有一些通气孔可使水在管内自由上升，管底部有盛放软木屑的开口杯，放一些软木屑。洪水上涨，进入管内后，软木屑浮于管内的水面；洪水退落时，软木屑附着于中心测杆和管壁上，软木屑的最高位置就是最高洪水位。

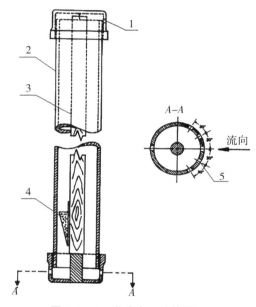

图 3.3-33 洪峰水尺结构图

1. 管顶通气孔；2. 内径50mm的透明管；3. 有刻度的中心测杆（水尺）；
4. 盛软木屑的开口杯；5. 下部较大的进水孔

第4章 流量监测技术

4.1 流量监测的定义与目的

4.1.1 流量和流量监测的定义

流量是单位时间内流过江河某一横断面的水量,在水文学中流量是单位时间内流过江河(或渠道、管道等)某一过水断面的水体体积,常用单位是立方米每秒(m^3/s)。流量是根据河流水情变化的特点,在水文站上用适当的测流方法进行流量测验取得实测数据,经过分析、计算和整理而得到的重要水情信息。流量是反映江河的水资源状况及水库、湖泊等水量变化的基本资料,也是河流最重要的水文要素之一。通常把测验项目涉及流量的测站称为水文站。

流量测验是泛指通过实测或其他水力要素间接推求流量的过程,一般情况下是指实测流量。实测流量(也常简称测流)是通过采用专用的仪器设备进行流速和断面面积测量,并计算出断面流量的作业过程。

4.1.2 流量监测的目的

流量是反映水资源和江河、湖泊、水库等水体水量变化的基本数据,也是河流最重要的水文特征值。无论是防洪抗旱,还是水资源的开发、利用、配置、管理以及流域规划、工程设计、水利工程管理运用、航运、灌溉、供水等,都必须掌握江河的径流资料,及时了解流量的大小和变化情况。流量测验的目的是要获得江河径流和流量的瞬时变化资料用于研究掌握江河流量变化的规律,为国民经济各部门服务。

由于目前实测流量的测验方法比较复杂,单次实测流量的工作量很大,不仅需要花费较大的人力物力,而且需要一定的历时;加之江河的流量有时变化十分剧烈,仅通过大量的实测流量达到掌握江河流量的变化过程难以实现。一般情况下,河道(或渠道)水位与流量都存在相应的关系,水位的升降反映的是流量的增加或减小。水位与流量存在的这种对应关系,在水文测验中简称"水位流量关系",若建立了测站的水位流量关系,就可使测站在一定时期内,仅需通过水位观测便可推求出任何时刻的流量。但由于受到糙率、比降、过水断面冲淤等因素变化的影响,水位与流量的关系在大多数情况下并非严格意义上的函数关系,而是一种相关关系,这种相关关系有时还会发生一定的变化。因此,大多数水文测站需要经常进行实测流量,建立或及时修正水位流量关系,并通过水位观测值,利用建立的水位—流量关系推求逐时流量值,进一步计算逐日流量、各种流量特征值和径流资料。因此,流量测验的主要目的是用来建立水位流量关系。同时,实测流量也可以用来分析水深、流速、水面宽度、河道冲淤等变化情况,也可以直接为涉水工程的设计、防汛、航运、水利科学研究服务。

4.2 流量监测的基本原理

河流横断面上的流速分布是不均匀的,横断面上任意点的流速与该点在断面上的位置相关,即流速是水深和水面宽的函数,可表达为:

$$v = f(h, b) \tag{4.2-1}$$

则通过全断面的流量可用积分法求得,用公式表示为:

$$Q = \int_0^B \int_0^H v \, dh \, db \tag{4.2-2}$$

式中:Q——全断面流量(m^3/s);

v——断面上某一点的流速(m/s);

B——断面上某一点的起点距(m),宽度积分变量;

h——垂线上某一点的水深(m),水深积分变量;

H——垂线水深(m);

B——全断面宽度(m)。

用式(4.2-2)计算的流量相当于流量模型的总体积。为描述流量在断面内的形态,可采用流量模型的概念(图 4.2-1),通过某一过水断面的流量是以过水断面为垂直面、水流表面为水平面、断面内各点流速矢量为曲面所包围的体积,表示单位时间内通过水道横断面水流的体积,即流量。该立体图形称为流量模型,简称流量模,它形象地表示了流量的定义。

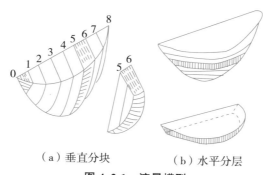

（a）垂直分块　　　　（b）水平分层

图 4.2-1　流量模型

用流速仪测流时,假设将断面流量垂直切割成许多平行的小块,每一块称为一个部分流量,所有部分流量累加,即得到全断面的流量。用超声波分层积宽测流时,假设将断面流量水平切割成许多层部分流量,各层部分流量之和即为全断面流量。

由于 $v=f(h,b)$ 的函数关系比较复杂,很难精确得到,一般情况下很难准确得到,无法直接采用积分式计算流量,实际上是把积分式变成有限求和的形式推算流量。用若干个垂直于横断面的平面,将流量横切成 η 块体积,每一体积即为一部分流量,在各测速垂线上测深、测速,并测定各垂线的起点距,即可计算出部分流量,各部分流量之和即为全断面的流量。式(4.2-2)的积分,可用其近似解有限求和表示为:

$$Q = \sum_{i=1}^{n} B_i H_h v_i = \sum_{i=1}^{n} q_i \qquad (4.2\text{-}3)$$

式中: B_i ——第 i 条垂线所代表的部分水面宽度(m);

$\quad\;\; H_i$ ——第 i 条垂线的水深(m);

$\quad\;\; v_i$ ——第 i 条垂线的平均流速(m/s);

$\quad\;\; q_i$ ——第 i 部分的部分流量($\mathrm{m^3/s}$);

$\quad\;\; n$ ——所有部分的个数。

式(4.2-3)是流速仪法测流量所用的基本公式,实际测流量时不可能将部分面积分成无限多,而是分成有限个部分,所以实测的流量只是实际流量的近似值。每次测量河道流量都需要一定的时间,不能瞬时完成,因此实测得到的流量是时段的平均值,并非瞬时流量值。

4.3 测流方法简介

根据测流工作原理不同,流量测验方法分为流速面积法、水力学法、化学法(也称稀释法)和直接法等。

4.3.1 流速面积法

流速面积法是通过实测断面上的流速和过水断面面积来推求流量的一种方法,即 $Q = AV$。此方法应用最为广泛。根据测定流速采用的方法不同,流速面积法又分为流速仪测流法、测量表面流速的流速面积法、测量剖面流速的流速面积法、测量整个断面平均流速的流速面积法及比降面积法(也有学者将比降面积法归为水力学法)。其中,流速仪面积法是指用流速仪测量断面上一定测点的流速,推算断面流速分布。使用最多的是机械流速仪,也可以使用电磁流速仪、多普勒点流速仪。

4.3.1.1 流速仪法

根据流速仪法测定平均流速的不同方法,又分为选点法(也称积点法)和积分法等。

选点法是将流速仪停留在测速垂线的预定点即所谓测点上,测定各测点流速,计算垂线平均流速,进而推求断面流量的方法。目前,普遍用它作为检验其他方法测验精度的基本方法。

积分法是流速仪以运动的方式测取垂线或断面平均流速的测速方法。根据流速仪运动形式的不同,积分法又可分为积深法和积宽法。积深法是流速仪沿测速垂线匀速提放测定各垂线平均流速从而推求流量的方法,具有快速、简便,并可达到一定精度等优点。积宽法是利用桥测车、测船或缆道等渡河设施设备拖带流速仪,并将其置于一定水深处,渡河设施设备沿选定垂直于水流方向的断面线匀速横渡,边横渡边测量,连续施测不同水层的平均流速,并结合实测或借用的测断面资料来推求流量的方法,该方法可连续进行全断面测速。积宽法又根据使用积宽设备仪器的不同分为动车、动船和缆道积宽法等。积宽法适用于大江大河(河宽大于300m、水深大于2m)的流量测验,特别适用于不稳定流的河口河段、洪水泛滥期,以及巡测或间测、水资源调查、河床演变观测中汊道河段的分流比的流量测验。积分法过去在流量测验中有少量使用,由于ADCP的出现,目前使用更少。

4.3.1.2 测量表面流速的流速面积法

测量表面流速的流速面积法有浮标法(按浮标的形式可分为水面浮标法、小浮标法、深水浮标法等)、电波流速仪法、光学流速仪法、航空摄影法等。这些方法都是通过先测量水面流速,再推算断面流速,结合断面资料获得流量成果。

(1)浮标法

浮标法是通过测定水中的天然或人工漂浮物随水流运动的速度,结合断面资料及浮标系数来推求流量的方法。一般情况下,认为浮标法测验精度稍差,但其简单、快速、易实施,只要断面和流速系数选取得当,仍是一种有效可靠的方法,特别是在一些特殊情况下(如暴涨、暴落、水流湍急、漂浮物多),该方法有时是唯一可选的方法,也有些测站将其作为应急测验方法。

(2)电波流速仪法

电波流速仪法是利用电波流速仪测得水面流速,然后用实测或借用断面资料计算流量的一种方法。电波流速仪是一种利用多普勒原理的测速仪器,也称为微波(多普勒)测速仪。由于电波流速仪使用电磁波,频率高(可达10GHz),属微波波段,可以很好地在空气中传播,衰减较小,因此该仪器可以架在岸上或桥上,不必接触水体即可测得水面流速,属非接触式测量,适合桥测、巡测和大洪水时其他机械流速仪无法施测时使用。

(3)光学流速仪法

有两种类型仪器:一种是利用频闪效应,另一种是利用激光多普勒效应。运用频闪效应原理制成的仪器是在高处用特制望远镜观测水的流动,调节电机转速,使反光镜移动速度趋于同步,镜中观测的水面波动逐渐减弱,当水面呈静止状态时,即在转速计上读出摆动镜的角度;如仪器光学轴至水面的垂直距离已知,用三角关系即可算得水面流速。激光多普勒测速仪器是将激光射向所测范围,经水中细微质点散射形成低强度信号,通过光学系统装置来检测散射光,通过得到的多普勒信号,可推算出水面流速。

(4)航空摄影法

航空摄影法是利用航空摄影的方法对投入河流中的专用浮标、浮标组或染料等连续摄像,根据不同时间航测照片位置,推算出水面流速,进而推定断面流量的方法。

4.3.1.3 测量剖面流速的流速面积法

测量剖面流速的流速面积法又有声学时差法、声学多普勒流速剖面仪法等。

（1）声学时差法

声学时差法是通过测量横跨断面的一个或几个水层的平均流速流向,利用这些水层平均流速和断面平均流速建立关系,求出断面平均流速。配有水位计测量水位,以求出断面面积,从而计算流量。国际上时差法仪器较成熟可靠,精度较高,较为常用。时差法有数字化数据、无人值守、常年自动运行、提供连续的流量数据、适应双向流等特点。

（2）声学多普勒流速剖面仪法

声学多普勒流速剖面仪法（ADCP）,是 20 世纪 80 年代初,开始发展和应用的新的流量测验仪器。按 ADCP 进行流量测验的方式可分为走航式和固定式,固定式按安装位置不同可以分为水平式和垂直式,垂直式根据安装方式又分为坐底式和水面式。

4.3.1.4 测量整个断面平均流速的流速面积法

这类方法主要是指电磁法。电磁法测流是在河底安设若干个线圈,线圈通入电流后即产生磁场。磁力线与水流方向垂直,当河水流过线圈,就是运动着的导体切割与之垂直的磁力线,便产生电动势,其值与水流速度成正比。只要测得两极的电位差,就可求得断面平均流速,从而计算出断面流量。该方法可测得瞬时流量,但该技术尚不够成熟,测站采用很少,目前国外有少量使用,且只用于较小的河流和一些特殊场合。

4.3.1.5 比降面积法

比降面积法是指通过实测或调查测验河段的水面比降、糙率和断面面积等水力要素,用水力学公式来推求流量的方法。该方法是洪水调查估算洪峰流量的重要方法。

4.3.2 水力学法

水力学法是指通过测量量水建筑物和水工建筑物的有关水力因素,并事先率定出流量系数,选用适当的水力学公式计算出流量的方法。水力学法又分为量水建筑物测流法、水工建筑物测流法和比降面积法三类。其中,量水建筑包括量水堰、量水槽、量水池等方法,水工建筑物分为堰、闸、洞（涵）、水电站和泵站等。

4.3.2.1 量水建筑物测流法

在明渠或天然河道上专门修建的测量流量的水工建筑物叫作量水建筑物。其是通过实验按水力学原理设计的,建筑尺寸要求准确,工艺要求严格,因此是系数稳定的建筑物,测量精度较高。

根据水力学原理可知,通过建筑物控制断面的流量水头和率定系数的函数。率定系数又与控制断面形状大小及行近水槽的水力特性有关。系数一般是通过模型实验给出,特殊情况下也可由现场试验,通过对比分析求出。因此,只要测得水头,即可求得相应的流量(当出现淹没或半淹没流时除需要测量水头还需要测量其下游水位)。

量水建筑物的形式很多,外业测验常用的主要有两大类:一类为测流堰,包括薄壁堰、三角形剖面堰、宽顶堰等;另一类为测流槽,包括文德里槽、驻波水槽、自由溢流槽、巴歇尔槽和孙奈利槽等。

4.3.2.2 水工建筑物测流法

河流上修建的各种形式的水工建筑物,如堰、闸、洞(涵)、水电站和抽水站等,不但是控制与调节江、河、湖、库水量的水工建筑物,也可用作水文测验的测流建筑物。只要合理选择有关水力学公式和系数,通过观测水位就可以计算求得流量(当利用水电站和抽水站时,除了观测水位,还常需要记录水力机械的工作参数等)。利用水工建筑物测流,其系数一般情况下需要通过现场试验、对比分析获得,有时也可通过模型实验获得。

4.3.3 化学法

化学法又称稀释法或示踪法等,是根据物质不灭原理,选择一种合适于施测水流的示踪剂,在测验河段的上断面将已知一定浓度量的指示剂注入河水中,在下游取样断面测定稀释后的示踪剂浓度或稀释比,由于经水流扩散充分混合后稀释的浓度与水流的流量成反比,由此可推算出流量。

化学法根据注入示踪剂的方法方式不同,又分为连续注入法和瞬时注入法(也称突然注入法)两种。稀释法所用的示踪剂可分为化学示踪剂、放射性示踪剂和荧光示踪剂,因此,稀释法又可分为化学示踪剂稀释法、放射性示踪剂稀释法、荧光示踪剂法等。使用较多的是荧光染料稀释法。

化学法具有不需要测量断面和流速、外业工作量小、测验历时短等优点。但测验精度受河流溶解质的影响较大,有些化学示踪剂会污染水流。

4.3.4 直接法

直接法是指直接测量流过某断面水体的容积(体积)或重量的方法,又可分为容积法(体积法)和重量法。直接法原理简单,精度较高,但不适用于较大的流量测验,只适用于流量极小的山涧小沟和实验室测流。

在以上介绍的许多种流量测验方法中,目前全世界最常用的方法是流速面积法,其中流速仪法被认为是精度较高的方法,是各种流量测验方法的基准方法,应用也最广泛。当水深、流速、测验设施设备等条件满足,测流时机允许时,应尽可能首选流速仪法。在必要时,也可以多种方法联合使用,以适应不同河床和水流的条件。

4.4 流量监测载体

4.4.1 渡河设施概述

4.4.1.1 渡河设施

根据渡河采取的形式不同,渡河设施可分为测船、缆道、测桥、测量飞机等。

(1)测船

水文测船按有无动力分为机动船和非机动船两类,按建造材料分为钢质船、木船、铝合金船、玻璃钢船和橡皮船,按定位方式分为抛锚机动测船、缆索吊船和机吊两用船,按功能可分为多功能的综合测量船和单一功能的遥测船,按其用途又分为水文测验专用船、水下地形测量专用船、水环境监测专用船、综合测船、辅助测船等。不同类型的测船使用条件、使用要求、保养维护等差异较大。

(2)缆道

水文缆道是为把水文测验仪器运送到测验断面内任一指定起点距和垂线测点位置,以进行测验作业而架设的可水平和铅直方向移动的水文测验专用跨河索道系统。根据其悬吊设备不同,水文缆道分为悬索缆道(也称铅鱼缆道)、水文缆车缆道(简称缆车缆道,也称吊箱缆道)、悬杆缆道、浮标(投放)缆道和吊船缆道等;根据缆道的采用动力系统不同,水文缆道分为机动缆道和手动缆道两种;根据缆道操作系统的自动化程度,水文缆道又分为人工操作、自动和半自动缆道;根据缆道跨数多少,水文缆道分为单跨缆道和多跨缆道。

用柔性悬索悬吊测量仪器设备的水文缆道称悬索缆道,用刚性悬杆悬吊测量仪器设备的水文缆道称悬杆缆道。悬吊水文缆车,行车上用来承载人员和仪器设备,在测量断面任一垂线水面附近进行测验作业的缆道称水文缆车缆道,水文缆车多为矩形箱子形状的设备,因此也称吊箱缆道;吊船缆道是在测验断面上游架设,能牵引测船作横向运动,并使测船固定的缆道,由于这种缆道相对简单,主要设施设备主要是一条过河索,因此这种缆道也称吊船过河索。

悬索缆道是应用最普遍的水文缆道,其悬吊一般是铅鱼,因此悬索缆道也称铅鱼缆道。铅鱼缆道根据是否采用拉偏索又分为无拉偏式和拉偏式两种。铅鱼缆道应用最广泛,铅鱼缆道常直接被称为水文缆道。因此,广义的水文缆道包括铅鱼缆道、水文缆车、吊船缆道等,而狭义的水文缆道常是指铅鱼缆道。

(3)测桥

测桥是水文测桥的简称,水文测桥又有为水文测验建立的专用测桥和借用交通桥梁进行水文测验的测桥。专用测桥主要用于渠道站和较小的河流上,在天然河流水面较宽时,一般是借助交通桥梁作为水文测桥,随着水文巡回测验工作的开展,利用水文巡测车在桥上测流也已成为一种重要的渡河形式。

(4)测量飞机

用于流量测验的测量飞机主要有有人驾驶的直升机和遥控飞机。

4.4.1.2　测验渡河设施的配置原则

测验渡河设施应能满足流量、泥沙、水质等测验的要求,特别是注意既能满足洪水期测流又能满足枯水期测流要求。对有些测站,为了满足洪水、平水、枯水等各种情况下的测流测沙需要,往往需要同时具有几种渡河设施设备,或按洪水级别配置渡河设施设备。

测站的渡河设施设备主要受测站流量、泥沙测验方法的制约,而流量泥沙的测验方法又受到流速、水面宽、水深、含沙量等测站特性的影响。因此,应根据测站特性及防洪、测洪标准的要求,综合考虑各种因素的影响选择的测验方法,并根据选择的测验方法,选择一种或几种渡河形式建立相应的渡河设施。对于不同类型的测站设施设备可参考下列具体配置原则。

(1)大河重要控制站

①根据测站特性选择缆道(铅鱼缆道、缆车缆道)、桥测、机动船测、吊船等一种或多种测验方法,并建立相应的测验设施。只采用一种流量测验方法的测站应建设备用设施。当一套测验设施不能满足高、中、低水流量测验时,可分别建设高、中、低水流量测验设施。

②应建设浮标测流设施和其他应急流量测验设施。

(2)大河一般控制站

①根据测站特性选择缆道(铅鱼缆道、缆车缆道)、桥测、机动船测、吊船等一种或多种测验方法,并建立相应的测验设施。当一套测验设施不能满足高、中、低水流量测验时,可分别建设高、中、低水流量测验设施。

②应建设浮标测流设施。

(3)区域代表站流量测验设施配置原则

①一般情况下选用铅鱼缆道、缆车缆道、桥测、机动船测、吊船等方法中的一种测验方法作为常用测验方法,并根据选定的测验方法建设相应的测验设施。

②应建设浮标测流设施。

(4)小河站流量测验设施配置原则

可采用浮标、缆车、机动船、吊船、桥测、堰槽、水工建筑物等测验方法中一种测验方法完成流量测验,并根据选择的测验方法建设设施。

4.4.2 水文缆道

据统计我国目前有50%左右的水文测站采用水文缆道测验,可见水文缆道是水文部门最重要的渡河设施。缆道的基本组成、结构、形式、布设、设立、使用等可以参见相关规范,本节重点介绍自动化缆道。

4.4.2.1 铅鱼自动化缆道

铅鱼自动化缆道系统是在计算机控制下,使水文铅鱼按程序设定方式自动运行,并自动操作测量设备完成水深、起点距、测点流速测量,从而自动计算、保存和输出流量成果的自动化系统。系统主要有缆索部分、锚定与支撑部分和智能测控系统组成,前两部分与常规缆道基本相似。

(1)智能测控系统组成

智能测控系统划分为主控子系统、动力子系统和测量子系统三个子系统(图4.4-1)。其中主控子系统的核心是主控计算机及软件,动力子系统的核心是PLC或功能相似的设备主机,测量子系统的核心是测量仪器。这三个核心设备之间构建通信网络,在主控子系统的控制下完成数据传送和信息的交流,构成完整的智能水文测控系统。

图4.4-1 结构图

1)动力子系统

动力子系统提供铅鱼缆道运行测量的动力,其驱动多采用变频控制台来完成。

2)测量子系统

测量子系统主要完成断面流量的测量工作,包括定位(起点距测量)、水深和流速的测量。测速功能支持水文测站目前最常用的流速仪法测量方式,测深功能支持借用水深、铅鱼测深和超声波测波等水文测站常用的几种测深方式。

3)主控子系统

主控子系统由计算机和智能水文测控软件组成,是全自动或手动操作平台,完成对其他子系统的有效控制,进行数据处理、计算及测流成果输出等工作。

将三大子系统的核心处理机通过网络组织起来,就构成了水文缆道智能测控系统(图4.4-2)。

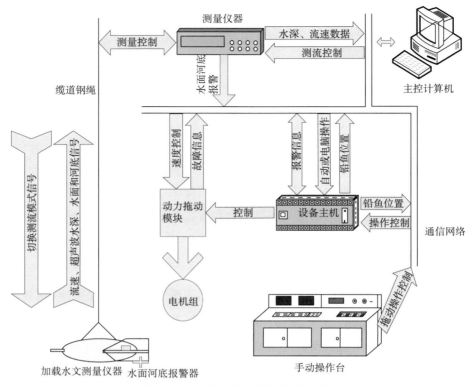

图 4.4-2　铅鱼自动化缆道集成示意图

（2）变频控制系统

1）结构

变频控制系统主要由 4 个部分组成（图 4.4-3）。

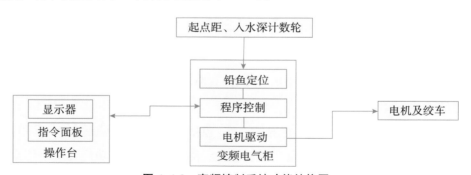

图 4.4-3　变频控制系统功能结构图

结构组成说明：

①水文绞车由含带抱刹的交流电动机、减速机、机绞、线筒等部分组成。

②操作台含操作指令面板和位置数据显示面板，为方便检修，要求指令及显示面板与电器柜分开设计。

③起点距、入水深计数轮分别计量铅鱼起点距和入水深位置的传感装置。

④变频电气柜由变频器、PLC、EMI滤波、刹车电阻、电机切换装置、显示仪表和保护报警等多个模块组成。

2)功能

①驱动两台交流电机,实现铅鱼出车、回车、上提和下放的拖动运行,速度无极调节,停车时电磁制动刹车。

②具有水文铅鱼起点距和入水深位置指示。

③起点距定位具有缆道垂度自动修正功能。

④提供运行速度显示。

⑤具有铅鱼失速保护功能。

⑥具有铅鱼在特定区域的限制保护功能。

⑦具有起点距、入水深计数轮周长精度修正功能。

⑧具有起点距复位值设定功能。

⑨具有过电流、过电压、缺相等保护功能,并提供声响报警。

⑩软件限位保护,并提供多个外接开关接口,实现硬件保护。

(3)测控软件

1)软件结构与组成

根据水文软件设计要求,可将软件按功能设计成几大模块,几大模块内又可以细分成若干个功能小模块(图4.4-4)。

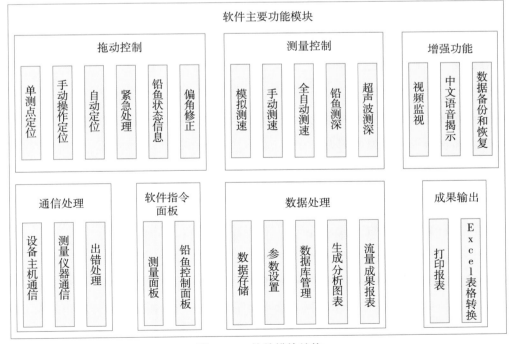

图4.4-4　软件模块结构

2）数据的存储与格式

程序所有测量数据采用多层本地数据库存放，有利于数据共享和数据保护。测量中的各种数据都转成数据库格式进行保存，每个数据库建立了牵引，便于检索查找，库之间利用外关键字连接。软件通过数据引擎与各数据库之间连接，完成各项数据修改、存储、调用等工作。

软件主要的三层数据库结构见图4.4-5。

图4.4-5　软件主要的三层数据库结构

在软件中，数据的处理、计算和涉及成果报表的，其数据格式严格遵守水文相关规范要求。数据成果报表基本符合《河流流量测验规范》（GB 50179—2015）的要求，软件提供四舍五入和四舍六入两种数据取舍方式供测站人员选择。

3）软件工作模式

智能测控软件具备两种测量模式（全自动测量和手动测量），软件主要工作于全自动测量模式。

软件在使用时只需要设置初始参数，选择好测量垂线，确定测量模式后就可以交给计算机自动完成后来的测量工作，工作流程见图4.4-6。

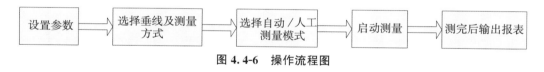

图4.4-6　操作流程图

在自动测量中有以下几种常见的中断情况，会改变正在进行的自动测量过程：

①测流和测深有时需重测数据。

②通航河道有船过，需中断测量，避免相撞。

③水位变化，需要临时增减垂线等操作。

④流速仪等仪器损坏，需更换后继续测量。

软件特别针对这些情况，设计成开放式的全自动测量模式，即人工可随时干预操作，当干预完成后，又可恢复成全自动测量方式。整个过程，软件的交互性非常友好，易于操作。

在手动测量模式下，软件提供了完全的人工操作支持。软件提供铅鱼拖动运行和测量仪器的操作面板，提供有各种数据的输入框，提供有水边查算、流速计算、水深计算、成果计算等数据计算模块。测站工作人员只需通过鼠标和键盘，就能利用软件操作铅鱼和测量仪器完成测点定位、数据采集、成果计算等工作，可非常方便地得到测验成果。

4）成果数据输出

智能水文测控软件的测流成果经过计算后存储在数据库中，成果数据的输出是采用测流规范报表的格式打印输出，标准打印页面为 A4。

报表格式基本上与国家标准《河流流量测验规范》(GB 50179—2015)中的缆道畅流期流速仪法的流量计算表格式形式一致。

软件在全自动测量模式下，完成每次测量后自动打印成果数据报表。软件也支持从数据库中选择历史数据打印。

软件支持将数据库中的成果数据按照打印报表的格式转换成微软 Excel 电子表格文件，有两大好处：一是可以以直观的数据格式存储数据，二是可以将成果数据在 Excel 电子表格文件中打印输出。

5）软件主要功能

①自动测量、手动测量两种工作模式。

②可进行水道断面图、铅鱼运行位置、测点流速、垂线流速分布图和流速横向分布图等多图显示，方便现场"四随"分析。

③现场采集起点距、水深、流速等项目的数据或信号，自动计算水面宽、部分流量、全断面流量、图文显示测流全过程，进行数据处理和存储。

④一点法到十一点法测速任意可选，方便灵活。

⑤能根据水情随时增减测线、测点或重测、补测。

⑥可打印输出单次测验成果表，成果报表遵守水文相关规范。

⑦中文语音随时提示测量过程和状态。

⑧软件内置视频采集与显示模块，如果在铅鱼台或机绞设备等位置架设视频设备，可直接在软件界面中进行监视，不用另设 CRT 监视器，方便工作人员在一旁轻松监视工作过程。

⑨具备数据库自动备份和还原功能，最大限度地避免数据丢失。

⑩流量测验数据保存在数据库中，可按规范报表格式打印存放的多份测量记录，并可以将成果报表文件转换为 Excel 电子表格文件保存。

⑪实现起点距垂度动态修正和水深自动归零功能，使铅鱼定位更加准确，具有铅鱼失速保护和安全运行区域限制等多种保护功能。

⑫如果测量仪器发生故障，软件可模拟测速仪器，通过软件计时和人工按键完成流速测量。

4.4.2.2 电波测流自动化缆道

将电波流速仪安装在自动化缆道上，通过移动电波流速仪来对断面的水面各点流速进行测验，利用浮标法计算断面流量(图 4.4-7 和图 4.4-8)。

图 4.4-7　无线遥控电波流速仪

图 4.4-8　无线遥控电波流速仪测流系统

无线遥控雷达波缆道测流系统由简易缆道、遥控定位雷达波流速仪和计算机控制软件组成,以非接触方式测量河流表面流速,输入水位后,自动计算断面面积和断面虚流量,根据率定的水面系数计算断面流量,生成符合相关水文测验规范的测速记载和流量计算表。该缆道的控制系统与铅鱼缆道相似。

4.4.3　水文测船

4.4.3.1　水文测船简介

(1)测船测验设备配置

1)测船测验设备配置要求

①测船应配备水文测验绞车设备,包括绞车、悬臂、钢缆、偏角指示仪等,水文测验绞车应能将相关信号和参数同步输入计算机,其功能应满足测深、测流和采样要求。

②大、中、小型测船宜配备电动(或液压)绞车,次小型测船可配备人力或机械式绞车。

③测验绞车宜安装在测船中部之前的专用舱室。

④测验绞车悬臂宜设在船艏甲板或测验舱室的两边距船首 1/4～1/3 船长处,能自由伸出和收回,端点伸出测船舷外应不小于 0.5m。多浪涌地区测验绞车悬臂可设置在船尾 1/4～1/2 船长处。

⑤测船设置悬挂式或伸缩测验仪器专用支架,其位置宜设置在距船首 1/4～1/3 船长处。

⑥使用全球定位系统(GPS)定位的测船,宜在驾驶室操纵台的左前方或右前方设置显示器。

⑦水下地形测船 GPS 接收天线宜安装在测船顶篷甲板高度之上,其位置与测深垂线距离应小于 0.2m。

⑧多波束测深仪、声学多普勒流速仪等接收处理装置宜安装在工作室。

2)测流悬吊装置

测船可根据需要配备手摇或电动船用绞车,以满足悬吊铅鱼测速和测深之用。

①手摇水文绞车。

手摇水文绞车(图 4.4-9)是常用的船用测流铅鱼等仪器的悬吊设备,型号很多。

图 4.4-9 手摇水文绞车

手摇水文绞车由基座、悬臂、卷筒、钢丝绳及悬吊装置、手摇传动和制动装置、机械绳长计数器组成。

利用绞车基座可以将手摇绞车固定安装在船身上或安装在其他地方。绞车整个机构可以在基座上水平转动,便于在水上测流时的应用。悬臂要保证将规定重量的铅鱼送到一定距离以外的水面上,悬臂可以是固定的,也可以折叠收缩。卷筒用以收卷和放出钢丝绳,卷筒外径尺度准确,用以钢丝绳长计测。应该有相应的钢丝绳排线装置,以保证钢丝绳在卷筒上整齐排列,也可能应用带芯钢丝绳,同时传输信号。手摇传动装置保证人力可以收放铅鱼,并配用手动控制的机械制动设施,可以防止铅鱼下滑。应用机械数字计数器计测钢丝绳收卷和放出长度,用来测量水深。

②电动船用绞车。

电动船用绞车和缆道用绞车基本相似,但只需有升降功能。其结构、驱动、控制、计数、原理和缆道绞车基本相同,有的也可以用于桥测。电动船用绞车能适应较大的水深和吊重,但一般情况下,测船所用的铅鱼重量要小于缆道使用的铅鱼,因此电动船用绞车功率相对小些。

3)测船测流的信号系统

测船测流时就在测点的水面上,可以应用有线传输和"无线"传输测流信号。

①如果水深、流速较小,可以直接用两根导线连接水下仪器和水上信号接收仪器。导线可以用适当方式挂在钢丝绳悬索上,也可漂在水中。当使用带芯钢丝绳时,采用这种方法可以很好地传输水下、水上信号。

②"无线"传输方式和缆道部分应用的方式相同,参见缆道的信号传输部分。

③信号发送与接收仪器和缆道测流设备所用的相同,由于传输距离短,对仪器的要求没有缆道测流高。

4)测船测流控制设备

测船测流的控制设备为船用测流控制台,其工作原理与结构和缆道测流控制台基本相同,只是更加简单,而且无起点距测控功能。较大的机动测船上可以安装半自动或以手动为主的测流控制台。流速、水深信号可采用自动输入,起点距的数据通过人工输入,也可采用GPS实现自动输入。

5)船用测流铅鱼

船用测流铅鱼的应用品种、性能、结构见测流铅鱼部分。船用测流铅鱼重量较轻,一般不会超过200kg。

6)测船采样设施设备配置

①测船采样设备根据承担的任务可配置水质采样器、悬移质采样器、推移质采样器和床沙样本采样器等。

②采样设备距测船船舷的水平距离应大于0.5 m。

③测船宜设置样品舱和清洗测沙设备的专用清水系统。

7)测船消防与救生

①大、中型测船消防水系统应独立配置,小型测船消防灭火系统水泵宜与舱底水系统水泵合并设置,其他消防设施应按相关标准配备。

②测船救生衣应按在船总人员数的120%配备,前甲板应配备2根安全救生带,每层甲板应配救生圈2个。

③测船上层建筑内部装修所用隔热物应为不燃材料,装修面板应为阻燃材料,机舱不宜装修。

④消防救生设备应满足下列要求:消火栓应启闭灵活,消火栓、水龙带、喷嘴的啮合应紧密牢靠,消防枪喷水射程不应低于12m;手提式灭火器药物应有效,储气装置应压力正常。存放位置应安全方便,便于拿取;消防管系外壁、接头应无裂纹、腐蚀、变形及其他机械损伤,无漏水或堵塞;救生衣、救生圈配备的数量应达到规定要求,无腐烂、破损、老化及其他引起浮力减小的缺陷。

(2)测船测流方法的选择及设备配置

1)测船测流方法

测船测流常用流速仪定点测流(即定船流速仪法)、声学多普勒流速仪法定点测流或走航式声学多普勒流速仪(动船)测流。在无固定测验设施或测验设施被毁的河段和测船无法锚定的河段,可选择走航式声学多普勒流速仪法或动船流速仪法测流。

2)测船测流设备的配置

测船测流设备的配置可根据测船类型按表4.4-1要求配置。

表 4.4-1 测船测流设备配置表

设备	大型测船	中型测船	小型测船	次小型测船
铅鱼	每套水文绞车配2～3个	每套水文绞车配1～3个	每套水文绞车配1～2个	√
流速仪（含信号接收、计时仪器）	每套水文绞车配3～5架	每套水文绞车配2～4架	每套水文绞车配2～3架	2～3架
测流控制系统	每套水文绞车1套	每套水文绞车1套	√	√
流速测算仪	每套水文绞车2个	每套水文绞车1～2个	每套水文绞车1～2个	1
流向仪	√	√	√	√
测深设备	配超声波测深系统1套或超声波测深仪1～2台,测深锤2～4个,测深杆根据需要配置	配超声波测深系统1套或超声波测深仪1～2台,测深锤2～4个,测深杆根据需要配置	配超声波测深系统1套或超声波测深仪1～2台,测深锤2～4个,测深杆根据需要配置	√
定位设备	测距仪、六分仪,根据需要可配GPS	测距仪、六分仪,根据需要可配GPS	测距仪、六分仪,根据需要可配GPS	√
通信设备	对讲机2～3对,多条测船测验时可配备数据实时传输系统1套	对讲机2～3对,多条测船测验时可配备数据实时传输系统1套	对讲机1～2对,多条测船测验时可配备数据实时传输系统1套	√

注:表中"√"为可选项。

4.4.3.2　遥控测量船

遥控测量船是可在岸上远距离遥控操作实现水上航行进行测量的船只。

遥控船一般由工程塑料作为外壳,内部由集成电路及电子元件组成。遥控测量船可集GPS、ADCP与声呐和测深仪于一体,可采集多种测量数据如水深、坐标起点距、流速、水下地形、水下影像等。遥控测量船与常规方法比,大幅度减少了人力、物力及时间成本,测验人员在岸上操作,可以有效保障人身安全。

遥控测量船可手动操控,亦可自动导航行驶,通过遥控或自动航行实现水下地形测量和流量测验等,并可实现数据的实时传输。如图 4.4-10 所示为某遥控测量船组成。

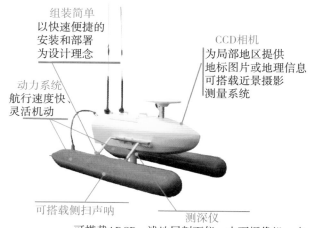

组装简单
以快速便捷的
安装和部署
为设计理念

动力系统
航行速度快
灵活机动

CCD相机
为局部地区提供
地标图片或地理信息
可搭载近景摄影
测量系统

可搭载侧扫声呐

测深仪

可搭载ADCP、浅地层剖面仪、水下摄像机、水
下激光三维扫描仪等数据采集及监测设备

图 4.4-10　某遥控测量船组成

4.4.3.3　气垫船

气垫船又叫腾空船,是一种以空气在船只底部衬垫承托的气垫交通工具,通常是由持续不断供应的高压气体造成船身升离水面,船体水阻减小,以致航行速度比同样功率的船只快,很多气垫船的速度都可以超过 50 节。气垫船主要用于水上航行和冰上行驶,还可以在某些比较平坦的陆上地形和浮码头登陆。气垫船亦可用非常缓慢的速度行驶,在水面上悬停。某型号的气垫船组成和工作原理见图 4.4-11。

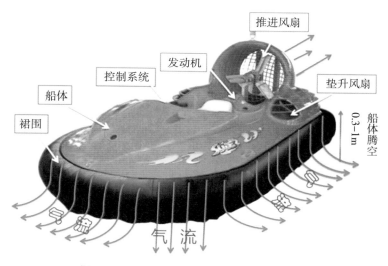

推进风扇

发动机

控制系统

垫升风扇

船体

裙围

船体腾空
0.3～1m

气 流

图 4.4-11　某型号气垫船组成和工作原理图

气垫船能够迅速飞过水、薄冰或碎冰块、洪水和积雪,是在诸如沼泽地或海滩等特殊环境下唯一高速、有效的交通工具。因为气垫船可安全地飞行或者登陆悬浮在垫升裙 2/3 以

下的地形,使水文测验人员能够前往乘坐常规的船只或车辆无法到达的地区开展水文测验工作(图 4.4-12)。

图 4.4-12　某小型气垫船图

某型号气垫船主要技术指标如下:

有气囊的尺寸:长 4500mm ,宽 2200mm,高 1700mm;

客舱尺寸:长 2200mm,宽 1270mm,深 400mm;

船体结构:复合材料玻璃钢加强船体;

荷载:4 人,300kg,满载 350kg;

速度:45km/h(100km/h);

油耗:15L/h;

续航里程:可以持续巡航 4h;

垫升高度:300mm;

抗风等级:5 级;

抗浪等级:3 级;

温度范围:—35～45℃;

爬坡能力:200kg 载荷时可在持续 8°的光滑坡面上行驶。

运行界面:可以在水上、陆地、冰上、雪上、沙滩、滩涂、泥淖、草地、沙漠等各种环境的较平整的界面上行驶。

4.4.3.4　冲锋舟

冲锋舟具有运输方便、安装使用简单、速度快等特点,作为水文巡测的渡河设备经常使用。按舟体材料,冲锋舟可分为充气式和非充气式两种。其中,非充气式多用玻璃纤维增强塑料(俗称"玻璃钢")、铝合金合等制成;充气部分的制作材质基本上可以分为两大类:橡胶材质橡皮艇和 PVC 材质橡皮艇。橡胶材质橡皮艇主要成分是天然橡胶,一般为手工制作,产量较小。其优点是耐磨、耐热、耐臭氧、耐酸碱、抗撕扯、抗屈挠龟裂、气密好、高强度、重量轻等,缺点是工序繁杂、造价成本高、不够美观,主要用于部队和防汛部门。PVC 材质橡皮艇主要成分是塑料,适应现代社会日益增长的娱乐需求,流水线大批量生产。其优点是成本较低、颜色艳丽美观;缺点是耐磨性、耐扎刮性较差,容易修补,使用寿命 6 年左右。某型号铝合金冲锋舟见图 4.4-13,某型号充气冲锋舟见图 4.4-14。

图 4.4-13　某型号铝合金冲锋舟

图 4.4-14　某型号充气冲锋舟

在动力方面,除常用旋桨式外,尚有大功率喷泵式冲锋舟,其优点是无水草等缠绕桨叶之忧。

4.4.4　水文测桥

我国采用桥梁测验的测站较少,而发达国家采用桥测较多,如美国 2002 年统计约有60%的测站采用桥测测验。采用桥梁测验机动灵活,需要建设的测验设施较少,且便于开展巡测,是今后水文测验发展的方向。

水文测桥可专门建设或借用交通桥梁。当测验断面较窄,可建设专用的水文测桥,专用水文测桥多用于渠道站。天然河流上的测站多是利用交通桥梁进行测验。在测桥上可建设专用的测验设施或采用巡测车测验,也可利用桥梁使用电波流速仪、ADCP 或投放浮标等进行测验。

4.4.4.1　桥上测流的主要设备

桥上测流的主要设备有桥上测验专用简易绞车 、手动(电动)绞车、桥测车等几种。

(1)桥上测验专用简易绞车

桥上测验专用简易绞车可采用电动驱动升降,也可采用人力驱动升降。目前,桥测简易起重机在我国尚无规范和定型产品,可根据测站情况因地制宜,自行设计制造,或利用其他设备改造的产品。图 4.4-15 和图 4.4-16 是美国地质勘探局的桥上测验专用简易起绞车,其结构简单使用方便。

图 4.4-15　美国桥上手持简易绞车　　　　图 4.4-16　美国桥上电动简易绞车

（2）手动（电动）绞车

手动（电动）绞车只有简单的行走设施，一般应用无动力的带轮子的基架安装桥测绞车，或应用带有简单动力装置的自行式车身安装桥测绞车。这类桥测水文绞车类型较多，既有企业生产的，也有使用者自行设计制造的，图 4.4-17 是具有电动升降和桥上行走功能的水文桥上专用绞车。这些桥测绞车大多有简单的行走设施，可以很方便地在桥栏边行走，也可以在一般道路上短距离行驶。其结构比较轻便，绞车臂伸出桥栏的距离较短，使用的铅鱼也较轻。较小的绞车，一般无动力，多以人工推运和升降铅鱼；较大的绞车多采用蓄电池提供动力，也有少量采用柴油机提供动力。因为是轻型绞车，适用的测速一般情况下难以超过3m/s。为了保持绞车平衡，一些绞车有平衡支脚和配重设施。由于这类绞车的臂长较短，需要安放在桥边人行道上工作，以保证能伸出桥栏杆最大距离。

图 4.4-17　具有电动升降和桥上行走功能的水文桥上专用绞车

（3）桥测车

桥测车既能用于定点测验，也可在巡测使用，在桥测站中应用较多，是桥测的主要设备。

对桥测车的基本要求是设计合理、使用方便、控制系统可靠、越野性能良好。

1)桥测车的性能要求

①桥测车的机械性能可靠,仪表信号传递误差在规定范围内。

②悬臂伸长应能满足至桥测断面的要求,悬臂应力强度应能承受施测本站最大流速时所悬吊的配套铅鱼重量及水流的冲击力。

③桥测车操作运行时,车身应具有足够的稳定性和安全系数。

水文巡测要使用长期自记仪器和去现场实际测量。前者主要是水位、雨量等参数的自动测量,用相应的仪器测记。需要去现场测量的主要是流量和测沙(取水样),可以用船测和使用桥测车进行桥测。船测设备和一般测船设备类似,见测船测流设备部分。

2)机动桥测车

机动桥测车将电动或液压绞车安装在不同种类的汽车上,通常就称为巡测车或桥测车。其除了用于桥上测流外,还具有其他巡测功能。

①结构组成。

图 4.4-18 和图 4.4-19 是两种不同车型的巡测车,它们都由汽车和车载水文绞车组成。

图 4.4-18　巡测卡车

图 4.4-19　巡测中巴车

所用的汽车可以是车厢敞开的工具车、桥货车、双排座货车,也可以是较大的面包车。汽车必须能稳定地提供车载水文绞车的安装基座,保证提供绞车的运行动力,并使绞车臂能方便地伸缩运行。所用的汽车还应能搭载数名工作人员,提供较方便、舒适的工作环境。按照这些要求,面包车能提供较舒适的工作环境,往往被优先采用。

车载机动水文绞车的结构和水文绞车类似,由于装在汽车上,可使用汽车发动机的动力、电瓶、油压系统,因此可以应用电动或液压绞车。因为绞车臂伸缩的需要,较多应用液压动力。

②基本性能要求。

环境温度:-15~50℃;

相对湿度:小于等于 98%(40℃时);

大气压力:86~106kPa。

同时桥测车底盘不易过低,应具有越野性能,能适应崎岖、陡峭、风沙多灰尘、暴雨泥泞等环境的非等级路面上长期行驶。

③技术性能。

桥上测流车的型号较多,所用车型也不一样,基本性能如下:

伸出臂长:>2m;

悬挂重量(铅鱼):>30kg;

动力:液压、电动、手动;

适用流速:1～4m/s;

适用水深:1～20m。

(4)桥用测流仪器

桥上测流要应用信号传输接收仪器、测流铅鱼、流速仪、测沙采样仪器等,和船测测流所用仪器基本一致。有条件的测站,可配备使用于桥梁测验的非接触式水面流速测验仪器或声学多普勒流速仪。

4.4.4.2 桥上测流的方案布置

(1)水道断面测量

除河床稳定的断面外,每次流量测验应同时进行水道断面测量。当出现特殊水情且测量水深有困难时,可在测流后水情较稳定的时期进行。测深垂线的布置宜控制河床变化转折点并适当均匀分布。

(2)测速垂线布设

①桥上测流断面应尽量避开或减小桥墩对测速的影响,桥上测流断面离桥墩端上游的距离,应根据试验资料分析确定,或参照类似水流条件和墩型的试验成果确定。

②根据本站桥梁类型、墩的现状、孔数及压缩比,分别按高、中、低水的流速和断面形状等因素,确定测速垂线布设方案。

③测速垂线位置的布设,宜在建站初期选取典型桥孔,加密测速垂线,经抽样计算分析后再确定垂线位置。

④孔数较多(大于8孔)的桥梁,可在桥测断面上按每孔对应于孔中央位置处布设1条测速垂线。孔数较少的桥梁可每孔布设2～3条测速垂线,垂线位置宜对称于孔中央线。

⑤桥墩两侧水流涡漩强烈区(1m范围内)不得布置测速垂线。需在离墩侧1～4m内布置测速垂线时,应根据实测资料分析确定布线位置。

⑥桥测断面形状复杂时,可于控制性位置增设测速垂线。

(3)垂线测速点布设

①在正常情况下,在0.2m、0.8m水深处采用两点法测速,未经试验不宜采用一点法测速。

②遇有特殊原因不能用两点法测速时,可采用0.2m一点法测速,但必须由实测资料分

析垂线平均流速系数。

③当用于垂线平均流速系数的分析或其他专门需要时,可根据具体要求采用多点法测速。

④可加重铅鱼重量并选用优化铅鱼体形以减少偏角,当条件允许时可采用拉偏缆索校正测点位置。

（4）大洪水测验

①当发生稀遇洪水,断面有较大冲淤变化时,对原测流方案应重新审查,以确定方案是否需作调整。

②当出现特大洪水超过桥梁设计高程或流速超出桥测设备测洪能力时,可选用比降面积法作为抢测洪水的补救措施,并注意比降上、下断面均应设在桥测断面的上游,且比降下断面宜设在避开上游壅水影响范围以外的地方。

4.4.4.3　专用水文测桥

专用水文测桥是指为开展水文测验而专门建设的工作桥梁。桥梁建设的投资规模随着河宽的增加会大幅上升,专用水文测桥受水文建设投资经费限制一般用于宽度较小的河流。水文测桥具有征地手续简单（征地面积小或不用征地）,建设、维护费用低,使用安全、方便、性能稳定和测洪能力强等特点。在专用水文测桥设计时可以充分考虑水文测验工作的特点,可以将测验设施设备安装在测桥上或在测桥上设计仪器设备安装平台。

4.4.5　测量飞机

4.4.5.1　有人驾驶直升机

有人驾驶的直升机主要用于洪水决堤、溃坝、堰塞湖、泥石流、冰凌灾害等临时应急监测。这种飞机因需要专门的驾驶人员,多为水文部门和防汛部门临时租用专业部门的飞机,完成水文调查勘测任务。美国地质勘探局在多年前就开始采用直升机在几条河流上测流,直升飞机上安装的 GPS 用于平面定位,采用电波流速仪测量水流表面流速,经换算可得垂线平均流速并计算出流量。目前,国内使用有人驾驶直升机直接用于水文测验的还比较少,随着经济社会的不断发展,可以预见,不久的将来国内有人驾驶的直升机也会成为开展水文测验的常规载体。

4.4.5.2　遥控飞机

遥控飞机又称为无人机,近年来发展很快,有多种形式。无人机是通过地面远距离无线遥控和机载计算机程控系统进行操控的不载人的飞行器,具有设计结构简单、飞行灵活、运行成本低等特点。既可完成有人驾驶飞机的飞行任务,也能完成有人驾驶飞机不易执行的特殊环境下的飞行任务,如抗洪抢险、地质灾害等特定危险区域的救灾、应急抢险、现场勘查以及空中救援指挥等。无人机最早出现在 20 世纪初,当时无人机的研制和应用主要用于军事演习的空中目标靶机,应用范围主要是在作战演习和军事侦察方面。后来随着无线电通信、遥测、遥控技术的计算机技术的不断发展和应用,无人机技术得以快速发展和成熟,并逐渐开始用于民用项目中。从 20 世纪 80 年代以来,随着通信和计算机技术迅速发展以及各种新型高精度探测传感器的面世,无人机的飞行和机动性能以及应用水平得以大大提高,其应用的领域也越来越广。到目前为止,全世界范围内已有上百种类型和用途的无人机在军事和民用领域投入使用。一般无人机的续航能力可由数小时到数十个小时,执行任务的载荷能力可从几百克到几百千克。这样使得无人机具备了完成长时间、大范围空中遥感和地面监测的能力,同时也为其搭载多种用途的传感器和执行多种飞行任务创造了有利条件,拓展了无人机的应用领域。

无人机在水利行业的防洪抢险、水文水资源监测、水土保持监测等方面有着更为广泛的应用前景。在日常防汛检查中,可以立体地查看水利工程、水库库区的地形地貌、河道及堤防险工险段、蓄滞洪区的地形环境等。尤其在遇到洪水的情况下,可克服交通不便等不利因素,及时赶到大洪水河段或出险空域,监视洪水或险情发展,实时传递现场影像和数据等信息,为抢险指挥决策提供准确可靠的实时信息。通过无人机的航空遥感技术来获取空间或地面的各类数据信息,具有机动灵活、续航时间长、影像数据实时性强以及对于高危险区域可进行实时现场探测等优点,有效地弥补了卫星遥感或有人驾驶飞机航空遥感作业的局限和不足。在水利管理领域尤其是在防洪抢险和抗旱减灾中,这一独特的优势将得到普及应用和发展。同时,无人机运输携带方便,其长时间的续航能力和远距离的遥控技术,可最大限度地满足防洪抢险、蓄滞洪区运用等水利管理的一些特殊环境下的需要。在需要实时了解运用蓄滞洪区范围或是干旱区域面积时,使用无人机可非常有效地完成监测任务。

无人机可分为无人直升机和无人固定翼飞机,水文流量测验是针对某水文断面开展的,一般测验区间小,且目前的测验仪器要求载体有较慢的运动速度,因此目前用于水文流量测验的无人机主要为无人直升机。受无人机荷载的限制,一般无人机在进行水文测量时都采用遥感测量法,避免测验仪器接触水面后受水流冲力影响飞行安全。近年来,遥控四轴飞行器技术得到了较快的发展,四轴飞行器以其较高的飞行稳定性,在水文监测中得到了较好的应用。目前可用于无人机测量的遥感测量法有电波流速仪和视频分析法等。

4.5 流量监测方式方法

4.5.1 常规流速仪法

流速仪法主要是用流速仪实测断面上一系列测点流速,并施测断面面积,推求断面流量的一种方法。由于目前我国大部分测站经常使用转子式流速仪,所以通常情况下,人们称谓"流速仪"多是指转子式流速仪。流速仪法是流速面积法中最重要的方法,是江河流量测验应用最为普遍,被认为精度较高、测量成果较可靠的一种流量测验方法,其测量成果可作为率定或校核其他测流方法的标准(图 4.5-1)。

图 4.5-1 流速仪比测

4.5.1.1 测量原理

(1)组成及分类

转子式流速仪主要由转子、旋转支承、发信机构、尾翼和机身(身架、轭架)等部分的组成。转子式流速仪根据转子的不同又分为旋桨式流速仪和旋杯式流速仪两种。

1)旋桨式流速仪

旋桨式流速仪工作时,旋转轴呈水平状态,所以也称为水平轴式流速仪。其感应部件是一个二叶或三叶的螺旋桨叶,螺旋桨叶的机械导程和它的 $K(b)$ 值基本相等,支承系统都采用 2 个球轴承,信号产生机构多采用机械接触丝或干簧管,个别产品采用光电信号和霍尔元件。旋桨式流速仪是我国测速的主要仪器,可以在高流速、高含沙量、有水草等漂浮物的恶劣条件下应用。

2)旋杯式流速仪

旋杯式流速仪工作时,旋转轴呈垂直状态,所以也称为垂直轴式流速仪。其感应部件是包括 6 个(或 3 个)锥形杯子的旋杯部件,支承系统都采用顶针顶窝结构和轴颈轴套结构,信号产式、霍尔元件、光电等方式。旋杯式流速仪用于水流条件较好的中、低速测验,使用、维护较方便。

以下将几种常见流速仪结构进行介绍。

①LS25-1 型旋桨流速仪。

该型流速仪是我国使用普遍的旋桨流速仪。

旋桨流速仪工作时,水流冲击旋桨,旋桨支承在两个球轴承上,绕固定的旋桨轴转动。轴套、螺丝套等零件和旋桨一起转动,带动压合在轴套内的螺丝套一起旋转。螺丝套内部加工有内螺丝,带动安装在旋轴上的齿轮转动。其传动比是旋桨和轴套一起转动 20 圈,齿轮转 1 圈。在齿轮圆周上有一接触销,齿轮每转 1 圈,接触销和接触丝接触一次。接触丝与仪器本身绝缘,通过同样与仪器本身绝缘的接线柱甲接出,另接线柱乙与仪器自身连接。这样就达到了旋桨每转 20 圈,接线柱甲、乙导通一次的目的。如果将齿轮阻上的接触销增加到 2 根或 4 根(均匀分布),就代表着旋桨每转 10 圈或 5 圈产生一次接触信号。身架中部有一竖孔,用以悬挂或固定流速仪,后部安装有单片垂直尾翼。LS25-1 型旋桨流速仪一般固定安装使用,其不能俯仰迎合水流,使用转轴时可以水平左右旋转,但旋转灵敏度较差。早期生产的旋桨是铜铝合金材料,后期改为 PC(聚碳酸酯)材料的旋桨。

②LS25-3A 型旋桨式流速仪。

该型旋桨式流速仪的部分技术指标优于 LS25-1 型旋桨式流速仪。

LS25-3A 型旋桨式流速仪在继承 LS25-1 型旋桨式流速仪优点的基础上做了进一步的改进,使其结构紧凑,转动灵活,测速范围扩大,防水防沙性能较好。从桨叶转动到接触丝的接触信号产生,其传动机构和 LS25-1 型旋桨流速仪基本相同。但该流速仪的旋桨转动,带动旋转套部件转动。在旋转套部件后端装有对称的两块(或一块)磁钢,水流冲击使旋桨每转一圈,磁钢的磁极经过一次水平安装的干簧管端部,使干簧管导通两次(或一次)。干簧管的一端与流速仪绝缘,连接到身架上的接线插头。干簧管的另一端与流速仪身架相连,直接通过安装、悬挂流速仪的金属悬杆、悬索连到流速仪信号接收处理仪器,所以该流速仪只有一个信号接出插座。旋转密封机构较好,旋转支承结构也较为合理,能适用于较高含沙量和较高流速的河流。

仪器身架上只有一个接线柱,中部有一竖孔,用于悬挂和固定流速仪,后部装有十字尾翼。使用转轴非固定安装时,可以水平和俯仰对准流向。但受身架悬挂孔和安装方法的限制,该流速仪本身仍难以灵敏地迎合水流流向。

③LS68 型旋杯式流速仪。

该型旋杯式流速仪是采用旋杯测流速的水文仪器,适用于测量流速不太大且漂流物较少的河流测流。LS68 型旋杯式流速仪是生产历史最久、应用最普遍的旋杯流速仪(图 4.5-2)。

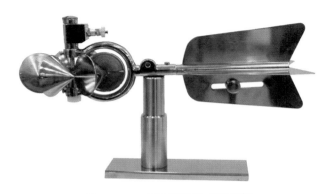

图 4.5-2 LS68 型旋杯式流速仪

LS68 型旋杯式流速仪的特点是结构简单、使用维修方便、受流向影响小。该流速仪中装有 6 个旋杯的旋杯部件感应水流,带动旋轴一起转动。旋轴上部的螺杆带动齿轮转动,和齿轮连在一起的接触轮有均匀布设的 4 个凸起。旋轴每转 20 转,齿轮转一圈,固定的接触丝和接触轮上的 4 个凸起各接触一次,达到旋杯部件(旋轴)每转 5 圈产生 1 个接触信号的目的。接触丝的一端与流速仪绝缘,用偏心筒上的绝缘接线柱引出,信号另一端用固定在轭架上的接线柱引出。旋轴下部用钢质顶针顶窝支承,上部用轴颈轴套径向支承,顶端用钢珠限位和支承。轭架中部有扁孔,用来使用扁形悬杆安装、悬挂流速仪,后部装有十字尾翼。旋杯流速仪在水平面上不需要完全对准流向,只需能适当俯仰对准流向。

④LS78 型旋杯式低流速仪。

该型旋杯式低流速仪是一种适合测量低流速的水文仪器,是在 LS68 型旋杯式流速仪的基础上按照低速测量的要求研制的。LS78 型旋杯式低流速仪的特点是结构简单,使用方便,所采用的旋转支系统、传讯机构和悬挂机构使仪器起转速低,定向灵敏。

LS78 型仪器发信机构的主要元器件是磁钢和干簧管。磁钢安装在旋轴上,干簧管安装在传信座的孔中,下端借助导电簧与仪器轭架相通,上端接绝缘的接线柱。旋杯转子旋转时,带动旋轴上的磁钢一起旋转,每转一圈,干簧管中两簧片受到磁钢的磁场激励而导通,输出一个导能信号。这种发信机构去掉了减速传动部分,并用磁场激励的方式使接点导通,故仪器整机结构大为简化,内摩阻小,工作中接点也不需要调整,使用十分方便。旋轴的上、下支承都采用钢质顶尖和锥形刚玉顶窝支承,减小了旋转阻力,适用于低速测量。旋杯部件改为工程塑料,入水后转动惯量很小,有利于灵敏度的提高。

轭架和尾翼与 LS68 型相仿,但增加了装有球轴承的转轴和接尾杆,使该流速仪可以在极低流速时仍能基本对准流向。

(2)工作原理

转子式流速仪是根据水流对流速仪转子的动量传递而进行工作的。当水流流过流速仪转子时,水流直线运动能量产生转子转矩。转矩克服转子的惯量轴承等内摩阻,以及水流与转子之间相对运动引起的流体阻力等,使转子转动。从流体力学理论分析,上述各力作用下的运动机理十分复杂,而其综合作用结果使复杂程度深化,难以具体分析,但其作用结果却比较简单,即在一定的速度范围内,流速仪转子的转速与水流速度呈简单的近似线性关系。因此,国内外都应用传统的水槽实验方法,建立转子转速与水流速度之间的经验公式为:

$$V = Kn + C \tag{4.5-1}$$

式(4.5-1)是以前的公式,由生产厂家提供,现标准规定的公式为:

$$V = a + bn \tag{4.5-2}$$

式中:K、b——流速仪转子的水力螺距;

C、a——常数;

N——流速仪转子的转率。

尽管使用上述公式即可简单地计算出水流速度,但并不意味着 v 和 n 存在着数学上的线性关系,而仅说明在一定流速范围内,n 和 v 呈近似的线性关系。故该公式仅仅是一个经验公式。该经验公式是根据流速仪检定试验得到一组实验点据,经数据处理求得 $K(b)$ 和 $C(a)$,从而得到的。当流速超出规定范围时,该经验公式不成立或误差很大。国内大部分流速仪只提供一个直线公式,用于全量程。国外某些流速仪还另外提供或只提供一张 n-v 关系表格,测得 n 后,可在表格上查找 v。个别仪器如 LS25-1 型,需要扩大低速使用范围时,也可给出低速的 v-n 曲线,通过 n 在曲线上查找相应的低速。国外有些仪器提供 2~3 个直线公式,用在不同的速度范围。

4.5.1.2 功能特点

(1)优点

1)结构简单,容易掌握

转子式流速仪基本上是一种机械结构的仪器,结构比较简单。其测速原理也很容易理解,使用很简便,所以很容易被使用者接受,是最普遍应用的流速测量仪器,全国有数万台流速仪在使用,是流速测量的必备仪器。

2)流速测量准确,性能可靠

转子式流速仪的测速原理准确,仪器结构简单,制造技术和质量早已成熟。流速仪出厂前都进行严格的检定(校准),保证了流速测量准确性。转子式流速仪应用机械原理测速,流速仪的机械形状稳定,保证了测速稳定性。转子式流速仪在影响流速测量准确度的每一环节上都进行了很好的控制,使得流速仪总的流速测量准确度被控制在一定范围内,几乎不存在使流速测量准确性不稳定的因素。因此,转子式流速仪被认为是在天然水流中测量流速最标准的仪器。所有新的流速测量仪器都可以通过与转子式流速仪进行比测来判断新仪器的流速测量准确性。

3)种类齐全,适用范围广

经过长期应用、发展,转子式流速仪可以应用于高、中、低流速,可以用于较高含沙量的水流,可以用各种方法安装,既可以用简单的人工计数方法测速,也可以用流速仪计数器自动测记流速。因此,转子式流速仪几乎可以应用于所有流速测量场合。

(2)局限性

1)不能适应流速自动测量的需要

转子式流速仪大多不能较长时期地连续工作,只测量点流速,也不能满足整个断面流量测量的需要,所以转子式流速仪基本上不能用于流速自动测量。

2)受安装和悬挂设备限制,影响其使用范围

转子式流速仪必须安装在需要测速的位置才能测到流速,要将流速仪送到或装到指定位置,需要配备测船、缆道、测桥等设备,或用人工手持方法才能做到的。在有些地方或有些时候(如洪水时),要做到这一点很困难。

4.5.1.3　安装方式

转子式流速仪的安装有测杆和悬索悬挂两种方式。大部分旋桨式流速仪可以采用这两种安装方式。旋杯式流速仪轭架上的安装孔是扁形的,只能使用专用盘杆悬挂安装。转子式流速仪的测速范围宽,应根据流速大小、所用流速仪性能结构和测量地点水流状况来决定安装方式。可以利用的测流设备也是决定安装方式的主要因素。

（1）测杆安装

测杆安装方式适用于浅水河流、渠道,在涉水测流、桥测、船测时应用,一般由人工手扶测杆测速。

旋桨式流速仪连同尾翼安装在测杆上有利于流速仪测速时自动对准流向,如果测杆是固定的,或者流速很低时,也可以不带尾翼,直接用流速仪的固定螺钉固定在测杆上。测杆可以固定在水中某一基础支架上,流速仪将稳定地固定在某一位置工作。测杆也可安装在一测流设施上,控制测杆升降,安装在此测杆上的流速仪可以稳定地停在需要测速的位置上。这种可以控制升降的测杆可安装在专用测桥、缆车以及较小的缆道等多种测流装置上。

（2）转轴悬索安装

转曲悬索安装方式适用于深水河道较低流速的测量。水流较深时,不能使用测杆,必须用铅鱼、悬索悬吊。流速不大时,流速仪自动对准水流的转动力矩较小,安装在转轴上可以减小流速仪的转动力矩,容易对准水流方向。转轴下方挂有测流铅鱼,上部与悬索相连。连接处使用绳钩,方便装卸。这种安装方式可用于船测、缆道和桥测,所用铅鱼重量较轻。

（3）悬杆悬索安装

流速仪安装在专用的悬杆上,悬杆上、下端用绳钩分别与悬索和铅鱼相连。这种悬挂方式可以用于深水的中等流速,有些流速仪在悬杆上可以有一定的水平、垂直（俯仰）自动对准流向的转动空间,有些流速仪如 LS25-1 型,没有垂直（俯仰）自动对准流向的转动空间。水平对准流向同时靠铅鱼尾翼的自动定向作用。旋杯式流速仪在水平面上可以不完全对准流向,所以其定向要求与旋桨式流速仪有所不同,但悬挂方法基本一致。这种安装方法可用于船测、缆道和桥测,所用铅鱼重量一般不会超过 100kg。

（4）在测流铅鱼上安装

在测流铅鱼的头部前上方固定有流速仪安装立柱,在此立柱上用专用接头部件安装流速仪。这种方法适用于高速测量,铅鱼可以很重,所用的测流铅鱼可以重达几百千克,多用悬索悬吊。这种悬挂方式拆装流速仪很方便,是缆道站和船测站应用最多的方式。

流速仪安装立柱也有可能在测流铅鱼的侧面,流速仪安装在专用接头上,可以在一定范围内水平、垂直转动,以对准流向。用于低速测量时要安装转动较灵敏的专用接头。由于使用的铅鱼较重,尾翼也较大,测流铅鱼尾翼自动对准水流作用是流速仪的主要定向因素。因此,流速仪也可能完全固定在测流铅鱼的立柱上,和铅鱼的纵轴平行。

4.5.1.4 适用范围

①断面内大多数测点的流速不超过流速仪的测速范围,在特殊情况下超出适用范围时,应在资料中说明;当高流速超出仪器测速范围30%时,应在使用后将仪器封存,重新检定。

②垂线水深不应小于流速仪用一点法测速的必要水深。

③在一次测流的起止时间内,水位涨落差不大于平均水深的10%,水深较小而涨落急剧的河流不大于平均水深的20%。

④流经测流断面的漂浮物不致频繁影响流速仪正常运转。

常规法流速资料采用 LS25-3A 型或 LS78 型流速仪施测。以崇阳(二)水文站为例,施测垂线5~9条,平均测验时间为1h,测验精度和时效性都受到测验手段的影响。遇洪水时期或上游电站突然开闸放水时,水位陡涨陡落,需要缩短测流时间时,可采用三线(起点距90m、110m、130m)二点法(0.2m、0.8m)施测,K3(0.2、0.8)=0.8778,但不得连续使用超过两次。

4.5.2 声学多普勒流速剖面仪

随着大量水利工程的兴建,水文站测验河段的测验条件发生了明显的改变,尤其是水库等蓄水工程的水文调节对大坝上、下游水文站的影响尤为显著。为了获得河道流量的变化过程,势必要增加测量次数,加大工作量及经济成本。在此背景下,急需实行流量在线监测以解决水利工程环境影响的流量测量问题。

ADCP 在线测流系统是目前在线测流最成熟、最可靠的测流方案之一。通过流量测算与无线传输系统,将 ADCP 采集到的水位与流速流量数据实时传输到用户数据管理软件平台,实现河流断面测流的无人值守与长期野外工作。ADCP 在线测流系统通常用于断面资料丰富的天然河道或形状规则、易于建模的人工渠道。可以将 ADCP 分为走航式、水平式、垂直式三种类型。

4.5.2.1 分类

(1)走航式 ADCP

ADCP 是一种利用声学多普勒原理测验水流速度剖面的仪器,具有测深、测速的功能。一般配备有4个(或3个)换能器,换能器与 ADCP 轴线成一定夹角。每个换能器既是发射器,又是接收器。换能器发射的声波具有指向性,即声波能量集中于较窄的方向范围内(称为声束)。换能器发射某一固定频率的声波,然后接收被水体中颗粒物散射回来的声波。通过 ADCP 频移,可计算出水流的速度,同时根据回波可计算水深。当装备有走航式 ADCP 的测船从测流断面一侧航行至另一侧时,即可测出河流流量。ADCP 测流方法的发明被认为是河流流量测验技术的一次革命。

（2）水平式 ADCP

水平式 ADCP 也称 H-ADCP,它是根据超声波测速换能器在水中向垂直于流向的水平方向发射固定频率的超声波,然后分时接收回波信号,通过多普勒频移来计算水平方向一定距离内多达 128 个单元的流速,与此同时用走航式 ADCP 或旋桨式流速仪测出过水断面的平均流速,积累一定的资料后,利用回归分析或数理统计等方法建立水平式 ADCP 所测的这层流速和断面平均流速的数学模型,即可得到断面流速。再用水位计测出水位,算出过水断面面积即可获得瞬时流量。

（3）垂直式 ADCP

垂直式 ADCP 又称 V-ADCP,它配有多个换能器,安装在某一垂线的河底或水面,测量多个点的流速分布。流量算法有两种:一是和 H-ADCP 一样利用测得的垂线流速和断面平均流速建立关系来求出断面平均流速,同时仪器配有水位计可方便地求出断面面积,流量的算法和 H-ADCP 相同;二是利用测到的断面上各垂线的流速,结合流速分布理论算出断面流速,再乘以面积就得到流量,这种算法比较适合于管道或宽深比较小的渠道和河流。

4.5.2.2 测量原理

ADCP 测流传感器是根据声波频率在声源移向观察者时变高,而在声源远离观察者时变低的多普勒频移原理测量水体流速的,发射频率与回波频率存在差值(图 4.5-3)。

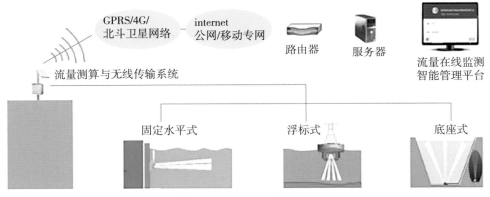

图 4.5-3 ADCP 测流原理

4.5.2.3 功能特点

①声波传感器适合各种测量环境,操作方便快捷,不干扰水流,可减轻测流强度。

②可以测出河底卵石间的过隙流量,这是传统测流根本无法做到的。

③能够同时测量悬浮物浓度剖面,为计算河流输沙率及泥沙迁移规律研究提供可靠依据。

④可以自动消除环境因素的影响,自动鉴别测量数据质量,避免影响测量数据精度的不合理现象。

⑤在低流速、非恒定流速情况下仍能获得高精度数据。

⑥实现自动和实时监控测量,而通常采用的河流流量测量方法如人工测船、桥测、缆道测量、涉水测量、走航式 ADCP 测量,都无法做到自动和实时在线监测。

⑦可直接测出断面流层流速分布,且可通过软件掌握断面流速流量和流场的变化过程。

4.5.2.4 安装方式

根据不同的工作方式,可将 ADCP 分为水平式、底座式、垂直式(图 4.5-4)。

表 4.5-1 ADCP 分类

安装方式	使用范围	特点
水平式	适用于水位波动幅度相对较小水体	安装简便,便于后期运营维护,但受水位变辐影响,受水体杂物影响
垂直式	暴涨暴落河流、潮汐河流、河流入海口等	不受水体影响,投资较大,对后期运营维护人员的技术水平要求较高
底座式	人工水渠或地质较平缓河流	数据精确,后期运营维护具有一定难度

(a)水平式声学测流　　　(b)浮标垂直式声学测流　　　(c)底座式声学测流

图 4.5-4 ADCP 分类

(1)水平式 ADCP

水平式安装在河流或渠道的岸边,测得 1～128 个水层的流速分布,得到断面平均流速,通过标准测量方法建立率定关系模型,并结合已知的断面资料得到过水面积,即可计算实时流量,常用于天然河道或断面稳定、易于建模的人工渠道。另外还可以将 ADCP 安装在较为稳定的水面漂浮平台,向下发生声波,测量垂线的流速分布,达到自动测流的目的。

(2)垂直式 ADCP

在浮标上安装 ADCP 长期或间断监测某一断面代表垂线的流速,再与走航 ADCP 资料对比分析,建立断面流速与代表垂线 ADCP 流速的相关关系,分析其代表性及误差,即可推求断面流量,适合水位波动较大的河流或潮位波浪变幅较大的海域中。

(3)底座式 ADCP

ADCP 安装在水底,由固定支架固定。这种方式适合自容式安装方式,内部含有大容量的数据存储设备,可以保证测量数据的完整性存储。这种 ADCP 本身不易晃动,能够保证数据测量的准确性,这是其优点,同时它也不受外界自然条件的影响,其缺点就是不能直接将数据传输给用户,实时性比较差。另外可以在人工水渠安装并采用水下电缆传输,实现在线监测,缺点是后期维护要求较高。

4.5.2.5　适用范围

ADCP 适用于变动回水严重、河流条件复杂的水文站或工程施工中的临时监测点和城市河流上的流量测验,但不适用于含沙量大、波浪大、漂浮物多、暴涨暴落的河流,仪器易受损。

在线流量监测系统实际上均为代表流速的在线监测,监测到流速后还需要将实时流速转换为实时流量,流量计算的常用方法有数值法和代表流速法两类。

4.5.2.6　测验系统组成

走航式 ADCP 流量测验是将 ADCP 安装在水文测船的固定位置,使水文测船在测验断面航行并获得流量测验。测验系统一般由 ADCP、计算机设备、电源和数据处理软件等组成。

（1）走航式 ADCP 流量测验不需外接设备的适用条件

1）不受磁场的干扰

测验环境受磁场的干扰影响,会带来 ADCP 的内置磁罗经辨别测验断面方向的困难或不准确,给流量测验资料的计算带来误差。

2）河床不存在"动底"（即 ADCP 判断的底无运动）

河床存在"动底",有违走航式 ADCP 测验计算原理"河底是固定不变的（即没有'动底'现象）"的假设,造成底跟踪失灵,船速测量失真,即此时的测船航行速度不能准确地由底跟踪回波多普勒频移计算,最终造成流量测验计算的较大误差。

3）河流含沙量不能太大等

河流含沙量较大时,也会造成 ADCP 回波强度衰减加快,使底跟踪和水深测量失效,同样给流量计算造成误差。

（2）走航式 ADCP 流量测验外接设备的选择

1）外接罗经

在大江大河上使用走航式 ADCP 进行流量测验的载体一般都是铁质测船,铁质测船以及周围高压线、电台、来往船只等各种影响磁环境的因素对 ADCP 的内置磁罗经造成干扰,使得施测的结果产生误差。为解决铁质测船对 ADCP 内置磁罗经的影响问题,需用外接罗经来替代 ADCP 的内置磁罗经,以获取测验断面的测验方向值。

2）外接 GPS

水文断面河床组成和流速横向分布变化不同,使得走航式 ADCP 在同一测量断面的不同区域会出现不同程度的"动底",为解决"动底"对走航式 ADCP 对水文测船航速测量不准的问题,应外接 GPS 仪器来测量测船的航速。

3)外接回声测深仪

当含沙量较大时,底跟踪可能失效,应调整参数进行试测;若不能获取较大水深信息,应外接回声测深仪测深。

4.5.2.7 系统的其他仪器设备配置

由于走航式 ADCP 的应用,常常遭受外围磁场环境的影响、河槽"动底"的影响、水流挟带泥沙的影响等,走航式 ADCP 上自带的设备无法满足要求,必须配备相应的外围设备来消除这些影响。下面分别对不同外部传感器的安装提出具体方案,并从原理上对设备的安装检查及校正方法进行认证。

(1)定位仪

全球定位系统(GPS)是一个无线电空间定位系统,它利用导航卫星和地面站为全球提供全天候、高精度、连续、实时的三维坐标(纬度、经度、海拔)、三维速度和定位信息,地球表面上任何地点均可以用于定位和导航。

按定位方式区分,GPS 定位分为单点定位和相对定位(差分定位)两种。单点定位就是根据一台接收机的观测数据来确定接收机位置的方式,它只能采用伪距观测量,可用于车船等的概略导航定位。相对定位(差分定位)是根据两台以上接收机的观测数据来确定观测点之间的相对位置的方法,它既可采用伪距测量也可采用相位测量,大地测量或工程测量均应采用相位观测值进行相对定位。

在定位观测时,若接收机相对于地球表面运动,则称为动态定位;如用于车船等概略导航定位的精度为 30~100m 的伪距单点定位,或用于车船导航定位的米级精度的伪距差分定位,或用于测量放样等的厘米级的相位差分定位(RTK),实时差分定位需要数据链将两个或多个站的观测数据实时传输到一起计算。

1)配置 GPS 的基本要求

对于不同精度 GPS 的选择,应根据 ADCP 测量项目的要求来确定。但 GPS 应满足下列要求:测验精度至少要达到亚米级;使用 RS232-C 接口;标准协议 NMEA0183,应具有 GGA 和 VTG 格式。

GPS 的选择应根据流量测量要求来选择,对于 ADCP 有"动底"运动时底跟踪测量船速偏小时,则需要采用分米级以上的高精度 GPS 来测量船速。对于没有"动底"运动的断面,如有定位要求,则需配备亚米级精度以上的 GPS。

2)主要定位方式

①单机定位 GPS:一般测量型 GPS 能实时提供 5~10m 定位精度,这类 GPS 很多,在选择时应尽可能选数据刷新率高的机器。

②伪距差分定位(RTD GPS)：伪距差分定位(RIDGPS)能实时提供亚米级定位精度。除了架设基站的伪距差分定位 GPS 外，还有卫星差分(SBAS)定位，精度在 1m 左右。

③相位差分定位(RTK GPS)：相位差分定位(RTK GPS)实时提供厘米级定位精度，但需架设基站，价格偏高。

④星站差分：星站差分系统由参考站、数据处理中心、注入站、地球同步卫星、用户站五部分组成。

⑤全球参考站网络由双频 GPS 接收机组成，每时每刻都在接收来自 GPS 卫星的信号，参考站获得的数据被送到数据处理中心，经过处理以后生成差分的改正数据，差分改正数据通过数据通信链路传送到卫星注入站并上传至同步卫星，向全球发布。用户站的 GPS 接收机实际上同时有两个接收部分：一是 GPS 接收机，二是 L 波段的通信接收器。GPS 接收机跟踪所有可见的卫星且获得 GPS 卫星的测量值，同时 L 波段的接收器通过 L 波段的卫星接收改正数据。当这些改正数据被应用在 GPS 测量中时，一个实时的高精度的点位就确定了。如今，提供此类服务的有 StarFire 系统、OminiSTAR 系统和 Veripos 系统等。

⑥中国沿海无线电指向标(RBN)

除了 GPS 定位方式以外，在我国沿海常采用中国沿海无线电指向标(RBN)。该系统由国家海事局建设，即无线电指向标/差分全球定位系统(Radio Beacon-Differential Global Position System，RBN-DGPS)，是一种利用航海无线电指向标播发台播发 DGPS 修正信息向用户提供高精度服务的助航系统，属单站伪距差分。选用的 DGPS 接收机的技术指标和用户与基准台距离的相关性将直接影响定位精度。用户距台站越近，定位精度越高。通常情况下，在距基准台 300km 的范围内，米级导航型 DGPS 接收机的定位误差约为 10m，亚米级接收机约为 5m。

（2）罗经

传统的罗经包括电罗经(也叫陀螺罗经)、磁罗经和 GPS 罗经(也称作卫星罗经)。配置罗经的基本要求是：航向<0.5°；重复性±0.3°；分辨率：0.1°；串口为 RS232-C；标准协议为 NMEA0183，应具有 HDT 或 HDG 格式。

①磁罗经是利用自由支持的磁针在地磁作用下稳定指北的特性，取得方位基准，测出物标方位的一种仪器。目前使用的多为数字磁罗经，均需对环境磁场不同带来的影响进行标定。磁罗经使用时必须进行误差修正，误差随时间、地点、航向变化而变化，修正比较复杂。

②电罗经是以陀螺仪为核心元件，可以指示船舶航向的导航设备。陀螺罗经依靠陀螺仪的定轴性和进动性，借助于其控制设备和阻尼设备，能自动指北并精确跟踪地球子午面。其功用与磁罗经相近，但精度更高，而且不受地球磁场和钢质船体等铁磁物质的影响，是指示航向基准的主要设备。

③GPS 罗经(又称卫星罗经)是利用接收到的 GPS 信号，基于卫星定位解算指北，来达到稳定指北的一种新型的导航设备。GPS 罗经系统由天线、数据处理器和显示器组成。

GPS罗经产品目前较多,并有不同的精度系列,在 ADCP 流量测验中来代替内部磁罗经只需要 0.5°的精度。

④罗经选择:外部罗经是在 ADCP 内部罗经失效的前提下才选用,当 ADCP 施测环境良好,如 ADCP 安装在玻璃钢、木质船或没有对罗经影响的磁性物质材料的载体时,完全可以不采用外部罗经。

对于需要外接罗经时,通过比较,磁罗经精度较低,且受外界干扰影响;传统电罗经利用机械高速运转实现稳定指向,体积大、噪声大、故障率高、需要年度保养、3～5 年需要更换陀螺球、维修维护频繁且费用昂贵;而 GPS 罗经接收卫星信号,价格较电罗经低廉,且精度高,不受地球磁场和钢质船体等铁磁物质的影响。

因此,选择罗经应根据 ADCP 的安装环境和测量现场外界环境来确定,在一般情况下,如安装在铁质船上,应尽可能不用磁罗经,采用 GPS 罗经或电罗经。

（3）测深仪

当 ADCP 的底跟踪失效时,也就是 ADCP 无法施测到河底数据,其原因主要是因水中含沙量较大,超声波能量衰减无法探测到河底。采用外接测深仪后,虽然可以测得水深,但因 ADCP 超声波能量衰减无法探测的相应水层流速、流向还是无法测得,只有选用频率较低的 ADCP 才能彻底地解决此问题。作为外接设备的测深仪应满足下列要求:选择测深仪时的频率应比 ADCP 频率低;水深测量精度满足水文规范要求;具有 RS232-C 接口;标准协议为 NMEA0183,应具有 DBT 格式。

4.5.2.8　系统安装及检测方法

（1）安装方法

ADCP 流量测验规范对走航式 ADCP 的安装提出了明确的要求,主要有以下几点:

1）安装支架

应根据所使用仪器的结构特点专门设计、定做安装支架。应采用防磁、防锈、防腐蚀能力强、重量轻、硬度大的材料制作;应设计合理、结构简单、操作方便、升降转动灵活、安全可靠;应能保证仪器垂直,不因水流冲击或测船航行等原因导致倾斜;安装支架上宜配置仪器探头保护装置。

2）安装位置

ADCP 一般可安装在船头、船弦的一侧或穿透船体的井内,并应符合下列条件:

ADCP 单独安装离开木质测船船舷的间距宜大于 0.5m,离开有铁磁质测船（如铁船）船舷的间距宜大于 1.0m,以减少船体对测验带来的影响。

仪器探头的入水深度应根据测船航行速度、水流速度、水面波浪大小、测船吃水深、船底形状等因素综合考虑,使探头在整个测验过程中始终不会露出水面。入水后,应保证船体不会妨碍信号的发射和接收。

外接 GPS 天线宜安装在 ADCP 正上方;外部罗经的安装方向应与船舶首尾中线平行,安装位置应避免船体铁磁性物体对罗经磁场的干扰;测深仪换能器应安装在 ADCP 探头同侧附近。

（2）检测方法

ADCP 测流系统安装完成后,需对系统的每个部分进行认真的现场检查。具体检查内容如下:

①ADCP 探头安装是否垂直、稳定、牢固;是否垂直安装,纵摇和横摇的偏角宜不大于 2°;正向（一般为换能器 3 箭头的指向）指向船头,与船舶首尾中线平行;换能器入水深度一般不宜小于 0.5m,避免露出水面而发生空蚀现象。

②GPS 定位天线是否在 ADCP 探头的正上方,且天线四周没有遮挡卫星的物体。

③磁罗经安装应远离铁质 1m 以上;GPS 罗经在测船的上方,方向与船舶首尾中线平行,四周无遮挡且两天线能接收到相同的卫星;电罗经应安装测船摇晃时晃动最小处。

④测深仪安装检查是否垂直,符合测深仪器的要求。

4.5.2.9 流（潮）量测验

（1）现场测验要求

流量相对稳定时,应进行两个测回断面流量测验,取平均值作为实测流量值。（潮）流量在短时间内变化较大时,可适当减少测回,一般应完成一个测回,特殊情况可只测半测回,但应做出说明。潮汐河段上、下盲区的插补模型宜根据测验断面典型时刻流速沿垂线分布特征,确定适合的插补模型。对于河口区宽阔断面,同一断面宜采用多台仪器分多个子断面同步测验的方案。

1）测次施测

流量测验应施测两个测回,任一次底跟踪（BTM）和 GPS 模式下流量与平均值的相对误差不应大于 5%,否则补测同向的半测回流量。当断面流场出现顺逆不定或流量较小时,可不考虑单次流量间的相对误差,流量以施测两个测回的均值为准。

当底跟踪（BTM）模式下断面流量比 GPS 模式下断面流量偏小 1% 时,应采用 GPS 模式下流量作为断面流量。

ADCP 流量测验时应满足如下要求:①当 ADCP 底跟踪（BTM）测量船速失效时应采用 GPS 测量船速来代替,当测船直线运动时宜采用 GPS GGA 模式,测船匀速运动时宜采用 GPS VTG 模式;②当 ADCP 内部罗经受外部影响失效时应配备外部罗经;③当两边垂线因测船吃水深和 ADCP 盲区等原因无法施测流速时,可在满足 ADCP 施测前提下在边界增加测量垂线,垂线位置宜固定。

2）半测回施测

①在起点位置应调整好航向,听到出发信号后方可开始。

②ADCP 施测流量应在满足水深条件下尽量靠近岸边。

③半测回横渡施测时应尽量保持匀速和船首方向一致,原则上船速不宜大于流速(船速不宜大于 2.5m/s),并在每条垂线 5～10m 半径范围内至少采集 4 组有效数据。

④当两水边垂线因测船吃水深和 ADCP 盲区等原因无法施测流速时,应在满足 ADCP 施测前提下在边界增加测量垂线,并尽可能将位置固定。

⑤在起、终点位置停留时间不少于 10 组(次)脉冲信号,并在流量计算参数中设定。

⑥航迹应尽量与测流断面线重合。

3)现场记录

①现场记录应严格按照《声学多普勒流量测验规范》(SL 337—2006)进行。

②正式测验前,应将断面位置、测验日期、人员、设备文件和测验软件版本等信息数据在现场如实记录在专用记载表上,详见表 4.5-2。也可采用在计算机现场录入,输出打印后应再进行校对检查。

③流量测验之后,在现场首先应用软件"回放"模式对每测次原始数据文件加以检查,以保证数据的完整性。检查内容包括:对 ADCP 进行检测以便确定测验成果的正确性、水深和速度均未超过使用 ADCP 所规定的极限值、将相关参数填到现场专用记载表相应项目中以便校核和审查。

④测验完成后,应将数据及时备份。

表 4.5-2　　　　　　　　　　_____站声学多普勒流量测验记载表

日期:　年　月　日		天气:		风力风向:	
流量测次:		测船:		计算机名:	
开始时间:		结束时间:		平均时间:	
流速仪型号:		固件版本:		软件版本:	
GPS 型号:		罗经型号:		测深仪型号:	
数据文件路径:		配置文件名称:			
探头入水深:　m	设置的盲区:		深度单元尺寸:	深度单元数:	
含盐度:	水跟踪脉冲数:		底跟踪脉冲数:	幂指数 b:	

测回	航向	水边距离 (m)		数据文件名	半测回流量 (m³/s)	测回平均流量 (m³/s)	备注
		L	R				

测验项目	测回 1		测回 2		测回 3		测次平均
	往测	返测	往测	返测	往测	返测	
断面流量（m³/s）							
断面面积（m²）							
平均流速（m/s）							
最大流速（m/s）							
平均水深（m）							
最大水深（m）							
水面宽（m）							

测验结果

开始水位： m	结束水位： m	平均水位： m	相应水位： m

备注：

操作记录：　　　　　　　　现场审查：　　　　　　　　审定：

说明：① ☐ 部分内容应现场记载；② ▨ 部分内容应根据水位和大断面改算摘录；③ ▨ 测次平均中断面流量、断面面积和水面宽为多次平均值，平均流速和平均水深为计算值，最大流速和最大水深为多次最大值。

4）现场审查

现场应对 ADCP 施测数据进行回放检查，并剔除不合理数据。资料整理应符合下列要求：

①原始记录是否与测验实际情况一致。

②河流测流软件 WinRiver 中各项参数设置是否完整无误。

③流速等值图中是否有坏块数据，影响到流量测验精度。

④数据资料整理与计算是否规范、正确。

⑤流量测验各项成果（水下断面分布、流速断面分布、最大流速、最大水深）是否齐全、合理。

⑥测验误差是否超过要求范围。

（2）资料整理方法

规范在走航式 ADCP 流量测验中对现场测验精度提出了明确的要求，在计算和整理实测流量成果方面提出了要求，如相应水位计算、平均流速、最大流速、平均水深、最大水深、水面宽、断面面积等。下面结合水文站断面测量测验做相关介绍：

1）水边距离和水面宽

目前,在采用 ADCP 进行流量测验时的断面定位均采用 GPS 方式,所以应从声学多普勒流速仪数据中选取第一个和最后一个有效数据的坐标,将其投影到断面后,计算出声学多普勒流速仪测验的左、右两个位置起点距,用水位在实测大断面上插补左右水边起点距后,再计算出开始和结束点距水边的距离,并在 WinRiver 软件中将水边距离进行改正,并重新计算流量、面积和水面宽等水文要素。

2）流量

河道断面在流量相对稳定时,应进行两个测回断面流量测量,并取均值作为实测流量值。当流量在短时间内变化较大时,过长的测流历时可能带来误差,可适当减少测回数。一般宜完成一个测回,特殊情况可只测半测回,但应做出说明和记录。

多测回断面流量测量均值作为实测流量值。在断面只要流量时完全可以这样采用,但是当断面需要计算输沙率时,采用部分流量计算的结果可能会和断面流量均值有一点差别,属于进位误差。因此,在需要采用部分流量计算断面输沙率时,断面流量应采用部分流量之和的值。

3）流速、流向

《声学多普勒流量测验规范》(SL 337—2006)中规定“5.9.3 垂线流速流向测验历时不应少于 100s,将历时范围内实测数据平均后获取垂线平均流速流向”。测点流速流向应取该位置的数据平均值,以减少水流脉动引起的误差。

垂线分层流速流向数据提取时应遵循如下规则:当水深大于 5m 时,采用五点法(水面、0.2h、0.6h、0.8h、河底)或六点法(水面、0.2h、0.4h、0.6h、0.8h、河底);当水深不大于 5m 时,采用三点法(0.2h、0.6h、0.8h)。

垂线平均流速、流向均采用矢量法计算。计算方法为:

将测点流速分解为东西方向及南北方向的速度分量,即

$$V_E = V \times \sin\alpha \tag{4.5-1}$$

$$V_N = V \times \cos\alpha \tag{4.5-2}$$

式中:V——测点流速;

V_E——东西方向速度分量;

V_N——南北方向速度分量;

α——流速方位角。

加权法计算垂线的 V_{Em} 与 V_{Nm},即

·六点法:

$$V_{Em} = \frac{1}{10}(V_{0.0E} + 2V_{0.2E} + 2V_{0.4E} + 2V_{0.6E} + 2V_{0.8E} + V_{1.0E}) \tag{4.5-3}$$

$$V_{Nm} = \frac{1}{10}(V_{0.0N} + 2V_{0.2N} + 2V_{0.4N} + 2V_{0.6N} + 2V_{0.8N} + V_{1.0N}) \tag{4.5-4}$$

·五点法：

$$V_{Em} = \frac{1}{10}(V_{0.0E} + 3V_{0.2E} + 3V_{0.6E} + 2V_{0.8E} + V_{1.0E}) \qquad (4.5\text{-}5)$$

$$V_{Nm} = \frac{1}{10}(V_{0.0N} + 3V_{0.2N} + 3V_{0.6N} + 2V_{0.8N} + V_{1.0N}) \qquad (4.5\text{-}6)$$

·三点法：

$$V_{Em} = \frac{1}{3}(V_{0.2E} + V_{0.6E} + V_{0.8E}) \qquad (4.5\text{-}7)$$

$$V_{Nm} = \frac{1}{3}(V_{0.2N} + V_{0.6N} + V_{0.8N}) \qquad (4.5\text{-}8)$$

或

$$V_{Em} = \frac{1}{4}(V_{0.2E} + 2V_{0.6E} + V_{0.8E}) \qquad (4.5\text{-}9)$$

$$V_{Nm} = \frac{1}{4}(V_{0.2N} + 2V_{0.6N} + V_{0.8N}) \qquad (4.5\text{-}10)$$

矢量法计算垂线的平均流速及流向，即

$$V_m = \sqrt{(V_{Em}^2 + V_{Nm}^2)} \qquad (4.5\text{-}11)$$

$$\alpha_{流向} = Atn\left(\frac{V_{Em}}{V_{Nm}}\right) \qquad (4.5\text{-}12)$$

·计算步骤：

根据 WinRiver 中 GPS 点位数据,首先确定声学多普勒流速仪与某一测速垂线起点距同步位置和范围。

在该垂线测速一定范围(单次至少 4 组)范围内,利用 WinRiver(回放模式/设置/文件分段)功能,截取声学多普勒流速仪所采集的垂线瞬时流速(一定范围内的起止数据文件号)。

利用 WinRiver(回放模式/设置/用户选项/显示/参加平均数据个数默认值)中输入所需要平均信号组数。

不同水深测点流速在 WinRiver(设置/查看/表格查看/地球坐标流速大小和方向表格)中摘录。

按常规相对水深计算方法,概化垂线流速分布,按现行《河流流量测验规范》(GB 50179—2015)规定,分别整理(插补)出不同相对水深五点法或三点法的测点流速,作为最终成果(表 4.5-3)。

表 4.5-3 声学多普勒流速仪测次断面垂线、测点平均流速、流向计算表

垂线号	起点距(m)	测点平均流速(m/s)					测点平均流向(°)				
		0.0	0.2	0.6	0.8	1.0	0.0	0.2	0.6	0.8	1.0
1	150	0.50	0.46	0.41	0.37	0.26	61	65	67	78	76
2	330	0.76	0.79	0.68	0.57	0.51	65	59	60	60	72
3	510	1.39	1.35	1.17	1.01	0.76	60	59	59	60	60
4	690	1.40	1.33	1.13	1.01	0.77	62	61	60	63	65
5	860	1.38	1.37	1.17	1.06	0.84	65	63	65	67	64
6	940	1.46	1.40	1.22	1.07	0.86	61	59	57	58	53
7	1080	1.44	1.36	1.23	1.09	0.77	64	62	64	62	61
8	1150	1.23	1.21	1.05	0.88	0.65	64	66	63	61	67
9	1290	0.78	0.79	0.63	0.62	0.62	64	62	55	60	64

4)最大流速

最大流速在 WinRiver(回放模式/文件/流量测验向导/选择文件/处理/打印)菜单中摘录。

如走航式施测多个单次流量,依次摘录多个单次最大流速,并选取最大值作为该测次最大流速。

受水流脉动影响,在走航式施测多个流量测次中,单测次断面最大流速(Max. Vel)之间可能有所差异(或出现位置不同),应做合理性分析后,否则应做剔除处理。

5)垂线水深摘录

应对单次流量按垂线位置摘录输沙垂线水深,取其平均值为该测次的垂线水深,并在流量(输沙)计算表中加入,便于合理性检查垂线水深和分析断面冲淤变化。

但应注意,若垂线位置在陡岸处,往返或船首方位的不同,导致声学多普勒流速仪施测的平均水深差异很大,需进行合理性分析检查,见表 4.5-4。

表 4.5-4 声学多普勒流速仪测次断面垂线水深表

垂线号	起点距(m)	水深(m)				
		JJ001t	JJ002t	JJ003t	JJ004t	平均
1	150	10.7	11.1	10.6	11.0	10.9
2	330	11.5	11.7	11.5	11.7	11.6
3	510	13.7	13.7	13.7	13.7	13.7
4	690	13.7	14.2	13.7	14.2	14.0
5	860	19.3	19.7	19.2	19.8	19.5
6	940	21.5	22.2	21.5	22.2	21.9
7	1080	26.9	27.0	26.9	27.1	27.0

垂线号	起点距 （m）	水深（m）				
		JJ001t	JJ002t	JJ003t	JJ004t	平均
8	1150	26.4	26.1	26.4	26.2	26.3
9	1290	13.7	11.1	13.6	10.9	12.3

6）最大水深

走航式测验时，测流软件已记录断面最大水深数据。可利用 WinRiver（文件/流量测验向导/选择文件/处理/打印）在弹出菜单中，摘录单测次最大水深（Max. Depth）。

由于在走航式施测多个流量测次中，测船航迹不可能完全相同，单测次断面最大水深（Max. Depth）之间可能有所差异。应取多测次最大值作为断面最大水深。

如果多个航次中的任一次最大水深相对误差较大时，应做合理性分析后，剔除不合理数据。

7）其他水文特征

当断面只要求施测流量时，可取多个单次的平均值作为该测次的断面流量成果。当涉及断面输沙计算时的断面流量以各单次测量的相对应部分流量平均值之和，作为断面流量成果。

水面宽：用水位在实测大断面上插补求得。

断面面积：多个单次断面面积的平均值作为该测次的断面面积成果。

断面平均流速：采用断面流量除以断面面积求得。

断面平均水深：采用断面面积除以水面宽求得。

最大流速：选择单次断面测量中最大流速的最大值为该测次最大流速成果。

最大水深：选择单次断面测量中最大水深的最大值为该测次最大水深成果（表 4.5-5）。

表 4.5-5　　　　　　　声学多普勒流速仪流量测验特征值统计表

测验项目	测回 1		测回 2		测次平均
	往测	返测	往测	返测	
	JJ001	JJ002	JJ003	JJ004	
断面流量（m³/s）	21100	20200	20100	21000	20600
断面面积（m²）	20400	20400	20500	20500	20500
平均流速（m/s）	1.03	0.99	0.98	1.02	1.00
最大流速（m/s）	1.83	1.69	1.79	1.82	1.83
平均水深（m）	15.3	15.3	15.4	15.4	15.4
最大水深（m）	27.1	27.0	27.0	27.1	27.1
水面宽（m）	1330	1330	1330	1330	1330

（3）资料检查分析方法

1）收集资料是否齐全

检查声学多普勒流速仪资料首先应从"声学多普勒流速仪流量测验记载表"和相关数据文件着手,一方面检查填写是否齐全,是否按照要求填写,是否有记录和检查人员签字;另一方面按照记载表查看数据文件是否安装采集软件的版本记录,相关配置文件是否齐全,是否有备份数据。

2）流量误差

检查声学多普勒流速仪施测的一个测次流量首先是计算出流量测量的平均值和每半测回流量值与平均值的偏差。如果某半测回流量偏差大于5％,则说明该半测回的断面流量测量不满足要求。

在底跟踪（BTM）情况下,半测回流量偏差大于5％一般不太会发生（除非施测时坏块数量很多导致流量产生偏差）,但是对于有"动底"的情况下,如果安装偏差和罗经偏移量没有正确校正时,采用GPS（GGA或VTG）模式下的测验流量往往很难满足小于5％的要求。那时采用BTM模式下的流量是偏小的,应采用GPS（GGA或VTG）模式来校正船速。所以,在外接GPS的情况下,检查半测回流量偏差是否小于5％都需要在BTM和GPS（GGA或VTG）模式同时满足,否则只能说明罗经偏差没有校正好,其GPS（GGA或VTG）模式下的流量是错误的。

3）BTM和GPS轨迹线检查

BTM和GPS轨迹线是检查外部罗经安装校正是否正常、施测过程中是否松动和是否有"动底"的一种方法,是在有"动底"情况下采用GPS测量船速代替声学多普勒流速仪底跟踪（BTM）流量的依据。

4）参数设置检查

声学多普勒流速仪流量测验过程中,参数设置的正确与否直接影响到测验的结果,如BX、WV、断面面积计算方法、岸边数据组等。下面将举例说明不同设置对测验结果的影响和检查方式。

5）底跟踪失效

以下为某断面2007年8月6日的一次流量测验,外接了GPS数据和罗经数据。首先从HK20070820012断面BTM模式下流速等值图（图4.5-5）检查,断面上存在很多坏块,检查GGA模式下流速等值图（图4.5-6）可发现断面不存在坏块现象。检查BTM模式船速过程线图可以发现,底跟踪失效的较多（图4.5-7）,检查某处底跟踪失效数据可以发现,虽然4个波速都测到深度,但在解算船速时出现错误（图4.5-8及图4.5-9）,主要是由误差超限导致的,但GGA模式下的船速数据是正确的（图4.5-10）。

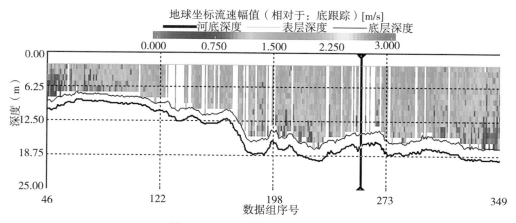

图 4.5-5　BTM 模式下流速等值图

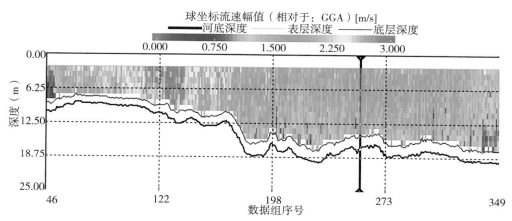

图 4.5-6　GGA 模式下流速等值图

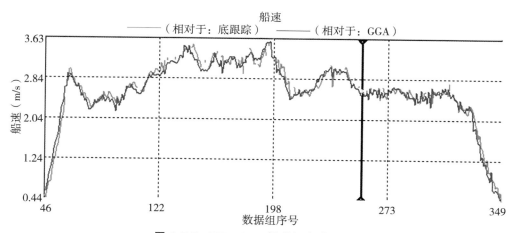

图 4.5-7　BTM、GGA 模式船速过程线图

导航（相对于底跟踪）

船速	坏	[m/s]
航向	坏	[度]
瞬时流速	坏	[m/s]
流向	坏	[度]
瞬时水深	17.20	[m]
航迹长度	1084.42	[m]
直线距离	1059.64	[m]
航迹方向	142.32	[度]
历时	387.95	[s]
纬度	30度	36.919462′ N
经度	114度	19.782261′ E

底跟踪速度[m/s]

East	North	Up	Error
坏	坏	坏	坏

波束深度[m]

17.36	16.26	17.04	18.14

图 4.5-8　底跟踪施测时的实时底跟踪表图

图 4.5-9　底跟踪施测的实时瞬时流速表

导航（相对于GGA）

船速	2.653	[m/s]
航向	124.20	[度]
瞬时流速	1.872	[m/s]
流向	40.35	[度]
瞬时水深	17.20	[m]
航迹长度	1083.68	[m]
直线距离	1071.68	[m]
航迹方向	129.48	[度]
历时	387.95	[s]
纬度	30度	36.919462′N
经度	114度	19.782261′E

图 4.5-10　GGA 模式施测的实时瞬时流速表

6）断面流速等值图好坏检查

2009 年 1 月 12 日在某地做的一次测试,采用单机精度的 GPS 测试断面流速等值线的分布。可以看出,在底跟踪模式下的流速等值线图颜色变化合理(图 4.5-11),说明流速变化是渐变的,而 GGA 模式下的流速等值线图颜色突变(图 4.5-12),也就是说流速或大或小。导致的原因可以从底跟踪和 GGA 模式下的船速过程线图(图 4.5-13)看出,图中底跟踪施测的船速基本均匀的变化,而 GGA 计算的船速则或大或小,主要的原因是 GPS 精度导致,因为是 GPS 单机精度,误差有 5～10,所以导致施测的船速的每组数据出现错误。当采用 BTM 模式时,船速是底跟踪测量的,而 GGA 模式则是 GPS 计算出来的,最终导致水流速度的错误,表现为水流过程或大或小(图 4.5-14)。

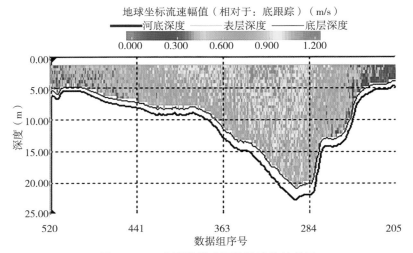

图 4.5-11 底跟踪模式下的流速等值线图

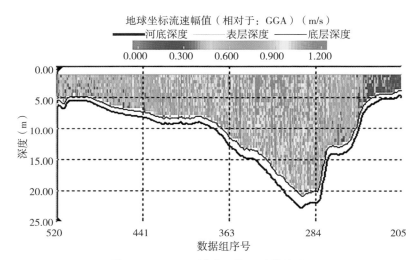

图 4.5-12 GGA 模式下的流速等值线图

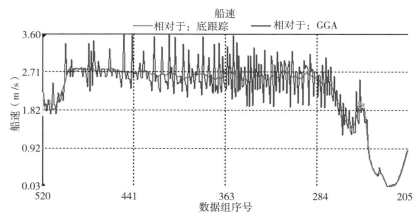

图 4.5-13 底跟踪和 GGA 模式下的船速过程线图

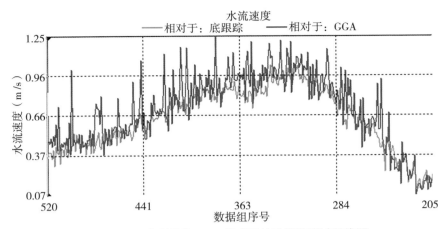

图 4.5-14 底跟踪和 GGA 模式下的垂线流速过程线图

7）上下推求部分所占的比例

某站全年最大水深在 20～35m，但用的是 WHM300KHZ 声学多普勒流速仪，施测的流速等值图（图 4.5-15）中最大水深在 20m 左右，实测面积只有 68.9％，主要原因是 300kHz 声学多普勒流速仪盲区较大、设置的水层为 1.05m，盲区为 0.5m（图 4.5-17），最终导致第一层有数据水深达 2.69m（图 4.5-16）。解决的方法是更换高频的声学多普勒流速仪施测，使盲区减少，增加实测范围。

8）底跟踪与 GPS 航迹线的检查

下面结合实例进行介绍其检查步骤与方法。

①测验概况。

2008 年 6 月 5 日在某水文站断面进行的一次与常规转子式流速仪的流量比测，上午 8 时 11 分至 8 时 38 分采用声学多普勒流速仪施测了一个测回，中间采用转子式流速仪施测，下午在 15 时 40 分至 16 时 5 分又施测了一个来回，平均一次测验时间为 13min。施测时采用设备分别为 Broadband 600kHz 的声学多普勒流速仪，因声学多普勒流速仪安装在铁质水文测船上，采取内装方式，外部罗经采用的是 THALES 3011GPS 罗经，测前进行了罗经校正，定位则采用 NAVCOM SF-2050G 双频星站差分 GPS，测流软件采用 WinRiver Version 1.04。

②数据分析。

在对流量测次精度检查时发现，在 BTM 模式下流量满足精度要求，最大和最小流量相差 1322 m^3/s，单次最大误差 2.60％；在 GGA 模式下流量满足精度要求，最大流量和最小流量相差 2604 m^3/s，单次最大误差 -5.88％，第三次流量测验（DT20080605002）的误差达 -5.88％，超过规范要求的 ±5％（表 4.5-6）。对四次流量的 BTM 和 GGA 的轨迹图可以看出，断面不存在"动底"现象，但在第三次流量测验（DT20080605002）的轨迹图有不满足罗经校正原则的现象，BTM 的轨迹到 GGA 轨迹的下游，见图 4.5-18。

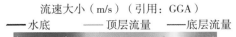

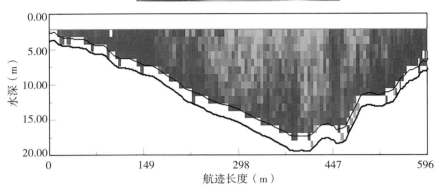

图 4.5-15 流速大小等值图

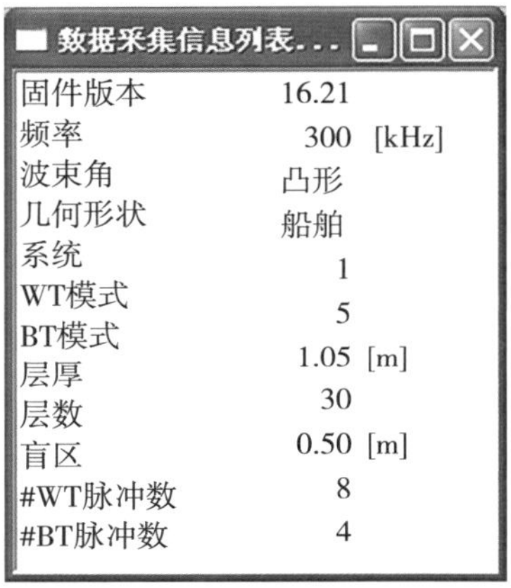

图 4.5-16 数据采集信息列表图

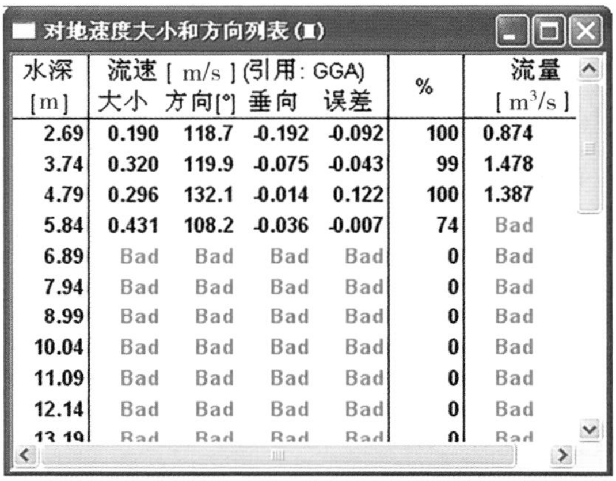

图 4.5-17 流速大小及方向列表图

表 4.5-6 校正前不同模式下断面流量统计表

文件名	开始岸	偏移量 （°）	平均 时间	BTM 模式		GGA 模式	
				流量 （m³/s）	相对误差 （%）	流量 （m³/s）	相对误差 （%）
DT20080605000	右	0	8：17：57	26162	1.87	26260	3.27
DT20080605001	左	0	8：32：20	26351	2.60	26536	4.36
DT20080605002	右	−1.0	15：46：38	25029	−2.54	23932	−5.88
DT20080605003	左	0	15：59：42	25186	−1.93	24984	−1.75
平均				25682	0.00	25428	0.00
标准差				671	2.61	1205	4.74
标准差/平均值				0	0.00	0	0.00

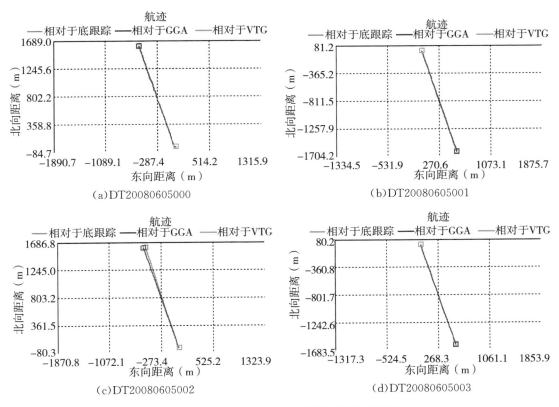

图 4.5-18　BTM 和 GGA 断面轨迹图(校正前)

　　针对第三次流量测验(DT20080605002)的轨迹图,按照另外 3 次不出现"动底"现象的校正原则,BTM 和 GGA 轨迹应该完全重合,这样试算偏差为−1°(图 4.5-19)。在 GGA 模式下,流量从原来的 23932 m^3/s 改正为 25027m^3/s,使得一个测回的往返流量差从原来的−1052m^3/s(相对误差为−4.3%)改正为 43m^3/s,往返测量相差很小,相对误差为 0.2%。这样,4 次测验最大和最小流量相差 1509m^3/s,单次最大误差 3.25%,满足一测次流量的精度要求,见表 4.5-17。

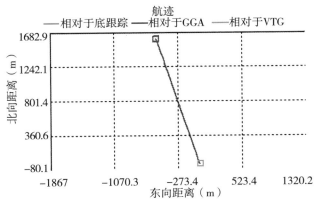

图 4.5-19　DT20080605002 文件 BTM 和 GGA 断面轨迹图(校正后)

表 4.5-7 校正后不同模式下断面流量统计表

文件名	开始岸	偏移量 (°)	平均时间	BTM 模式		GGA 模式	
				流量 (m³/s)	相对误差 (%)	流量 (m³/s)	相对误差 (%)
DT20080605000	右	0	8:17:57	26162	1.87	26260	2.17
DT20080605001	左	0	8:32:20	26351	2.60	26536	3.25
DT20080605002	右	−1.0	15:46:38	25029	−2.54	25027	−2.62
DT20080605003	左	0	15:59:42	25186	−1.93	24984	−2.79
平均				25682	0.00	25702	0
标准差				671	2.61	812	3.16
标准差/平均值				0	0.00	0	0

9)断面矢量线的检查

下面结合实例进行介绍其检查步骤与方法。

①测验概况。

2007 年 7 月 22 日,某地断面进行了流量测验,施测时采用设备分别为瑞江牌 600kHz 的声学多普勒流速仪,因声学多普勒流速仪安装在铁质测船上,外部罗经采用的是 KVH AutoComp100 数字化磁罗经(精度 ±0.5°、定北误差<10°),定位则是 NAVCOM SF−2050G 双频星站差分 GPS,测流软件采用 WinRiver Version 1.04。

因采用的是磁罗经,虽然在测前进行了校正,但在施测时因断面环境影响等原因,在施测该断面时产生变化,存在着 5°偏差,通过改正的 BTM 和 GGA 模式下的航迹和流速矢量线见图 4.5-20 和图 4.5-21。

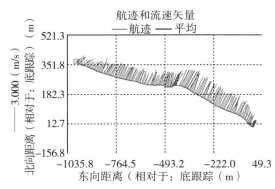

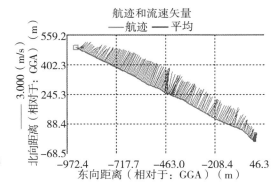

图 4.5-20 BTM 模式下的航迹和流速矢量线图　图 4.5-21 GGA 模式下的航迹和流速矢量线图

②数据分析。

通过对该断面上 GGA 模式下的航迹和流速矢量线图分析,断面中间部分的流矢线出现不合理,角度出现与左右流向不一致现象。通过检查罗经变化过程,在该位置测船船首方向出现大的变动(图 4.5-22),因施测采用的是磁罗经,在转弯时将产生滞后现象,导致声学多普勒流速仪采集软件实时的方向出现错误,直接影响流速矢量线出现偏差,与实际不一致。

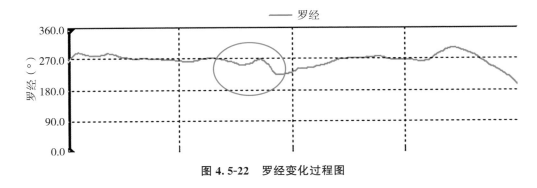

图 4.5-22 罗经变化过程图

针对磁罗经的应用,应尽量使测船的船首方向保持一致或者船首方向不出现大的变动,这样才能确保流向和流量的准确性。

(4)流量测验误差来源及精度控制

1)流量测验误差来源

走航式声学多普勒流速仪流量测验时存在着影响精度的很多因素,下面将对流量测验产生误差的主要来源汇总如下:设备选择引起的误差;声学多普勒流速仪测流系统安装误差;测船走航速度引起的误差;流速分布经验公式进行盲区流速插补误差;仪器入水深度测量误差;左右岸推求流量误差;参数设置导致的误差(声速、阈值、误释流速);水位涨落率大,相对的测流历时较长所引起的流量误差(流量变化快时);流速脉动引起的剖面流速测量误差;多普勒噪声引起的流速、水深误差;多普勒流速仪假定与实际不一致导致的误差;仪器检定误差。

2)流量测验精度控制

声学多普勒流速仪作为流量基本资料收集的一种测验方法,对声学多普勒流量测验中可能产生的误差,应采取措施将其消除或控制在最低限度,主要解决的方法总结如下:

①设备选择引起的误差。

对于声学多普勒流速仪可以选择高频设备来避免或减少误差,频率越高,精度也就越高,但穿透力会降低,施测的深度没有低频的大,当含沙量大时则高频声学多普勒流速仪不适合。

当有"动底"时,需采用GPS来测量船速,GPS的精度有很多种,高精度的动态GPS到厘米或分米级,这种精度的GPS在施测船速时的误差非常小,施测的流速代表性好。低精度的GPS直接影响定位的精度,在代替船速时会直接影响测点流速的精度,但对断面流量影响不大。除定位精度外,数据的刷新率也是影响流速、流向精度重要的因素。

罗经是声学多普勒流速仪测流系统中的关键设备,直接影响到流向和流量的精度,选用设备不仅要考虑性价比,而且要考虑环境对它的影响。能否正常工作才是关键,至于精度,0.5°就满足要求了,但数据刷新率需在 10Hz 或更大。

②仪器安装误差。

当单独采用声学多普勒流速仪进行施测流量时,首先要测量入水深度,深度的测量误差直接影响面积和流量的精度。另外,声学多普勒流速仪内部罗经应远离铁质测船 1m 以上和复杂的磁环境,并进行校正,这样才能确保流量施测的精度。

当选用 GPS、罗经及测深仪的外部传感器时,安装的位置、牢固程度直接影响的到流量测验的精度。在现场,应根据安装条件和测验环境,并针对仪器设备按要求安装。其中,GPS 天线应安装在声学多普勒流速仪探头垂直上方,GPS 天线安装位置除影响测点或垂线的代表性外,在采用 GPS 测量船速模式时将直接影响流速的大小。而罗经的安装是否与声学多普勒流速仪一体,也说明能否代表声学多普勒流速仪探头的方位,将直接影响测点和垂线的流向,最终导致断面流量的误差。

③测船走航速度引起的误差。

船速是影响流量测验的重要因素,船速越慢,流量测验精度越高。在进行断面流量测验过程中,应保持船速小于或等于河流的平均流速。但在实际情况下,不大可能保持船速小于流速。特别时采用 GPS 测量船速时,应保持船速尽可能低,这是因为由罗经标定不准确造成的流速测量误差是累加的并随着船速增加。

④流速插补误差。

受声学多普勒流速仪原理影响,在施测的表层和底层都存在着盲区,表层因换能器有一定的吃水深度,换能器以上有一定的盲区;底层由于用现有技术开发的换能器有几个与主声束成 30°~40°的斜瓣声束,由于主声束与斜瓣声束到达底部有一定的时间差(斜瓣声束先到达河底),使测得的水深有所减小,底层出现一定的盲区。解决问题办法是找出垂线流速分布规律进行插补。垂线流速分布规律可以分高、中、低水位在断面左、中、右分别计算,求的平均值再进行插补。

⑤仪器入水深度测量误差。

仪器入水深度测量误差比较好解决,只需测量准确即可,但在安装过程中可以尽量浅,但必须保证测船在晃动过程中声学多普勒流速仪探头不露出水面,这样才能尽量多施测到流量实测值。

⑥左右岸推求流量误差。

两岸受船体吃水深度的限制无法施测,需进行插补推求。影响推求流量的因素有岸边垂线平均流速、水边距离及流速系数。岸边垂线平均流速需测船在开始和结束定点施测多组数据确定。水边距离可用水位在大断面上查出两岸的水边起点距,再分别对开始和结束点的坐标投影到断面分别计算到水边的距离。流速系数根据岸边形状确定。

⑦参数设置导致的误差。

参数设置对流量精度也会产生误差,其中声速、阈值、误释流速等参数设置直接影响到流量施测的精度,要根据断面现场流速大小、施测实际情况选择合适的参数,才能测到正确的流量。

⑧水位涨落率引起的流量误差。

对于水位涨落率大,或者流量变化快的断面,因尽量缩短测验时间来提高流量测验的精度,具体的办法是减少测验测回数,但至少要有一个测回。

⑨流速脉动引起流速测量误差。

为减少受水流脉动带来的影响,可对断面进行多次施测,一般情况下取两个测回的平均值作为一个测次的流量。

⑩多普勒噪声引起的误差。

对多普勒噪声引起的流速和水深误差,可采取增加采样数来消除。也就是说,当采样速率一定时,短期精度随时间平均步长增长而提高。

⑪多普勒流速仪假定导致的误差。

多普勒流速仪假定施测的某一水层的流速是一定的,当出现不一致时,施测的结果将出现错误或误差较大,可采取更换断面位置来提高流量测验精度。

⑫仪器检定误差。

声学多普勒流速仪应定期进行检测,以消除可能存在的系统误差。

4.5.2.10 复杂环境下的流量测验方法

我国河流一般含沙量较大,特别是汛期因含沙量和流速增大,导致一定频率的声学多普勒流速仪测定的"河底"——河床床面上的推移质泥沙或一定浓度含沙量的近河底悬移质泥沙,相对于河床而言随水流有一定的运动速度(一般称为"动底")。受来自河底床面泥沙运动速度的影响,将运动底跟踪方式测得船速相对于河床的速度严重失真,使流量测验不准确。在流量较大时其现象尤其突出,主要表现为底跟踪(BTM)时施测的流量偏小。

解决因"动底"产生的船速失真最直接的方法是外接 GPS 测定测船在航迹上运动的任意两点的船速。

在"动底"时底跟踪(BTM)方式施测流量偏小时,采用外接 GPS 方式施测的流速与磁偏角有直接关系,若内置罗经确定大地坐标与 GPS 大地坐标之间偏角差异较大,则测流误差较大。这样对于外接罗经的精度要求就显得更加重要。

(1)"动底"的判断

"动底"的判断可以通过抛锚法判断或 GPS 检测。

1)抛锚法判断

抛锚法判断就是将测船抛锚固定后开始采用声学多普勒流速仪施测,在BTM模式下假如测船向上游移动(图4.5-23),则说明该位置有"动底"现象。

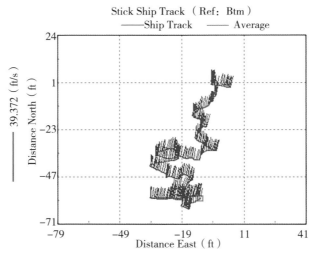

图4.5-23　定点抛锚下测船因"动底"向上游移动图

2)GPS检测

GPS检测"动底"的方法就是在声学多普勒流速仪施测时接入GPS,通过切换BTM和GGA模式对照BTM和GGA的移动距离,若BTM模式下移动距离比GGA模式下移动的距离长(图4.5-24),也可以从罗经校正框中的"GC-BC"和"BC/GC"的值判断,当"GC-BC"不等于0或"BC/GC"大于1时,则说明该区域有"动底"现象,否则,距离一样时则无"动底"。

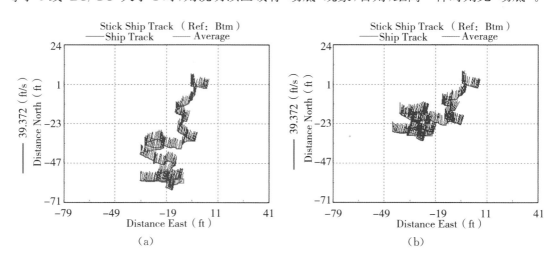

Compass Calibration Tabular		
BMG-GMG mag	**30.8**	[ft]
BMG-GMG dir	**156.7**	[°]
GC-BC	**27.4**	[°]
BC/GC	**1.5873**	

（c）

图 4.5-24 GPS 检测测船因"动底"轨迹和流速矢量图

以 2007 年 7 月在某站断面定点抛锚检测情况加以说明。从航迹和流速矢量线（图 4.5-23）可以看出，在抛锚模式下，GPS GGA 模式测船的航迹是左右移动，而在 BTM 模式下，测船的航迹除了左右移动外还在往上游移动，这说明测船因"动底"才有相对往上的航迹，BTM 和 GGA 两种模式下测船航迹比较图可以直观地看出"动底"情况下 BTM 向上游运动趋势（图 4.5-26）。在 BTM 和 GGA 模式下测船速度过程变化（图 4.5-27）中，GGA 模式下的船速小于 BTM 模式下的船速，而水流速度过程变化（图 4.5-28）中的 GGA 模式下的水流速度则大于 BTM 模式下的水流速度，这是反映"动底"情况下两种模式的变化规律。罗经校正表（图 4.5-29）BC/GC 是 BTM 和 GGA 两种模式下测船航迹的直线距离比值，正常情况下，比值大于 1 时，说明有"动底"现象，比值的大小与时间有关，时间越长，比值越大。

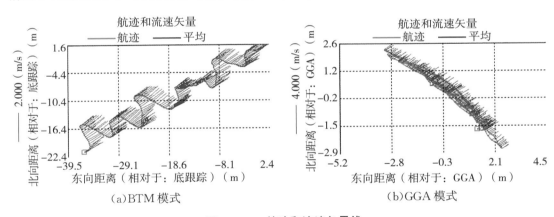

（a）BTM 模式　　　　　　　　（b）GGA 模式

图 4.5-25 航迹和流速矢量线

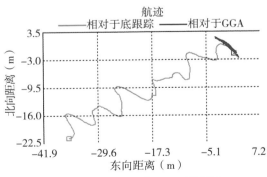

图 4.5-26 BTM 和 GGA 模式下测船的航迹图

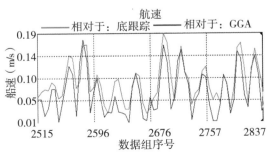

图 4.5-27 BTM 和 GGA 模式下测船速度过程变化线

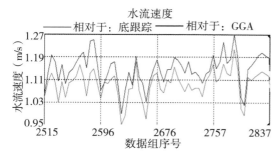

图 4.5-28 **BTM 和 GGA 模式下**
测船速度过程变化线

图 4.5-29 罗经校正表

（2）"动底"的解决方案

声学多普勒流速仪解决"动底"的方法主要有利用 GPS 测量船速、回路法和定点多垂线法三种。

1）回路法

回路法就是利用声学多普勒流速仪自身的 BTM 功能在断面连续施测一个来回，但开始和结束必须是同一位置，通过观测导航面板中直线距离和回路施测历时就可以计算出断面的"动底"平均速度，再将"动底"平均速度乘以断面面积就是因"动底"偏小的流量（图 4.5-30 至图 4.5-32）。可用下式进行修正：

$$Q = Q_0 + A_{pf} D_{UP} / T \tag{4.5-13}$$

式中：Q——修正后的流量（m^3/s）；

Q_0——声学多普勒流速仪实测流量（m^3/s）；

D_{UP}——一个来回同一位置因"动底"原因向上游的距离（m）；

T——一个来回的测量时间（s）；

A_{pf}——断面的面积（m^2）。

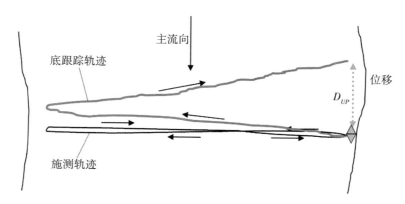

图 4.5-30 回路法施测示意图

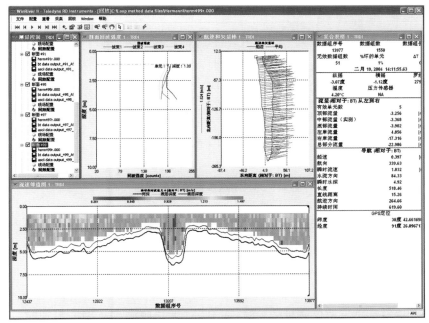

图 4.5-31　回路法施测声学多普勒流速仪显示面板

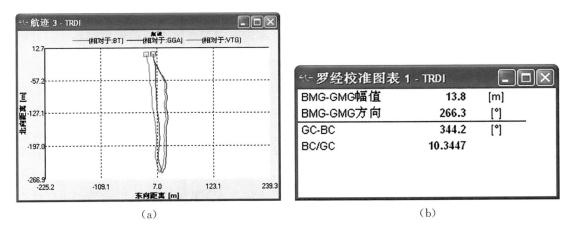

（a）　　　　　　　　　　　　　　　　（b）

图 4.5-32　回路法 BTM 和 GGA 轨迹和罗经校正图

　　回路法的主要优点有：不需要外接 GPS、实施方便、计算简便；主要缺点为精度取决于起点与终点重合；罗盘必须精确标定；断面必须垂直于主流向；必须保持底跟踪；只能改正断面流量，垂线位置流速无法改正。

　　2）定点多垂线法

　　定点多垂线法与转子式流速仪施测的方法一样，就是将声学多普勒流速仪定点施测垂线平均流速，计算断面流量（图 4.5-33）。

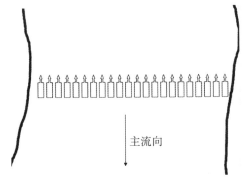

图 4.5-33　定点多垂线法示意图

定点多垂线法的主要优缺点有:不需要外接 GPS、与转子式流速仪法相似;主要缺点为:需人工定位、流向必须考虑、必须保证声学多普勒流速仪不移动、没有测量整个断面、费时、对于航运繁忙河流不适用。

3)利用 GPS 测量船速

在采用声学多普勒流速仪流量测验时,在 BTM 无法施测到正确的船速时(声学多普勒流速仪运动速度),可采用 GPS 来测量船速来代替,即 WinRiver 软件利用 DGPS 提供的GGA 数据中的经纬度计算船速(GGA 模式)。而在 GPS 测量速度时因坐标系统的不一致,罗经的校正十分关键,对于内部和外部罗经,都应率定出磁偏角等多种因素的偏差。而罗经校正不准确或存在偏差,将在 GGA 模式下导致流量计算不准确,在一个测回中往返会产生很大偏差。

若罗经只存在系统的偏差因素,无论有无"动底",都可以通过事后改正来处理。罗经系统误差可以理解为罗经安装误差和磁偏差两者产生的误差。

如罗经由自身和外界的原因导致不是线性变化时,则无论什么模式,导致的流量计算是错误的。在底跟踪模式下,对于某一块数据来说,在没有"动底"时,流速值施测是准确的,但方向却无法改正;在有"动底"时,流速和方向都将无法改正。在 GGA 模式下,罗经不线性变化计算出的流速、方向及流量是错误的,并且无法改正。

4.5.2.11　与流速仪法测验资料的转换方法

(1)数据转换现状

流速仪法作为一种传统的流速流量测验方法,已经有非常悠久的历史,很多成果资料表格和需求都是在流速仪的测量体系中建立起来的。该方法在一次测量时所测的流速点比较有限,在流量计算时主要以"以点带面"的方式来进行,对每个流速点一般测验 60~100s 来获得相对准确、脉动较小的流速值。《河流流量测验规范》(GB 50179—2015)对采用流速仪法进行流量测验进行了详细的规范和指导。

《声学多普勒流速仪测流规范》(SL 337—2016)的正式颁布,规范了声学多普勒流速仪流量测验,也促进了声学多普勒流速仪的普及与应用。然而,在实际工作中,《声学多普勒流速仪测流规范》(SL 337—2016)的内容还不能满足水文工作对测验成果资料的需求。规范中给出了定点流速测验提取的相关要求,但在实际工作中只进行定点测验则流量难以计算,若同时进行定点流速测验和走航式流量测验则费时又费工,在测验中很少用到。水文分析计算、工程建设管理、科研等在使用水文流量测验资料时,往往也需要流速资料。由于声学多普勒流速仪与传统流速仪法测验原理的差异,声学多普勒流速仪在流量测验时测出的是瞬时流速,而流速仪法测出的是平均流速,声学多普勒流速仪所测得的瞬时流速如何应用、声学多普勒流速仪流量测验成果如何向传统测验成果转换,至今尚未解决。如工程建设管理、科研等需要在水文流速流量测验成果中提供最大流速和最小流速,在流速仪法测验时该值采用的是各测点的最大值和最小值。而现在采用声学多普勒流速仪进行流量测验,声学多普勒流速仪所测的是带有较大脉动误差的瞬时值,且由于水流脉动、仪器信号错误等综合因素,个别流速值非常大或非常小。如果直接采用声学多普勒流速仪测流数据中的这类流速值来作为流速特征值必然存在一定的问题,而如果不采用该值又该如何计算最大、最小流速等特征值,目前仍然没有较合适的方法。虽然采用声学多普勒流速仪定点测量可以测得平均流速,但采用声学多普勒流速仪定点测量测验工作效率不高,在声学多普勒流速仪走航模式测流后,又进行定点流速测量费时又费工,显然是不现实的。而且如果资料使用者采用定点测量的流速来计算流量,也有可能与声学多普勒流速仪流量测验的结果不一致,造成资料的表面矛盾。

(2)流速仪流量测验原理解析

由于流速仪一次仅能对一个位置进行测量,且单点测量消耗时间长(一般为 60~100s),因此流速仪法测量时只能在断面上选择有代表性的点进行流速测量,用这些点的流速值来代表点周围面积内的流速值(图 4.5-34)。因此,《河流流量测验规范》(GB 50179—2015)对流速垂线的布设进行了详细的规定,目的就是要提高这些测流垂线的代表性。

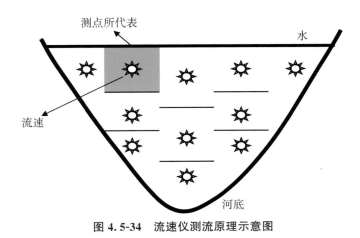

图 4.5-34 流速仪测流原理示意图

各点的垂向代表性以十一点法垂线流速计算公式为例来说明:

$$V_m = \frac{1}{10}(0.5V_{0.0} + V_{0.1} + V_{0.2} + V_{0.3} + V_{0.4} + V_{0.5} + V_{0.6} + V_{0.7} + V_{0.8} + V_{0.9} + 0.5V_{1.0})$$

$$(4.5\text{-}14)$$

相对水深 $0.0,0.1,0.2,0.3,0.4,0.5,0.6,0.7,0.8,0.9,1.0$ 处流速的系数分别为：$0.05,0.1,0.1,0.1,0.1,0.1,0.1,0.1,0.1,0.1,0.05$。而按照各相对水深的流速所代表的面积比也为：$0.05,0.1,0.1,0.1,0.1,0.1,0.1,0.1,0.1,0.05$。

再以五点法垂线流量计算公式为例：

$$V_m = \frac{1}{10}(V_{0.0} + 3V_{0.2} + 3V_{0.6} + 2V_{0.8} + V_{1.0})$$

$$(4.5\text{-}15)$$

相对水深 $0.0,0.2,0.6,0.8,1.0$ 处流速的系数分别为：$0.1,0.3,0.3,0.2,0.1$。而按照各相对水深的流速所代表的面积比也为：$0.1,0.3,0.3,0.2,0.1$。

一点法、两点法和三点法的原理相似，都可以把各点所代表的面积的比例求出。

水平方向的代表性以部分面积来说明：

$$A_i = \frac{d_{i-1} + d_i}{2}b_i$$

$$(4.5\text{-}16)$$

式中：A_i——第 i 部分面积；

i——测速垂线或测深垂线序号，$i = 1,2,3,\cdots,n$；

d_i——第 i 条垂线的实际水深，当测深、测速没有同时进行时，应采用河底高程与测速时的水位计算出应用水深；

b_i——第 i 部分断面宽。

部分面积对应的流速采用相邻两垂线流速的平均值：

$$\overline{V_i} = \frac{V_{m(i-1)} + V_{mi}}{2}$$

$$(4.5\text{-}17)$$

式中：$\overline{V_i}$——第 i 部分断面平均流速；

V_{mi}——第 i 条垂线平均流速，$i = 1,2,3,\cdots,n-1$。

靠岸边或死水边的部分平均流速，按：

$$\overline{V_i} = \alpha V_{mi}$$

$$(4.5\text{-}18)$$

$$\overline{V_i} = \alpha V_{m(n-1)}$$

$$(4.5\text{-}19)$$

式中：α——岸边流速系数。

部分流量 q_i 则采用：

$$q_i = \overline{V_i}A_i$$

$$(4.5\text{-}20)$$

断面流量 Q 采用：

$$Q = \sum_1^n q_i$$

$$(4.5\text{-}21)$$

对《河流流量测验规范》(GB 50179—2015)以上公式进行解析，若暂不计岸边需要特殊处理的部分量，断面流量计算可采用如下公式：

$$Q = \sum_{i=1}^{n} \sum_{k=1}^{m} \beta_k (d_{i-1} + d_i) b_i (V_{k,i-1} + V_{k,i})/4 \qquad (4.5\text{-}22)$$

式中: Q ——断面流量;

m ——各测速垂线上测速点的总数,十一点法为 11,五点法为 5;

k ——从水面向下数,各测速垂线上相对水深测速点的序号,以五点法为例, $k=2$ 时表示为相对水深 0.2;

β_k ——测速垂线上各测速点在计算垂线平均流速时对应的系数,五点法分别为:0.1, 0.3,0.3,0.2,0.1;

n ——测速垂线总数;

i ——测速垂线的序号;

d_{i-1} 和 d_i ——第 $i-1$ 和 i 垂线的实际水深;

b_i ——第 i 部分断面宽;

$V_{k,i-1}$ 和 $V_{k,i}$ ——第 $i-1$ 和 i 垂线上第 k 个相对水深测速点的流速。

再将上述公式解析可以得到:

$$Q = \sum_{i=1}^{n} \sum_{k=1}^{m} \beta_k \left[(d_{i-1} + d_i) b_i + (d_i + d_{i+1}) b_{i+1} \right] V_{k,i}/4 \qquad (4.5\text{-}23)$$

每个流速测点流速 $V_{k,i}$ 代表面积为 $\beta_k \left[(d_{i-1} + d_i) b_i + (d_i + d_{i+1}) b_{i+1} \right]/4$ 的区域的平均流速(岸边的流速点除外)。

(3)资料转换方法

由前面的分析可知,流速仪法在进行流量测验时是采用各测点流速代表其周边区域的流速来实现的,并解析出了其对应的区域的面积计算公式。

走航式声学多普勒流速仪进行流量测验时,断面细分多达上千个,可以认为是获得了整个断面的流速和流量(部分流量)分布。我们只要在断面上划出相应的区域,就能获得该区域的部分流量。因此,流速仪法各测点流速所代表的区域内的流量都能够从走航式声学多普勒流速仪测流资料中计算获得,再利用部分流量除以部分面积就知道了这个区域的平均流速。这个平均流速是一个区域的平均流速,流速仪法测得的是一个具体位置的流速,这两者的关系将是解决本问题的关键。流速仪法测流和走航式声学多普勒流速仪测流都是测流的准确方法,两者都是对河流单位时间内过水量的真实测量,测量结果应该是一致的。即流速仪法测流得到的断面流量是 1000m³/s,那么走航式声学多普勒流速仪测流得到的结果也应该是 1000m³/s,由于测验误差的存在,结果只可能有微小差别。流速仪法采用点流速代表(等于)部分区域内平均流速,最终测得了准确的断面流量。反过来,部分区域内平均流速也应能代表(等于)该测点流速。也就是说,当走航式声学多普勒流速仪测出某区域部分流量为 50 m³/s 时,若采用流速仪法测流也应该测得相同的结果,而要得到相同的结果,流速仪法该测点的流速必然是该区域的平均流速值。通过以上分析,我们得到了声学多普勒流速仪测验资料转换为流速仪法测验资料的转换思路。

在声学多普勒流速仪测流的流速剖面数据中,将每个流速仪测点所对应的面积为 $\beta_k[(d_{i-1}+d_i)b_i+(d_i+d_{i+1})b_{i+1}]/4$ 的区域内的部分流量计算出,再除以对应的部分面积,就得到了该区域内的平均流速,即可作为该点的流速仪法测流流速。计算靠水边的两垂线上的流速时,将岸边的过水区域按各流速测点比例系数分配给各流速点,再加入垂线靠河道内侧 $\beta_k(d_1+d_2)b_2/4$ 或 $\beta_k(d_{n-1}+d_n)b_n/4$ 面积区域,计算合并后的区域内的平均流速。

(4)模型计算结果分析

通过对某水文站 12 个声学多普勒流速仪流量测次的 48 个数据文件进行计算,计算结果见表 4.5-8。

表 4.5-8 单文件流量计算结果表

序号	声学多普勒流速仪流量	转流速仪法流量	相对误差	序号	声学多普勒流速仪流量	转流速仪法流量	相对误差
1	9640	9410	−0.02	25	13900	13700	−0.01
2	9960	9830	−0.01	26	14100	13800	−0.02
3	9620	9480	−0.01	27	13900	13500	−0.03
4	9960	9840	−0.01	28	14100	13600	−0.04
5	15200	15200	0.00	29	16800	16100	−0.04
6	15700	15700	0.00	30	17100	16600	−0.03
7	15600	15500	−0.01	31	17000	16400	−0.04
8	15600	15500	−0.01	32	17400	16800	−0.03
9	16600	16400	−0.01	33	9130	9040	−0.01
10	16700	16500	−0.01	34	9370	9330	0.00
11	16500	16500	0.00	35	9190	9060	−0.01
12	16900	16600	−0.02	36	9330	9320	0.00
13	10300	10300	0.00	37	9360	9340	0.00
14	10500	10500	0.00	38	9480	9420	−0.01
15	10300	10300	0.00	39	9270	9310	0.00
16	10600	10500	−0.01	40	9720	9660	−0.01
17	8090	7890	−0.02	41	6550	6440	−0.02
18	8190	8000	−0.02	42	6680	6520	−0.02
19	8130	7940	−0.02	43	6590	6450	−0.02
20	8190	8010	−0.02	44	6780	6610	−0.03
21	8060	7950	−0.01	45	5910	5770	−0.02
22	8190	8050	−0.02	46	6070	5920	−0.02
23	8060	7950	−0.01	47	5910	5760	−0.03
24	8190	8050	−0.02	48	6050	5890	−0.03

注:表中"转流速仪法流量"是指采用本模型在声学多普勒流速仪数据中提取出的水深、流速采用流速仪法计算方法计算出的流量。

从表 4.5-8 可以看出,采用本模型提取出的流速数据采用流速仪法的计算方法计算出的流量与声学多普勒流速仪测量的流量非常吻合,最大的相对误差也没超过 3%。但数据存在系统偏差,即转流速仪法计算出的流量都小于等于声学多普勒流速仪测量的流量。通过对流量计算原理的分析,流速仪法计算时采用的断面形状是简化的梯形,而声学多普勒流速仪计算流量时是按照实际断面形状计算的,由于断面形状是上凹形,简化的梯形的面积小于实际断面面积,因此流速仪法计算出的流量偏小,见图 4.5-35。

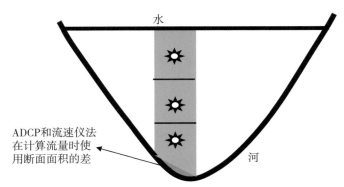

图 4.5-35 声学多普勒流速仪测流与流速仪法计算面积差异

以上 48 个文件的误差尚且很小,采用四次结果的平均值计算出的流量之间的误差就更小。因此,该模型的转换完全能满足流量精度要求,避免了资料的表面矛盾。

(5)模型应用于输沙率计算

目前,输沙率测验是采用《河流悬移质泥沙测验规范》(GB 50159—2015)中的输沙率计算方法来计算输沙率成果,而该方法主要是依据流速仪法测流来进行编制的。一般采用垂线平均含沙量按流速加权的计算方法,具体公式如下:

- 三点法:

$$C_{sm} = \frac{V_{0.2}C_{s0.2} + V_{0.6}C_{s0.6} + V_{0.8}C_{s0.8}}{V_{0.2} + V_{0.6} + V_{0.8}} \qquad (4.5-24)$$

- 五点法:

$$C_{sm} = \frac{1}{10V_m}(V_{0.0}C_{s0.0} + 3V_{0.2}C_{s0.2} + 3V_{0.6}C_{s0.6} + 2V_{0.8}C_{s0.8} + V_{1.0}C_{s1.0}) \qquad (4.5-25)$$

式中:C_{sm}、$C_{s0.0}$、$C_{s0.2}$、$C_{s0.6}$、$C_{s0.8}$、$C_{s1.0}$——垂线平均及垂线上相对位置 0.0、0.2、0.6、0.8、1.0 测点含沙量,其余符号意义同前。

利用走航式声学多普勒流速仪的测流数据和以上计算公式计算输沙率,必须从走航式声学多普勒流速仪的测流数据中提取对应点的稳定流速。而提取走航式声学多普勒流速仪测流断面上各测点稳定的流速一直没有比较完善的解决办法,现有的走航式声学多普勒流速仪输沙率计算主要有两种方法:

1）提取点流速方法

提取点流速方法是指从声学多普勒流速剖面仪所测得流速剖面中提取原流速仪法对应测点上的流速值，并用该流速与测点含沙量计算垂线含沙量，最后采用垂线含沙量与垂线流量得到断面输沙率和断面平均含沙量。在流速提取时主要有以下两种方法：

①采用拟合曲线（一般采用幂指函数）上的点流速，该方法提取的流速为概化流速，与真实的流速有一定差别。

②采用实测点流速直线内插，该方法提取的流速为瞬时流速，流速大小不稳定，有时单个流速与真实的流速差别较大。

用以上两种方法提取出来的流速进行输沙率计算时，误差较大，且采用这些提取出来的流速按速度面积法计算流量和原声学多普勒流速仪流量测验结果可能会不一致。

2）块流量方法

块流量方法是将原声学多普勒流速仪测验出的流速剖面分割为与上述垂线含沙量对应区域的部分流量（块流量），然后以垂线含沙量乘以对应的部分流量，即可通过计算得到断面输沙率和断面平均含沙量。该方法求得的部分流量之和与声学多普勒流速仪流量相吻合，两流量计算结果不存在矛盾。但在垂线含沙量计算时，如果是选点法仍然需要用到点流速，这时无论用以上两种中的哪种点流速提取方法都会带来误差。

通过以上分析可以知道，提取点流速方法提取出来的流速按流速面积法计算流量和原声学多普勒流速仪流量测验结果不一致，存在矛盾。块流量方法虽然两流量计算结果不存在矛盾，但是对于选点法测沙，提前将垂线含沙量和垂线流速各自进行合并计算，无法实现流速对含沙量的加权，造成含沙量与流速未进行最紧密、最直接的耦合。基于上文提出的转换原理，将声学多普勒流速仪测量出的流速剖面按含沙量测点在面积包围法中对应的区域进行分割，分别计算出各区域的部分流量，再除以该区域的面积得到部分平均流速，采用部分平均流速对含沙量进行加权，最终计算出断面输沙率和断面平均含沙量。因此，只要采用以上模型及原理，将流速仪法流速测点位置与测沙位置设置一致，求出对应点流速，采用《河流悬移质泥沙测验规范》（GB 50159—92）中的计算方法即可计算出相应的输沙成果。

4.5.2.12　走航式声学多普勒流速仪水深提取改进方法

美国某公司生产的 4 个探头的声学多普勒流速仪是目前较为常见的一种声学多普勒流速剖面仪。该仪器依靠斜向的 4 个探头所测的 4 个水深数据来计算声学多普勒流速仪所在位置正下方的水深，一般情况下该水深是准确的，但在遇到某些特殊情况时该水深也可能不准确。如图 5.4-36 所示的这两种情况，声学多普勒流速仪的 4 个探头测量的水深数据都是相同的，而与实际水深确是不一致的，所以就会造成声学多普勒流速仪测量的断面形状与实际断面有所差别。鉴于这种情况，声学多普勒流速仪测量系统也提供了外接测深仪的数据接口,这样系统就能够获取高精度的水深数据。

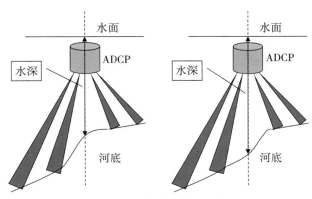

图 4.5-36　水深误差示意图

垂线水深获得的方法就是采用外接回声仪现场实测,如果没有外接回声仪,在大断面稳定的情况下也可采用最近测次的大断面数据。在前两者都不具备的情况下,则只能采用声学多普勒流速仪数据中的水深数据。

为提高计算水深精度,可以将斜向探头测验的水深进行空间投影找出实际的水深测点位置,避免了上文提到的水深误差的出现。

根据 4 个探头发射声波的倾斜角度(20°),计算出 4 个探头所测水深对应的实际位置,见图 4.5-37 所示。

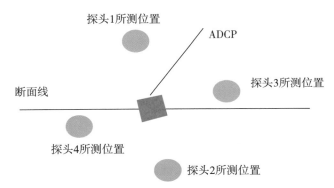

图 4.5-37　走航式声学多普勒流速仪测深实际位置示意图

假设声学多普勒流速仪仪器在坐标的位置为 (x,y),仪器 3 号探头所对的方向(船头所对的方向)为 θ,1～4 号探头所测得水深分别为 d_1,d_2,d_3,d_4。1～4 号探头所测水深的实际位置相对于声学多普勒流速仪仪器在坐标 x 和 y 方向上的偏移的量可简化表示为:

$$\Delta x_1 = d_1 \tan(20° + \alpha) \cos(\theta - 90°) \tag{4.5-26}$$

$$\Delta y_1 = d_1 \tan(20° + \alpha) \sin(\theta - 90°) \tag{4.5-27}$$

$$\Delta x_2 = d_2 \tan(20° - \alpha) \cos(\theta + 90°) \tag{4.5-28}$$

$$\Delta y_2 = d_2 \tan(20° - \alpha) \sin(\theta + 90°) \tag{4.5-29}$$

$$\Delta x_3 = d_3 \tan(20° + \beta) \cos\theta \tag{4.5-30}$$

$$\Delta y_3 = d_3 \tan(20° + \beta) \sin\theta \tag{4.5-31}$$

$$\Delta x_4 = d_4 \tan(20° - \beta) \cos(\theta + 180°) \tag{4.5-32}$$

$$\Delta y_4 = d_4 \tan(20° - \beta) \sin(\theta + 180°) \tag{4.5-33}$$

式中：Δx_1，Δy_1，Δx_2，Δy_2，Δx_3，Δy_3，Δx_4，Δy_4——1~4 号探头所测的实际位置相对于声学多普勒流速仪仪器在坐标 x 和 y 方向上的偏移量。

α，β——走航式声学多普勒流速仪所测得横摇和纵摇角度。

将 4 个探头的所测水深序列分别按水深对应的起点距排序，形成 4 个按起点距排序的水深数据序列，并计算出各水深实际测点离断面线的距离。

$$(d_{1,i}, D_{1,i}, h_{1,i}), (d_{2,i}, D_{2,i}, h_{2,i}), (d_{3,i}, D_{3,i}, h_{3,i}), (d_{4,i}, D_{4,i}, h_{4,i}) \quad (i=1,\cdots,n)$$

$$\tag{4.5-34}$$

式中：$(d_{1,i}, D_{1,i}, h_{1,i})$，$(d_{2,i}, D_{2,i}, h_{2,i})$，$(d_{3,i}, D_{3,i}, h_{3,i})$，$(d_{4,i}, D_{4,i}, h_{4,i})$——在第 i 个声学多普勒流速仪测点位置上，1~4 号探头的实际测点的水深、起点距以及离断面线的距离；

n——声学多普勒流速仪测点总数。

在计算某起点距 D 的水深时，在各个探头所测的水深数据序列中，按起点距 $D_{1,i}$，$D_{2,i}$，$D_{3,i}$，$D_{4,i}$ 直线插值出对应的水深 d_1，d_2，d_3，d_4 及离断面线距离 h_1，h_2，h_3，h_4。由于 4 个探头所测位置具有对称性，声学多普勒流速仪仪器测量姿态水平且测量位置刚好在断面时，4 个探头所测实际位置离断面线的距离应该是两两相同的（假设河底是平的）。先进行离断面线距离的筛选，去掉两个离断面线距离较远的，如果声学多普勒流速仪的测量位置在断面线上，则剩下两个近的应该处于断面两侧距离相同处。最后，在剩下的两个中选择与 d_1、d_2、d_3、d_4 的均值最相近者作为起点距为 D 处的实测水深。本方法可以选择最接近断面线的水深测点，又可以排除单个探头测量误差大的情况。

图 4.5-38 是某断面走航式声学多普勒流速仪实际测深位置的示意图。从图 4.5-38 可以看出，走航式声学多普勒流速仪在进行断面流量测验时，4 个探头所测得实际位置的偏离程度受水深影响，河道中部水深较大，4 个探头实际测深位置发散得较开，偏离较大，而在靠岸边水深较浅的区域 4 个探头的实际测深位置收得较紧，偏离较小。

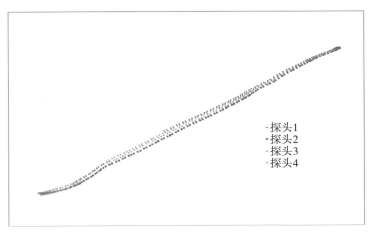

图 4.5-38　某断面走航式声学多普勒流速仪实际测深位置

　　图 4.5-39 是某断面走航式声学多普勒流速仪各探头实际测深位置离断面线的距离分布图。从图 4.5-36 可知,在整个断面测量过程中,各探头离断面线的距离在不断变化,在断面中部由于水深较大,四探头的实际测点位置距离相差较大,最上游的测点和最下游的测点距离有约 15m。

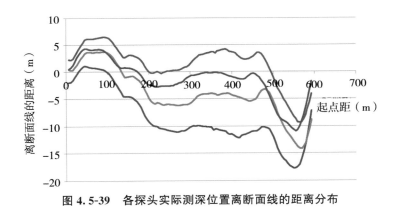

图 4.5-39　各探头实际测深位置离断面线的距离分布

　　由于 4 个探头实际测量位置不同,所测得的水深也不相同,见图 4.5-40。在断面较深的位置由于 4 探头所测位置相差较远,测得的水深差别也比较大,因此采用前文所提出的计算水深的改进方法非常必要。

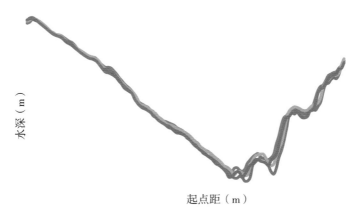

图4.5-40 各探头所测得的大断面图（投影后）

4.5.2.13 基于GPS的流向改正方法

目前，声学多普勒流速仪测量系统内部使用的基本都是磁罗经，而磁罗经容易受到外界环境的干扰，尤其当声学多普勒流速仪安装在铁质船上时，磁罗经数据的准确度和可靠度将大大降低，有时还会造成方向错误。图4.5-41就是声学多普勒流速仪安装在铁质船上进行测量的数据，画圈的两处可以看出磁罗经的方位发生了偏差。

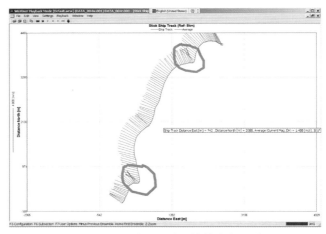

图4.5-41 磁罗经受干扰的流向误差

在这种情况下，外接一个能提供准确方向数据的罗经来替代声学多普勒流速仪的内罗经是必要的。目前，外接罗经主要有磁罗经、电罗经（陀螺罗经）和卫星罗经（GPS罗经）等。

磁罗经是利用自由支持的磁针在地磁作用下稳定指北的特性取得方位基准，测出物标方位的一种仪器。目前使用的多为数字磁罗经，均需因周围磁场的变化带来的影响进行标定。但磁罗经使用时必须进行误差修正，误差随时间、地点、航向的变化而变化，修正比较复杂。

电罗经以陀螺仪为核心元件，可以指示船舶航向的导航设备。陀螺罗经依靠陀螺仪的定轴性和进动性,借助于其控制设备和阻尼设备,能自动指北并精确跟踪地球子午面。其功用与磁罗经相近,但其精度更高,而且不受地球磁场和钢质船体等铁磁物质的影响,是指示航向基准的主要设备。

GPS 罗经是利用接收到的 GPS 信号,基于卫星定位解算出指北,来达到稳定指北的一种新型的导航设备。GPS 罗经系统由天线、数据处理器和显示器组成。GPS 罗经产品目前较多,并有不同的精度系列,在声学多普勒流速仪流量测验中来代替内部磁罗经只需要 0.5°的精度就够了,当然精度越高,对声学多普勒流速仪测验中流向的精度就越高。

磁罗经精度较低,且受外界干扰影响;传统电罗经利用机械高速运转实现稳定指向,体积大、噪声大、故障率高、需要年度保养、3~5 年需要换陀螺球、维修维护频繁、费用昂贵;而 GPS 罗经接收卫星信号,价格较电罗经低廉,精度高,不受地球磁场和钢质船体等铁磁物质的影响。目前一般的走航式声学多普勒流速仪测验系统多采用 GPS 罗经。

而对于前文所提到的罗经数据误差问题,采用基于 GPS 的流向改正方法来修正或重建罗经数据,可以解决罗经数据出现异常的情况。具体方法简介如下:

WinRiver 软件的 GPS 模式是采用 GPS 测得的速度(GPS、船和仪器连为一体,安装方法正确的情况下,三者移动速度相同)来当做船速(仪器与地球的速度,地球坐标系下)V_1,设仪器测得的水流相对于仪器的速度(仪器坐标系下)为 V_2,则根据 V_1 和 V_2 可以求解出水流相对于地球的速度 V_3(地球坐标系下)。由于水流相对于仪器的速度 V_2 是建立在仪器坐标系的,而 V_1 是建立在地球坐标系的,需要罗经和姿态仪数据来将两者坐标系统进行转换。当罗经数据出现问题时,V_1 和 V_2 无法正确转换到统一坐标系下,因此无法求解水流相对于地球的速度 V_3。本书利用声学多普勒流速仪所测量出的船速(河底与测船的相对速度,仪器坐标系下)V_4 和水流相对于仪器的速度 V_2 求解出船速与水流速度在仪器坐标系下的水平夹角 α,并将此作为在地球坐标系下 V_1 和 V_3 的水平夹角 β。即可根据水流相对于仪器速度 V_2 的大小 $|V_2|$、V_1 和 V_3 的水平夹角 β、仪器与地球的速度 V_1 求解出水流相对于地球的速度 V_3。这样就回避了由罗经数据不准而造成的无法测量和计算(图 4.5-42)。

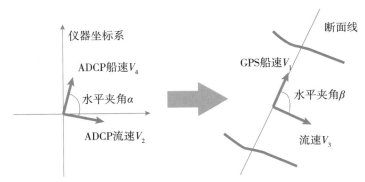

图 4.5-42 基于 GPS 的流向改正原理示意图

设 V_1,V_2,V_3,V_4 在极坐标中表示为:$(|V_1|,\theta_1)$,$(|V_2|,\theta_2)$,$(|V_3|,\theta_3)$,

$(\lvert V_4 \rvert, \theta_4)$，$\alpha = \theta_2 - \theta_4$，$\beta = \theta_3 - \theta_1$，在各项测量值准确时 $\alpha = \beta$，则有：

$$V_3 = (\lvert V_2 \rvert, \theta_1 + \theta_2 - \theta_4) \tag{4.5-35}$$

图 4.5-43 为罗经数据出现故障的走航式声学多普勒流速仪测量数据。

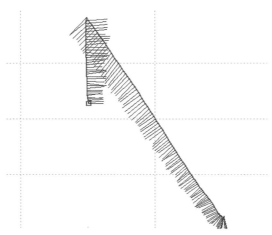

图 4.5-43　罗经数据出现故障的流向图

图 4.5-44 为显示了改正前的流向数据和改正后的流向数据，红色箭头为改正前的流向数据，蓝色箭头为经本方法改正后流向数据，可以看出改正后流向数据趋于正常。

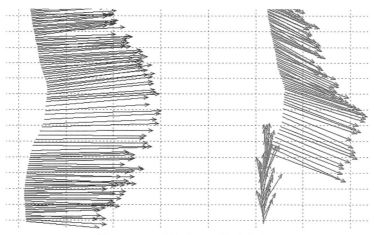

图 4.5-44　流向改正后的测验结果

通过该方法解决了罗经数据不准或缺失的情况下走航式声学多普勒流速仪无法测量或测量误差大的问题。但需要注意的是，在船速很低时，测得的船速方向将误差很大，采用该方法计算的流速方向也会有很大误差。因此，建议采用该方法进行测量计算时，在流速大的区域尽量保持船速均匀，避免有忽快忽慢或停船的操作。在数据处理时，可以设定船速在低于某值且流速高于某值时，仍然采用罗经数据进行计算，以避免带来更大的误差。在"动底"条件下测量，由于声学多普勒流速仪所测船速不准确，声学多普勒流速仪所测船速与流速的夹角也存在误差,采用该方法计算将会带来较大误差。

4.5.2.14　基于 Google Earth 的数据演示技术

（1）Google Earth 与 KML 语言

Google Earth（谷歌地球,GE）是一款 Google 公司开发的虚拟地球仪软件,它把卫星照片、航空照相和 GIS 布置在一个地球的三维模型上。Google Earth 于 2005 年向全球推出,被《PC 世界杂志》评为 2005 年全球 100 种最佳新产品之一。用户们可以通过一个下载到自己电脑上的客户端软件,免费浏览全球各地的高清晰度卫星图片。

KML 是 Keyhole 标记语言（Keyhole Markup Language）的缩写,是一种采用 XML 语法与格式的语言,用于描述和保存地理信息（如点、线、图像、多边形和模型等）,可以被 Google Earth 和 Google Maps 识别并显示。Google Earth 和 Google Maps 处理 KML 文件的方式与网页浏览器处理 HTML 和 XML 文件的方式类似。像 HTML 一样,KML 使用包含名称、属性的标签（tag）来确定显示方式。因此,也可以认为 Google Earth 和 Google Maps 是 KML 文件浏览器。

KML 文件采用的是文本格式,这种格式的文件对于 Google Earth 程序设计来说有极大的好处,程序员可以通过简单的几行代码读取地标文件的内部信息,并且还可以通过程序自动生成 KML 文件,因此,使用 KML 格式的地标文件非常利于 Google Earth 应用程序的开发。

（2）走航式声学多普勒流速仪数据演示方法

1）现有数据演示方法

现有声学多普勒流速仪的数据演示方法最常见的是采用由仪器生产厂商开发的软件,如 WinRiver Application 等,还有就是采用声学多普勒流速仪使用者研制开发的软件,但它们都缺少与地理相关的信息。图 4.5-45 和图 4.5-46 所示为 WinRiver Application 软件的数据演示结果。

2）基于 Google Earth 的演示方法

基于 Google Earth 的演示方法对 WinRiver Application 软件所输出的 t 文件进行后处理,计算出流速、流向、断面面积、测船航迹等,再采用 Google Earth 所支持的 KML 语言将这些数据在 Google Earth 进行演示。具体操作流程如下:

①读取 WinRiver Application 所生成的"＊t.000"文件中的数据,读出测点 GPS 位置、流速、流向、水深和测船航迹等。

②对所读出的数据进行后处理,剔除错误数据,计算出垂线流速、流向等。

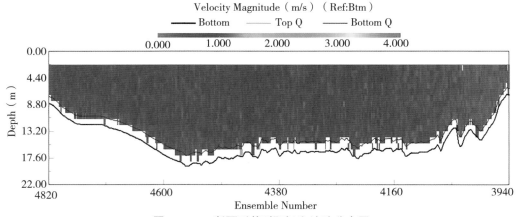

图 4.5-45　断面形状(粗略)和流速分布图

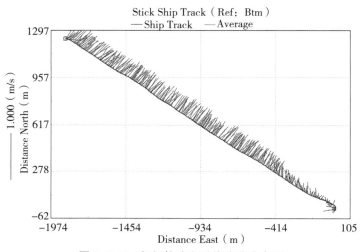

图 4.5-46　船行轨迹和垂线流速分布图

　　③生成垂线流速图,将测船所在 GPS 位置作为该点垂线流速的出发点,根据流速的大小、方向计算流速线段的长度、方向并转换成 GPS 地理经纬坐标,将流速线段的数据导入 KML 文件中。

　　④生成断面形状图,根据测船轨迹点绘断面线,计算测船所在 GPS 位置投影到断面线的位置,在垂直于断面线的方向按水深大小扩展多边形,最终得到的图形即为断面形状,将该多边形数据导入 KML 文件中。

　　⑤计算并导入其他信息,计算流量、最大垂线流速、最大水深、断面平均流速、断面平均水深、断面宽度(所测区域)、测船航迹长度、断面面积等特征数据,并将这些数据导入 KML 文件。

　　⑥调用 KML 文件,KML 文件会自动打开 Google Earth 软件生成图形和标注信息,并将视点移动到测流断面所在位置。

　　具体的演示效果见图 4.5-47。

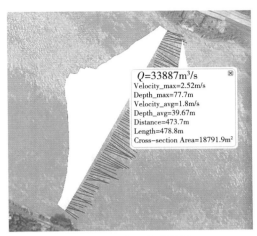

图 4.5-47 演示方法示例一

从图 4.5-47 中可以看出,该断面形状为"V"字形(白色区域),流速的大小和方向是用红色线段表示,线段的方向是流速方向,线段的长度为流速大小,测船的航线为红色线段较齐的那端的走向,可以看出测船航行基本在断面上。图中白色标签显示了该次测量的具体信息,分别是流量、最大垂线流速、最大水深、断面平均流速、断面平均水深、断面宽度(所测区域)、测船航迹线长度和断面面积。

Google Earth 为我们提供了更多的辅助信息,如河道走势,测流断面周边地形、地貌等,可以帮助我们进行声学多普勒流速仪测量数据的合理性检查,如流速分布是否合理、流向是否有较大偏差等。同时将上下游断面的测量结果进行演示,可以很方便地进行流速、流量的上、下游对照分析。

为了在不使用外界数据的情况下直接对声学多普勒流速仪数据进行演示,在计算时直接假设测船航迹起点和终点的连线即为断面线,因此测船的走向对本演示的结果有一定影响,应尽量保证测验时测船沿断面线航行。

3)演示成果范例

图 4.5-48 为某测流断面声学多普勒流速仪测流数据的演示结果。从图 4.5-48 上可以看出,该断面为复式断面,左岸流速较大,流向顺直。图 4.5-49 为该测流断面声学多普勒流速仪测流数据缩小后的演示结果。从图 4.5-49 能直观地看出河道断面较为顺直,断面上下游各有一沙洲。

图 4.5-48　演示方法示例二　　　　　　　图 4.5-49 演示方法示例三

图 4.5-50 为多断面声学多普勒流速仪测验数据比较的示意图。从图上可以很清晰地看出整个测区的地貌情况、断面形状、流速流向分布情况等。除了 Google Earth 里的卫星图片、高程数据可利用外,还可查看当地的实地照片,便于进一步了解测区情况,见图 4.5-51。

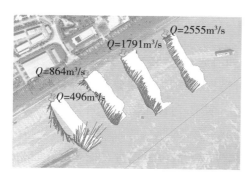

图 4.5-50　演示方法示例四　　　　　　图 4.5-51　演示方法示例五

声学多普勒流速仪数据在 Google Earth 里的演示使得我们在得到一个声学多普勒流速仪数据后,不借助于其他任何信息就能够全面掌握测验断面在全球的位置、测验河段的情况、断面形状、流速流向分布等,把过去相对单调的声学多普勒流速仪数据与直观的测验断面情况紧密地联系在一起。该技术非常完整地展示整个测验的各项数据和信息,为声学多普勒流速仪数据分析、断面情况分析、测区流态分析等提供很好的可视化平台。

Google Earth 自身具有很多的地理信息,而水文测验与地理信息又是不可分割的,因此采用 Google Earth 为平台来演示水文数据有得天独厚的优势。这个平台的使用为使用声学多普勒流速仪数据管理系统来管理河段、流域、地区甚至国家的声学多普勒流速仪数据信息提供了可能,也为其他水文数据的演示和管理提供了范例。

4.5.3　电磁流速仪

4.5.3.1　工作原理及类型

电磁流速仪是基于法拉第电磁感应定律研制而成的,可用来测量多种导电液体的流速,包括天然水在内。图 4.5-52 是测量管道和渠道断面平均流速的电磁测速原理示意图。

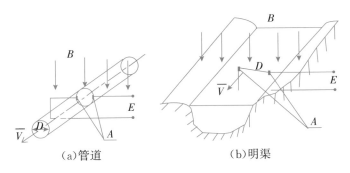

（a）管道　　　　　　（b）明渠

图 4.5-52　电磁流速仪测速原理图

A. 检测电极；B. 磁场；D. 电极间距；E. 感应电动势；$\overline{V}$. 水流平均速度

根据法拉第电磁感应原理,在与测量水流断面和磁力线相垂直的水流两边安装一对距离为 D 的检测电极。当水流流动时,水流切割磁力线产生感应电动势。此感应电动势由两个检测电极测出,其数值大小与流速成正比。

$$E = KB\overline{V}D \qquad (4.5\text{-}36)$$

式中：E——感应电动势；

$\quad D$——电极间距；

$\quad B$——磁场强度；

$\quad \overline{V}$——水流断面平均速度；

$\quad K$——系数。

若已知 D 和外加磁场 B,只要测得 E,由经过率定得到的 K 就可计算出 $\overline{V}$。

电磁流速仪可以分为测量点流速和断面平均流速两类。

4.5.3.2　测量点流速的电磁流速仪

测量点流速的电磁流速仪由传感器和控制测量仪组成。传感器放到需测速的测点,控制测量仪在岸上,中间用专用电缆连接。

现在水文测验应用的电磁点流速仪直接在贴近仪器表面处产生一个人造磁场。测量感应电动势的电极就出露在此磁场内,测量此处的流速。使用仪器时,仪器应对准(或自动定向对准)流速方向。有的电磁流速仪测得流速的同时,也可测量流向。

控制测量部分通过电缆传输测得两电极间的感应电动势,换算成流速流量。如果要通过线圈产生磁场,控制测量部分还有自动上电控制功能。测得值可以通过标准接口输出,用于通信传输。

图 4.5-53 所示的是一种用于明渠水流测量的点流速仪，用测杆安装放至水中测点，测量此点流速。由于仪器无运动部件，此类仪器可用于浅水、低速测量，且测速中受水环境、水质影响较小。

图 4.5-53　电磁流速仪

另一种用于海流测量的电磁流速仪常制作成球形，外圆上有 3～4 个测速点，测速点附近有人造磁场。悬吊或悬浮在水体中时，可以同时测得 3～4 个流速分量。再合成为相对于仪器本身坐标的流速矢量。将其定点放置在某一位置时，可以长期自动测量该点流速。

4.5.3.3　测量河流断面流速的电磁流速仪

测量河流断面流速的电磁流速仪可以称为一个流量测量系统，用于河流断面流速测量时，需要产生一个很大的磁场。由于地球磁场太弱，又受方向性限制，难以应用，因此需要人工产生磁场。在较小河流的河底或河岸上布设一大型线圈，通电产生横过水流的磁场。这样的电磁法测速不但工程量大，还要有专用的供电系统。电极布设和测控部分也会有相应的不同要求和难度。

4.5.3.4　电磁流速仪特点

电磁流速仪测速很快，无可动部件，可以长期自动工作。测量点流速的电磁流速仪在应用要求、功能上和转子式流速仪差别不大。为了保证电磁流速仪有满意的测量结果，测量的水体必须具有足够的导电性。流速仪能正常测量水体的最小电导率，一般为 $30～100\mu S$，并且因不同的仪器而不同，也与水体流速有关。总体来说，若水流的流速较低，水体电导性又差，则电磁流速仪测量效果会变差。

当传感器探头表面附着污染物时，会改变电极的传导性能，可能会影响流速仪的率定基准，仪器每次使用后都要立即清洁掉探头上的淤泥和其他水污染物，但禁用润滑油。

电磁流速仪可用于需要长期测记流速的场合，仪器能自动工作。电磁流速仪与转子式流速仪类似，也需要率定，以确定该仪器产生的电子信号与被测水流流速和流向的关系。使用中也应该定期对仪器进行比测,以防止漂移。如果发现比测结果已偏差到不能接受的程度,就应该重新进行全面的检定试验。

4.5.4 雷达测流

4.5.4.1 测量原理

雷达测流系统技术基本原理主要是利用多普勒效应和 Bragg 散射理论。

雷达是利用目标对电磁波的反射(或散射)现象来发现目标并测定其位置和速度等信息的。雷达利用接收回波与发射波的时间差来测定距离,利用电波传播的多普勒效应来测量目标的运动速度,并利用目标回波在各天线通道上幅度或相位的差异来判别其方向。

多普勒效应是波源和接收器有相对运动时,接收器接收到波的频率与波源发出的频率并不相同的现象。当波源与接收器相对静止时,则接收频率为:

$$F_{收}=F_{源}=C/\lambda \tag{4.5-37}$$

式中,C——波速;

λ——波长。

当波源位置固定,接收器相对波源以速度 V 向波源方向运动时,对于接收器来说,速度增大为 $C+V$。单位时间内通过接收者的波的个数即频率为:

$$F_{收}=(C+V)/\lambda \tag{4.5-38}$$

多普勒频移 $F_d=F_{源}-F_{收}$,接收器运动的速度为 $V=(F_d/F_{源})C$,正号与发射波同向,负号则反向,速度与频移成正比。在应用中,发射和接收器为一体设计,则有:

$$V=(F_{收}/F_{源}-1)C \tag{4.5-39}$$

水面水体运动时,雷达向水面发射微波,遇到水面波浪、水泡、漂浮物等后,一部分波将反射回来,回波中的一小部分被雷达接收,转换成电信号,由测量电路处理测出回波频率,再经角度修正后计算出流速。

超高频雷达河流流速(流量)监测技术还用到了 Bragg 散射理论(图 4.5-54)。当雷达电磁波与其波长一半的水波作用时,同一波列不同位置的后向回波在相位上差异值为 2π 或 2π 的整数倍,因而产生增强性 Bragg 后向散射。

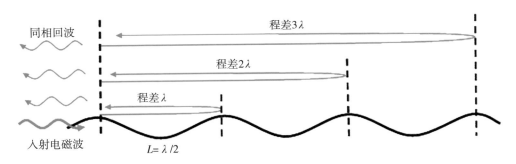

图 4.5-54 Bragg 后向散射基本原理

当水波具有相速度和水平移动速度时,将产生多普勒频移。在一定时间范围内,实际波浪可以近似地认为是由无数随机的正弦波动叠加而成的。这些正弦波中,必定包含有波长正好等于雷达工作波长的一半、朝向和背离雷达波束方向的二列正弦波。当雷达发射的电磁波与这两列波浪作用时,二者发生增强型后向散射。

朝向雷达波动的波浪会产生一个正的多普勒频移,背离雷达波动的波浪会产生一个负的多普勒频移。多普勒频移的大小由波动相速度 V_F 决定。受重力的影响,一定波长的波浪的相速度是一定的。在深水条件下(即水深在大于波浪波长 L 的一半)波浪相速度 V_p 满足以下定义:

$$V_p = \sqrt{\frac{gl}{2\pi}} \quad (4.5\text{-}40)$$

由相速度 V_p 产生的多普勒频移为:

$$f_B = \frac{2V_p}{\lambda} = \frac{2}{\lambda}\sqrt{\frac{\varepsilon\lambda}{4\pi}} = \sqrt{\frac{g}{\lambda\pi}} \approx 0.102\sqrt{f_0} \quad (4.5\text{-}41)$$

式中:f_0——雷达频率 f_0(MHz);

f_B——多普勒频率 f_B(Hz)。

这个频偏就是所谓的 Bragg 频移。朝向雷达波动的波浪将产生正的频移(正的 Bragg 峰位置),背离雷达波动的波浪将产生负的频移(负的 Bragg 峰位置)。

在无表面流的情况下,Bragg 峰的位置正好位于式(4.5-41)描述的频率位置。

当水体表面存在表面流时,上述一阶散射回波所对应的波浪行进速度 $\overline{V}_s$ 便是河流径向速度 $\overline{V}_a$ 加上无河流时的波浪相速度 $\overline{V}_p$。即

$$\overline{V}_b = \overline{V}_a + \overline{V}_p \quad (4.5\text{-}42)$$

此时,雷达一阶散射回波的幅度不变,而雷达回波的频移为:

$$\Delta F = \frac{2V_s}{\lambda} = 2\frac{V_{cr} + V_p}{\lambda} = 2V_a/\lambda - f_B \quad (4.5\text{-}43)$$

通过判断一阶 Bragg 峰位置偏离标准 Bragg 峰的程度,我们就能计算出波浪的径向流速。

实际探测时,由于河流表面径向流分量很多,一阶峰会被展宽,见图 4.5-55。

单站超高频雷达可以获得表面径向流。利用相隔一定距离的双站超高频雷达获得各站位的径向流后,通过矢量投影与合成的方法就可以得到矢量流。双站径向流合成矢量流的原理见图 4.5-56。

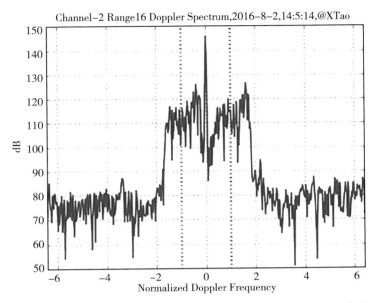

图 4. 5-55　超高频雷达 RISMAR－U 获得的河流表面回波多普勒谱

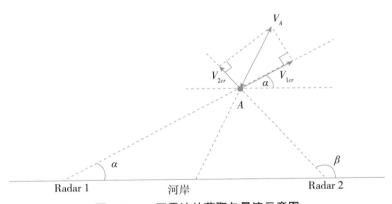

图 4. 5-56　双雷达站获取矢量流示意图

超高频雷达 RISMAR-U 属于相干脉冲多普勒雷达，工作中心频率为 340MHz，采用线性调频中断连续波体制。一般情况下可以测量 $30\sim400\mathrm{m}$ 宽度的河流，雷达的实际探测距离还与雷达天线架设地点、所在地外部噪声和河面粗糙程度有关。

雷达的距离分辨率有 5m、10m、15m 等几种，可以根据需要设定。仙桃站雷达比测时采用的距离分辨率为 10m。

对于等宽的顺直河道，河水流向与河岸是平行的。如图 4.5-57 所示，河道为顺直河道，雷达在 A 点测得的径向流速为 V_{Acr}，由于 A 点河流的流向与河岸平行，则该点的河水流速为 $V_A=V_{Acr}/\cos(\beta)$。雷达在 B 点测得的径向流速为 V_{Bcr}，则 B 点的河水流速为 $V_B=V_{Bcr}/\cos(\alpha)$。如果 A 点、B 点与河岸的垂直距离相同，理论上有 $V_A=V_B$。

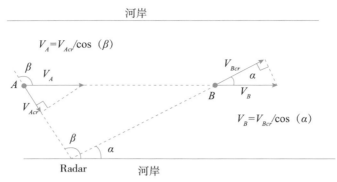

图 4.5-57　单一雷达站获取水流速示意图

4.5.4.2　不同仪器设备算法

雷达波测流与浮标法测流类似,也是测量垂线表面流速,再根据测深资料或借用断面计算断面面积,按流速面积法计算出虚流量,最后用预先分析出的水面系数修正后得出断面流量。但不同的仪器设备在获取数据上有些区别,介绍如下:

(1)点雷达测速仪

点雷达测速仪主要指手持电波流速仪、安装在桥梁上或者悬臂支架安装在水面上方的雷达测流设备,以及要通过缆道等方式拖拽雷达传感器,每次只能获得单点流速数据。

点雷达流量在线监测系统通过多普勒原理测量水体表面点流速,通过分析率定代表流速关系计算断面流量。

点雷达测速仪采用 X 波段(10GHz)的微波测量波束覆盖区域内的水面点(小区域)流速。根据部署方式的不同,用于流量在线监测的一般为桥测式、悬臂式及缆道搭载式。仪器的流速测量范围一般为 0.2～15.0m/s。由于操作安全、测量速度快且不受水质和漂浮物的影响,特别适用于监测湍急河段和抢测洪峰。但由于原理上是利用表面波及漂浮物的回波信息,对于缺乏上述水面模式的平滑水面或模式杂乱的紊流区域,很难得到稳定的测量值;此外,波束角、方位角及俯仰角也是影响仪器测量精度的主要参数,由于波束倾斜照射水面,在波束角形成的椭圆投影面内,任一处强反射都可能被识别为测点流速,因此波束角越大,俯仰角越小,测点位置的不确定性也越高。目前该方法主要用于测验断面相对稳定,且有公路桥、缆道或悬臂可借用的水文断面(图 4.5-58)。

(2)侧扫测流雷达

用于测量海面涌流分布的扫描式雷达流速仪近年来被发展用于河流表面流场的测量。相比点雷达流速仪,它具有三组独立的八木天线阵列及对应的超高频(UHF)收发器,可以利用表面波对雷达信号产生的 Bragg 散射现象测量±45°扇形区域内的径向水面流速分布。通过建立单元表面流速与断面平均流速的关系,经流速面积法计算得到断面流量。

侧扫测流雷达安装在河岸上,从水流方向的侧面获取河流表面断面线的分段流速,也可先得到水面的流场分布,再处理得出河流表面断面线的分段流速。一般以 5～40m 作为分段，与机械式流速仪不同的是，侧扫测流雷达获取的是分段距离内的平均流速，而不是某一点的流速（图4.5-59）。

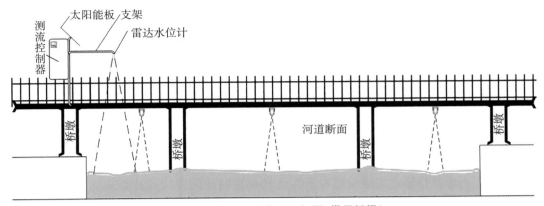

图4.5-58 多探头布置现场图（借用桥梁）

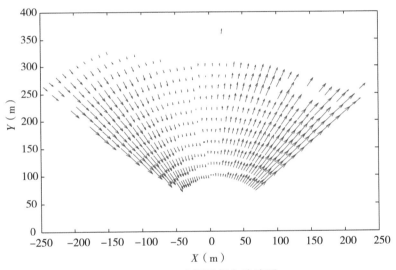

图4.5-59 实测的径向流速图

（3）断面测流雷达

完成一条河流的断面流量测量，必须测量断面的横截面几何形状，一般需要测量河两岸20~30点的深度，再连接得到断面。断面几何形状测量可以使用超声波测深仪，也可以采用探地雷达完成。

探地雷达GPR向地面发射电磁脉冲，接收从具有不同介电特性材料的界面反射回来的回波，再通过处理，获取横截面数据。GPR一般需要将天线悬浮在水面上方移动。从文献报道的试验结果看，GPR探测河流截面存在探测深度不足、图像识别难度大、无法识别河流边缘的陡峭堤岸、侧向反射干扰强，以及桥梁支撑或甲板等大型金属物体的反射干扰等问题，解决这些技术问题需要更多的试验和新的处理方法。

4.5.5 视频图像法测流

4.5.5.1 测量原理

粒子图像测速(Particle Image Velocimetry,PIV)是一种定量的流动显示技术,其主要原理为在不影响流体流动的情况下,向待测量流体中抛洒大量的示踪粒子,以各部分粒子团的运动状态表示各对应部分流体的运动状态,前后两次曝光流场图像,分析测量单个粒子或粒子团在这两次曝光间隔的位移,除以两次曝光的时间间隔计算速度矢量,进而分析画面区域内各部分流体的运动规律,从而得出各种流体流速场的分布规律(图 4.5-60)。PIV 技术除向流场散布示踪粒子外,所有测量装置并不介入流场。PIV 技术具有较高的测量精度。PIV 测速方法有多种分类,无论何种形式的 PIV,其速度测量都依赖于散布在流场中的示踪粒子,PIV 法测速都是通过测量示踪粒子在已知很短时间间隔内的位移来间接地测量流场的瞬态速度分布。若示踪粒子有足够高的流动跟随性,示踪粒子的运动就能够真实地反映流场的运动状态。因此,示踪粒子在 PIV 测速法中非常重要。在 PIV 测速技术中,高质量的示踪粒子要求为:①比重要尽可能与实验流体相一致;②足够小的尺度;③形状要尽可能圆且大小分布尽可能均匀;④有足够高的光散射效率。通常在液体实验中使用空心微珠或者金属氧化物颗粒,管道实验使用荧光粒子等。

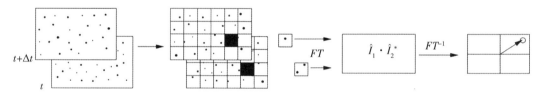

图 4.5-60　PIV 技术基本原理

20 世纪 90 年代,Fujita 等将实验室流体力学研究中的粒子图像测速(PIV)技术改进用于现场河流的水面流场观测及流量估计,称之为大尺度粒子图像测速(LSPIV)。该方法以河流水面的植物碎片、泡沫、细小波纹等天然漂浮物及水面模式作为水流示踪物,认为示踪物的运动状态即代表被测水面二维流场中局部流体的运动状态。根据描述流体运动的拉格朗日法,若以 t_1 时刻划分的一个图像分析区域内包含的局部粒子微团为研究对象,假设两帧图像曝光的时间间隔 Δt 足够短,则认为在 t_2 时刻的图像中存在一个没有粒子流进和流出的匹配区域对应于相同的局部粒子微团,因此只要在分析区域的空间邻域内搜索具有最大相似度的匹配区域,得到两区域中心的间距 S,就可以估算出该局部流体微团的运动矢量 $v=S/\Delta t$。

近年来 LSPIV 方法逐步发展,可以将泡沫、植物碎片、细小波纹等河流表面自然形成的漂浮物和水面形态作为河流的示踪物,以自然光替代激光,将高帧频工业相机换成普通的数码相机或者监控摄像机,大大降低了原先的硬件系统配置要求。特别地,为了减少甚至消除由于拍摄装置为了大面积拍摄待测河面而产生的倾斜角度而引起的拍摄图像畸变,需要对所得图像进行正射校正处理,并实现河流的流场定标。由此可以得到该段河流流速场的分布情况,之后还要通过水面流速场流速计算该段河流的平均流速,以此估算河流断面的流量。LSPIV 在实际应用中的基本原理见图 4.5-61,首先用摄像机采集待测河流表面图像,矫正图像视角后划分河面流场待测量的分析区域,根据河面示踪物的运动情况进行运动矢量估计,最终进行断面流量估计得出流量。

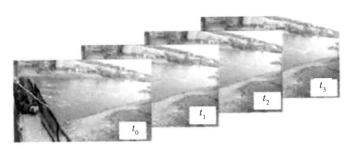

流场图像采集

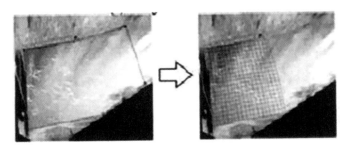

划分分析区域

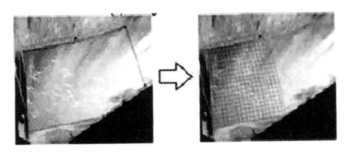

运动矢量估计

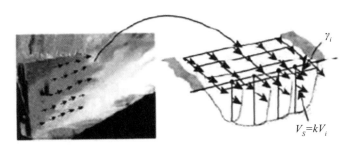

断面流量估计

图 4.5-61 LSPIV 原理图

视频分析英文简称 IVS(Intelligent Video System),也有简称 CA(Content Analyse),视频分析技术就是使用计算机图像视觉分析技术,通过将场景中背景和目标分离进而分析并追踪在摄像机场景内出现的目标。该项技术的分析过程主要分两步:第一步是分析所需要分析的目标在图像中的运动、变化情况,第二步则是分析该目标的实际运动、变化情况。第一步的分析是基于视平面的平面二维变化,而第二步则是我们所生活的三维空间的变化情况。

第一步分析工作需要克服背景的复杂性、实际环境中光照变化、目标运动复杂性、遮挡、目标与背景颜色相似、杂乱背景等目标识别、跟踪问题,还需要兼顾目标检测与跟踪算法设计的复杂性,采用计算量小的算法保证目标跟踪的实时性。对于简单的运动变化关系,第一步分析完成后已经能基本得到分析结果。而对于比较复杂的空间关系则需要经过光学成像原理、立体几何计算、空间分析等才能够得到准确可靠的分析结果。

视频分析技术最常见的是应用于交通监控系统和防盗系统。交通监控系统中,如闯红灯照相、超速监控、车辆密度监控等对分析技术要求相对比防盗系统高,该领域内的应用研究相对深入而且已经趋于成熟。交通监控系统监视车辆在道路上的运动情况,而水文测验需要监视水流在河道中的运动情况,两者有相似性,因此视频分析技术同样可以应用到水文测验中。

图像测速系统测得表面流速后,流量计算方法与雷达测流系统相同,可通过数值法、代表流速法等进行流量计算。

4.5.5.2　适用范围

与声学多普勒测速法和雷达测速法等其他非接触式流速测量技术相比,LSPIV 方法可以测量瞬时的全场流速,快速捕获河面的瞬时流场、流动模式、湍流特征等结果。在高洪时期,LSPIV 方法可以在重点河道流速测量与流向的监控方面具有重要作用。然而,受限于光照等条件的影响,实际场景下河流表面示踪物具有较差的可见性和不确定性。因为,无论是人工抛洒的示踪粒子还是天然的漂浮物,往往具有较小的尺寸,以达到干扰性小与跟随性好的要求,在数百平方米面积的水面上,这类示踪粒子在图像中十分微小,甚至不可见。而泡沫和波纹等天然的水面形式由于不明显性和脆弱性可能发生自然破灭或者无规则的运动,导致很难连续地跟踪并估计其运动轨迹和速度。另外,拍摄河流水面图像时,水面目标会受到光线反射与折射的影响,使得拍摄画面产生倒影和耀光,在水质清澈的河流,水面下的河床与水草以及其他生物清晰可见,会干扰示踪物体的定位,各种气象条件如降雨、刮风、水雾等亦会阻碍河流表面图像的拍摄。这些因素或多或少会在图像中形成各种阻碍流速场判断的噪声,或者形成极其复杂的水面扰动,使得原本的河流流速场发生变化,引起运动矢量的判断失误。总之,由于 LSPIV 是一种非接触式测量方法,无法由水面的实际动态直接测算出流速或者流速场,需要经过第三方示踪物反映流速与流速场的变化形式,再以图像的方式反馈测算结果。因此,LSPIV 测速方法的精度十分敏感,极易受到影响。此外,流场图像采集的定时精度及帧间隔的确定,估计运动矢量时观测画面窗口大小的控制,错误矢量的消除或替换,以及水面流场定标中的控制点分布情况,摄像画面与水面的倾角及水位测量精度等因素皆会对 LSPIV 测速方法的精度产生影响。

(1)优势

相比其他非接触式方法,大尺度粒子图像测速法(LSPIV)具有如下优势:

①时空分辨率高,测量系统能在数分钟内完成图像采集和分析,测量结果为二维流速矢量场和断面流量。

②测量范围广,理论上只要视频图像的帧速率足够大,就没有流速测量的上限。

③原理直观,信息丰富,数字图像易于理解、分析、存储和传输,除了能获得水面的瞬时和时均流场信息,图像本身还可用于工情监测。

④成本低廉,机动性高,系统可基于现有的水利视频监控系统实现,或采用市面上成熟且通用的硬件产品搭建,具有明显的经济效益。鉴于以上特点,LSPIV 不仅可用于常规条件下明渠水流紊动特性的研究,更具有极端条件下河道水流监测的应用潜力。

(2)缺点

①测量的可靠性较为依赖于水流示踪物,因此在水面缺乏天然漂浮物或水面模式的情况下测速效果受影响;②河流水面成像的光学环境复杂,大气散射、水面反射及水下散射等的噪声都会影响水面目标的可见性。③图像采集设备应尽可能架高才能避免小角度下拍摄造成的远场分辨率不足。④测流前需要在现场布置人工控制点或勘测地物特征点用于流场定标。

在 2018 年金沙江"11·3"白格堰塞湖应急监测结束后,长江水利委员会水文局利用堰塞湖现场无人机拍摄影像资料,联合相关技术单位,采用 LSPIV 技术对堰塞湖溃决时的流速进行了后期分析,与现场实测数据有较好的一致性,验证了 LSPIV 技术在应急监测中的实用性(图 4.5-62)。

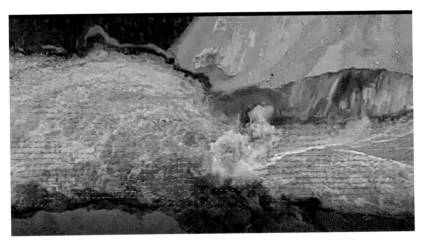

图 4.5-62 白格堰塞湖溃决过程的 LSPIV 流场识别结果

（3）技术指标

图像测速系统可架设于桥上或者岸边,具备安装简便、系统稳定等特点,无需人员值守,在一些极端情况下也能进行稳定可靠的测量。

目前,该系统主要生产厂家有南京昊控软件技术有限公司、武汉大学智慧水业研究所、天地伟业技术有限公司等,主要技术指标如下:

表 4.5-9 图像测流技术指标

测量范围(m/s)	0～10 (量程与安装高度有关,可支持测量更高流速)
流速误差(%)	＜8
流量误差(%)	＜12
测量间隔(s)	600(可设置,采集频率最高支持 12 次/s)
供电方式	AC220V(太阳能供电选配)
工作温度(℃)	—40～60
工作湿度	0～90%RH
防护等级	IP65

4.5.6 卫星测流

4.5.6.1 测量原理

利用卫星遥感技术进行水文监测与地面站点水文监测相比,获得的监测数据具有覆盖范围大、受地形因素影响小等特点,具有广泛的科学和社会价值。由于各种原因,现阶段大部分偏远的河流上只有少量水文监测站点,没有或者缺乏水文资料,有些地区的河流流量由于建站条件、交通条件等因素的影响甚至根本无法实地测量。遥感以高效、数据量大、观测范围广的优点,在河川径流监测实践中可发挥重要的作用。

以遥感技术为代表的河道流量反演方法是近年来计算机科学和空间科学深入探究的产物,可在复杂地质条件和外部恶劣条件下,以非接触的形式完成流量反演。按照采用的遥感不同,可分为微波(雷达)遥感测流及光学遥感测流。

（1）微波遥感

利用微波遥感技术获取河流水面宽、水深、流速等水文参量或水面坡度、河床宽度等状态参量,结合河川径流实测数据,建立水文或状态参量与河流流量之间的关系模型,主要包括遥感经验关系模型和全遥感参量模型两种。

1）遥感经验关系模型

遥感经验关系模型较多,目前应用较为广泛的是基于水面宽度变化、水体区域与非水体区域微波辐射差异的流量估算模型。其利用卫星遥感获取的河流水面宽、水体区域与非水体区域微波信号比和实测流量数据建立经验关系,前者主要从主动微波影像中提取,后者主要从被动微波影像中提取,已成功地应用于全球大型河川径流监测中。上述方法的关键是利用遥感影像获取河流水面空间分布和电磁响应变化特征。目前,ERS-1、RADARSAT、SMMR(扫描式多通道微波辐射计)和 AMSR-E(微波扫描辐射计)等主被动微波遥感影像均可用于河流水面变化信息检测,为该方法的推广应用提供了数据保证。

然而,基于一个地区特定河流建立的关系难以移用到其他河流。此外,对于主动微波影像而言,由于规则矩形河流和形态极不规则河流的流量与水面宽度之间不存在明显的线性关系,基于水面宽度变化的河流流量估算方法无法使用。对于被动微波影像而言,其较低的空间分辨率限制了其在中小型河川径流监测方面的应用。

2)遥感全参量模型

为提高遥感河流流量监测方法的精度,增加方法的适应性,主要有基于河流水面流速、水面宽和水深 3 个参数的河流径流全遥感参量估算模型:

$$Q = V \times W \times Y \tag{4.5-44}$$

式中:V——平均流速;

W——河流水面宽;

Y——平均水深。

其中,平均流速采用表面流速乘以特定系数的方式计算。由于遥感测量河流表面流速对遥感器飞行方向和风向的要求很高,成功应用的航空遥感数据为美国喷气推进实验室的干涉雷达遥感影像 AirSAR。表面流速采用多普勒沿轨道干涉测量技术从雷达遥感影像上获取。水面宽度参量的获取相对而言最为简单,只需从卫星影像或地形图上提取出河流水面信息,并估算所选河段的平均宽度即可。由于水深不能直接由遥感测量,需利用遥感监测的水位及河流底部参考高程进行估算,即利用遥感获得的河流水位减去实测或地形图上量测得到的河流底部参考高程来计算。常用的河流水位监测雷达高度计数据源包括 ERS、TOPEX/Poseidon、ENVISAT 等。

由于全遥感监测数据驱动的河川径流估算方法不依赖于实测数据,估计误差最小,且适用于不同河流,是理想的河流流量监测方法。对于河流水面宽度参数的提取,在轨运行的卫星平台可以提供大量的数据源。然而,对于水面流速和水位参数而言,只有少量数据源可用。因此,在水面宽度、流速和水深不能同时从遥感影像上获取时,基于实测数据的统计关系模型仍然是不错的选择。

(2)光学遥感

多光谱卫星影像具有光谱分辨率、空间分辨率高,覆盖范围广,重返周期短等特点。水体和其他地物在多光谱影像上的光谱特征存在明显不同,这些特征也可用于监测河川径流变化。

多光谱遥感影像在河川径流监测中的应用主要有两个方面:一是直接利用河流水面和

其他陆面的光谱差异与实测流量建立数值关系;二是利用河流水面在多光谱影像不同波段上的吸收和反射特性,从多光谱影像上提取不同河段的水面宽度,再与实测河流流量数据建立经验数值关系。对于这类方法而言,水面与其他陆面之间的光谱差异分析,以及河流水面信息提取方法是关键。到目前为止,这方面的研究已经比较成熟,LandsatMSS/TM/ETM+、MODIS、ASTER、SPOT等常用多光谱影像均已被成功应用于地表水面信息提取。

然而与微波遥感经验模型一样,方法的建立必须以实测河流径流数据为基础,基于一个地区建立的数值关系模型难以移用到其他地区。这是当前多光谱卫星影像数据源十分丰富,而在河川径流监测方面应用较少的主要原因之一。此外,多光谱卫星对地观测时,易受降雨、云雾等恶劣天气影响是限制其应用的另一个原因。

卫星遥感图像用于获取地面河流的形态、水位等信息,并结合地面测量值和水文模型估计河流流量。该方法大致可分为以下三类:

1)利用河宽估计流量

Leopold等提出河道宽度W与流量Q之间近似存在$W=aQ^b$的关系(a和b为系数)。以此为基础,Smith等用ERS-1的C波段探测了Iskut河最复杂河段的宽度。分辨率为12.5cm的SAR图像经辐射测量标准化处理后,将控制区内介入水体的像素点数除以河段长度得到有效河道宽度。在28次测量中,河宽的变化范围是100~1100m,对应的流量为240~6350m³/s,估计误差在200%以内。

2)利用水位估计流量

如果河段的水位—流量关系相对稳定,则可以根据率定曲线估算出流量。1998年,Birkett利用TOPEX/POSEIDON卫星上搭载的NASA雷达高度计(NRA)对亚马孙河流域1km宽的河流和湿地进行了长达4年的连续监测,水位测量的准确度在±10~±20cm。

3)利用多变量估计流量

针对利用单一信息估计流量误差大的问题,2003年,Bjerklie等人提出了一种多变量组合的方法估计河流流量,包括水面宽度、高程及流速。这些观测变量完全通过遥感手段获得。该方法对流量变化范围为1~200000m³/s的1000多组测量值进行多元线性回归分析,建立了多变量河流流量估计方程,流量估计的不确定度小于20%。

目前,关于卫星遥感图像法测流的研究主要面向宽浅河流的流量估计,由于对地面信息和历史数据的依赖及过大的测量误差使之尚无法实用化,但可以为洪水、湿地、泥石流、堰塞湖等难以到达地区的灾害应急监测提供及时的先验信息。

4.5.6.2 适用范围

分析现阶段卫星遥感技术进行水文监测的适宜性,可从遥感数据获取能力、遥感数据处理能力及模型精度等方面进行综合评估。

(1)遥感数据获取能力

遥感数据获取能力可从空间分辨率与时间分辨率(重返周期)两个维度进行评估。

1)水文监测需求分析

从空间分辨率来看,若在无人区、源头区河段开展卫星测流,由于这些区域的河流往往较小,河宽较窄,故对卫星遥感的空间分辨率需求较高,至少不低于5m;而对于大江大河而言,往往河宽可达数百米,卫星遥感空间分辨率可满足需求。

从时间分辨率来看,当河段径流变化很慢时,可数日监测一次流量,其时间分辨率需求可稍低;而对于洪水期而言,要求时间分辨率尽量高,对于山区性河流而言更是如此,一般不宜低于0.5~2h,则时间分辨率需求较高。

2)卫星遥感的输出能力

卫星遥感的时间分辨率和空间分辨率存在内在矛盾,两者往往此消彼长、不可兼得。空间分辨率较高的卫星,其时间分辨率极低,如WorldView-3,分辨率可达0.3m,是当今世界上分辨率最高的光学卫星,但其重访周期却需要13d;而时间分辨率较高的卫星,其空间分辨率较低,如"高分4号"的重访周期可达分钟级别,但其空间分辨率仅有400m。理想的卫星遥感产品是同时具有较高的时间分辨率和空间分辨率。近年来,随着卫星技术的进步,"一星多用、多星组网、多网融合"的星座大规模应用阶段的到来推动卫星时间和空间分辨率的提升,目前"吉林一号"最高分辨率是0.72m,单日同地点访问5~8次,未来仍将继续提升。

3)适宜性评价

从需求分析及实际输出能力的对比可见,水文监测需求分析与卫星遥感的实际输出能力存在一定的矛盾,如在河宽较小、流量变化较快的时期,卫星遥感测流应用难度较大。不过在有些场合卫星遥感测流则基本可满足实际需求,如在河宽较大、流量变化缓慢的时期,可探索采用卫星遥感进行流量推算,尤其是在重访周期很短但河宽较大时可采用卫星遥感测流。

(2)遥感数据处理能力

1)数据处理现状

遥感图像处理是对遥感图像进行预处理、辐射校正、几何纠正、图像整饰、投影变换、图像镶嵌、特征提取、地物分类以及各种专题处理等一系列操作,以求达到预期目的的技术。而这一过程目前在很大程度上还采用人工与自动化处理相结合的模式进行,自动化程度较低、时效性不高,遥感数据处理能力还不足。

2)适宜性评价

从数据处理现状可见,当前遥感数据处理时效还显不足,不具备传统水文监测中测验完毕即出成果的特点,即便建立了遥感图像自动解译专家系统,实现遥感图像专题信息提取的自动化,也还受卫星数据预处理中诸如校正文件无法及时获取等因素的制约,因此也无法即时计算出测流成果。

对于超标准洪水应急监测,可采用概化处理的方式,在牺牲一定精度的前提下换取一定的时效性,仍可探索采用卫星遥感进行流量测验。

从卫星测流原理可知,卫星遥感无法直接施测流量,需建立模型反演河流流量。模型构建是否正确、建模所采用资料是否具有代表性等直接决定其推流精度是否符合河流流量测验规范的精度要求。

在模型构建方面,存在模型选择不当、模型参数非最优化的不确定性。如在模型选型时,本身需要采用非线性模型时,却采用了线性模型来反演流量;又或是在模型调参时,采用了过度复杂的参数使模型过拟合、采用过度简单的参数使模型欠拟合时,这些都势必会导致模型推流精度不高。

在建模资料的使用方面,存在样本数量不足、样本代表性不够、卫星影像数据处理方法不准确而导致的样本质量不高等因素,这些不良因素同样也会导致模型推流精度不高。

针对上述两个方面的研究还有待进一步加强,以期进一步提高卫星遥感测流的精度。

4.5.7 测流方式选择

4.5.7.1 流量测验的精度

为便于对不同类型的测站进行流量测验误差控制,《河流流量测验规范》(GB 50179—2015)将国家基本水文站按流量测验精度分为 3 类,测站精度类别根据其控制面积、资料用途、服务需求、测验条件等因素确定(表 4.5-10)。但水文测站因受测站控制和测验条件限制而需要调整时,可降低一个精度类别,个别站若有特殊需要,也可提高一个精度类别。

表 4.5-10　　　　　　　　　　　　　水文站精度类别划分标准

精度类别	项目		集水面积(km²)	
	测验精度要求	测站主要任务	湿润地区	干旱、半干旱地区
一类精度站	应达到现有测验手段和方法所能够取得的可能精度	收集探索水文特征值在时间上和沿河上的变化规律所需长系列样本和经济社会所需要的资料	≥3000	≥5000
二类精度站	可按测验条件拟定	收集探索水文特征值沿河长和区域的变化规律所需具有代表性的系列样本和经济社会所需要的资料	<10000,≥200	<10000,≥500
三类精度站	应达到设站任务对资料使用精度的要求	收集探索小河在各种下垫面条件下的产、汇流规律和径流变化规律,以及水文分析计算对系列代表性要求和经济社会所需的资料	<200	<300

注:1.流域或省级水文机构可根据基本水文站的重要性、资料用途、服务需求和测验难度等因素,对测站精度类别进行调整。

2. 当水文测站受测站控制和测验条件的限制难以达到原有精度要求时,可降低一个精度类别,但不应低于三类精度。

4.5.7.2　流量测验方式

流量测验的方式有多种,大致可以按其运行管理和渡河设施分类。

（1）运行管理

根据测站的运行管理情况,水文测站的测验方式主要有驻测、巡测、遥测、间测、检测、校测、委托观测等方式。

驻测是水文专业人员驻站进行水文测报的作业方式,是目前我国采用的主要测验方式,而发达国家几乎不采用驻测,以巡测和遥测为主。

巡测是水文专业人员以巡回流动的方式定期或不定期地对一个地区或流域内各观测点的流量等水文要素进行的观测作业。

遥测是以有线或无线通信方式,将现场的水文要素的自动观测值传送至室内的技术和作业。

间测是水文测站资料经分析证明两水文要素（如水位、流量）间历年关系稳定或其变化在允许误差范围内,对其中一要素（如流量）停测一段时期后再行施测的测停相间的测验方式。

检测是在间测期间对两水文要素稳定关系进行的检验测验。

校测是按一定技术要求对水文测站基本设施的位置高程控制点及水位—流量关系等进行的校正测量作业。

委托观测是为收集水文要素资料委托当地具有一定业务素质的兼职人员进行的观测作业。

（2）渡河设施

1）大河重要控制站

根据测站特性选择缆道（铅鱼缆道、缆车缆道）、桥测、机动船测、吊船等一种或多种测验方法,并建立相应的测验设施;只采用一种流量测验方法的测站应建设备用设施;当一套测验设施不能满足高、中、低水流量测验时,可分别建设高、中、低水流量测验设施。应建浮标测流设施和其他应急流量测验设施。

2）大河一般控制站

根据测站特性选择缆道（铅鱼缆道、缆车缆道）、桥测、机动船测、吊船等一种或多种测验方法,并建立相应的测验设施;当一套测验设施不能满足高、中、低水流量测验时,可分别建设高、中、低水流量测验设施。应建浮标测流设施。

3）区域代表站流量测验设施配置原则

一般情况下选用铅鱼缆道、缆车缆道、桥测、机动船测、吊船等方法中的一种测验方法作为常用测验方法,并根据选定的测验方法建相应的测验设施。应建浮标测流设施。

4)小河站流量测验设施配置原则

可采用浮标、缆车、机动船、吊船、桥测、堰槽、水工建筑物等测验方法中一种测验方法完成流量测验,并根据选择的测验方法建立设施。

4.6　流量计算方法

4.6.1　数值法

数值法的基本原理是利用明渠流速分布规律和实测流速数据推算河道过水断面上各个点的流速(即流速分布),然后对整个过水断面流速分布进行积分算出断面流量。数值法原则上不需要现场率定。

数值法一般要求代表测速测量范围覆盖整个过水断面。然而对于河床糙率比较均匀和流态比较稳定的河道,该条件可适当放宽,下面以 H-ADCP 为例介绍数值法的基本原理。

当应用数值法时,要求 H-ADCP 安装在河岸边,其高程 Zadcp(以 H-ADCP 垂向换能器的顶表面为准)需要精确确定。H-ADCP 轴线应尽可能与水流主流方向垂直,即 H-ADCP 仪器坐标 x 方向与水流主流方向基本平行,y 方向与过水断面基本平行。设 $V(y,z)$ 为垂直于河道过水断面的流速分量,则流量可由下式计算:

$$Q = \iint_s V(y,z)\mathrm{d}x\mathrm{d}y \tag{4.6-1}$$

假设 $V(y,z)$ 符合如下幂函数分布,即

$$V(y,z) = \alpha(y) \cdot (z-z_b)^{\beta} \tag{4.6-2}$$

式中:z_b——河底高程;

$\alpha(y)$——流速分布系数;

β——经验常数。

β 与河床糙率、河流流态有关。$\alpha(y)$ 可由 H-ADCP 测得的单元流速求得:

$$\alpha(y) = \frac{V(y,z_{adcp})}{(z_{adcp}-z_b)^{\beta}} \tag{4.6-3}$$

式中:$V(y,z_{adcp})$——H-ADCP 测得的 (y,z_{adcp}) 点的单元流速。

在实际计算中,首先将河道过水断面划分成许多方形单元。单元的宽度一般为最大水深的 1/10,然后计算出各个矩形单元的流速,最后采用高斯数值积分计算流量。

4.6.2　代表流速法

代表流速法(Index-Velocity Method)最早由美国地质勘探局提出和应用。代表流速法的基本原理是建立断面平均流速与代表流速(即某一实测流速)之间的相关关系(即率定曲线或回归方程)。代表流速实际上是河流断面上某处的局部流速,断面平均流速则可以认为

是河流断面上的总体流速。因此,代表流速法的本质是由局部流速来推算总体流速。

在实际应用中,有三种局部流速可以用来作为代表流速:某一点处的流速,某一垂线处的深度平均流速,某一水层处某一水平线段内的线平均流速。单点流速可以采用单点流速仪测出,垂线平均流速可以采用坐底式 ADCP 测出。水平线平均流速可以采用 H—ADCP 或时差式超声波流速仪测出。需要指出的是,第三种代表流速只要求某一水层处某一水平线段内的线平均流速,并不要求整个河宽范围内的水平线平均流速。经验表明,即使几百米甚至上千米宽的河流,仍然可以采用几十米宽范围内的水平线平均流速作为代表流速。代表流速法特别适用于感潮河段以及测流断面上游或下游有闸门或其他水工建筑物的测站。在这些地方,通常不存在水位—流量的单一关系,因而不能采用传统的水位—流量率定方法推算流量。

目前,H-ADCP 代表流速关系拟合主要方法是回归分析、深度学习等,常用的 H-ADCP 关系拟合方法有简单线性回归、分段线性回归、加入水位等因素的多元回归和神经网络等。

①简单线性回归较为常见,适用性也较广。

②分段线性回归主要适用于复式河床、感潮河段等情况。

③加入水位的多元回归是当仅用代表流速作为模型输入无法获得较好精度时,加入水位等因子作为输入,改善模型精度的一种方法。

④多单元格多元回归,将多个单元格流速作为输入参与关系率定,能有效改善精度。

⑤机器学习算法,BP 神经网络等。

4.6.3 回归分析

流量计算的基本公式为:

$$Q = AV \tag{4.6-4}$$

式中:V——断面平均流速;

A——过水断面面积。

过水断面面积由断面几何形状和水位确定。对于某一断面,过水断面面积仅为水位的函数:

$$A = f(H) \tag{4.6-5}$$

式中:H——水位。

过水断面面积与水位的关系通常采用表格或经验曲线来表示。

假定断面平均流速是代表流速和水位的函数,则流速回归方程的一般形式为:

$$V = f(V_I, H) \tag{4.6-6}$$

式中:V_I——代表流速;

f——流速回归函数或方程。

在许多情况下,断面平均流速仅为代表流速的函数,即

$$V = f(V_I) \tag{4.6-7}$$

代表流速法是一种率定方法,建立率定关系(即流速回归函数或方程)需要两个步骤。

第一步是现场流量和代表流速测验。在现场采用 H-ADCP 进行代表流速测验的同时,需用人工船测或走航 ADCP 测验流量和断面面积,从而得到断面平均流速数据。现场同步采样需要在不同的流量或水位情况下进行,这样就得到一组断面平均流速与代表流速以及水位的数据。

第二步是回归分析。首先选择合适的回归方程,表 4.6-1 列出了几种常用的流速回归方程,然后通过对数据进行回归分析(如采用最小二乘法)确定回归系数,一般可以采用表 4.6-1 中 6 种形式的回归方程进行回归分析。值得指出的是,回归方程的选择不是唯一的,通常可以采用几种方程进行回归分析,然后对回归分析结果进行综合评价后确定"最佳"回归方程。

表 4.6-1　　　　　　　　　　　几种常用的流速回归方程

回归方程名称	函数关系
一元线性	$V=b_1+b_2V_1$
一元二次	$V=b_1+b_2V_1+b_3V_1^2$
幂函数	$V=b_1V_1^{b_2}$
复合线性	$V=b_1+b_2V_1 \quad V_1 \leqslant V_c$ $V=b_3+b_4V_1 \quad V_1 \geqslant V_c$
二元线性	$V=b_1+(b_2+b_3H)V_1$
多元线性	$V=b_1+b_2V_{I1}+b_3V_{I2}+\cdots+b_{n+1}V_{In}$

注:表中 b_1、b_2、b_3、b_4…b_n 为回归系数。

4.6.4　神经网络

根据前面流量推算模型描述,断面平均流速可表示为某一代表流速的函数。因为断面流速分布受很多因素的影响,这些因素的影响大小、方式都很难简单地通过建立数学模型描述,所以这一函数关系的率定是一个典型的非线性问题,一般而言我们都在函数拟合过程中做了不同程度的简化。运用神经网络进行非线性拟合、预测是近年来兴起的方法,其优点是可以模仿人脑的智能化处理,对大量非线性、非精确性规律具有自适应功能,具有信息记忆、自主学习、知识推理和优化计算的特点,特别是其自学习和自适应功能是常规算法和专家系统所不具备的。神经网络模型的类型很多,水文过程模拟和预测中常用的是多层前馈网络中的 BP 网络。BP 网络的特点是:多神经元只接受前层的输入,并输出给下一层;多神经元有多种输入,但只有一种输出;输入层各接点只起输入作用。

BP 算法的基本思路是:以网络学习时输出层的输出与期望输出的误差为原则,将这个误差沿输出层到隐层,再到输入层的反向传播修正各层的连接权重和阈值,直到误差达到要求为止。

由于三层前馈神经网络模型应用较广泛,因此我们仅以三层 BP 网络为例介绍其基本原理。一个典型的三层 BP 网络的拓扑结构见图 4.6-1。

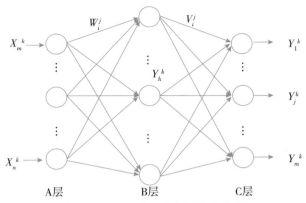

图 4.6-1　BP 人工神经网络结构图

图中,A 层为输入层,B 层为隐层,C 层为输出层。样本总数为 N 个,A 层输入节点数为 n 个,B 层的节点数为 p 个,C 层输出节点数为 m 个。A 层与 B 层之间的连接权用 W_i^j ($i=1,2,\cdots,n;j=1,2,\cdots,p$)表示,$B$ 层与 C 层之间的连接权用 V_i^j ($i=1,2,\cdots,p;j=1,2,\cdots,m$)表示。$B$ 层的各节点阈值为 b_j ($i=1,2,\cdots,p$),C 层的各节点阈值为 c_i ($i=1,2,\cdots,m$)。

实际使用时,选定有代表性的 H-ADCP 实测流速作为输入层,并根据事先训练好的 BP 网络进行计算,将断面平均流速作为输出层,最终确定断面平均流速。

第5章 超标准洪水监测技术的选用原则

5.1 水位监测

传统的水位测量有两种方式：一种是安装水尺，人工目测读数，这种方法耗时耗力，特别是在恶劣环境情况下，会对测量人员的安全构成威胁，目前人工水位观测已普遍被取代，退而成为一种补充校核方式；另一种是利用传感器自动采集表征水位的模拟量，然后转换成水位数据。水位传感器主要有浮子机械（光电）编码式、压力式、雷达式、超声波式等形式，接触式和非接触式都有。这些传感器各有优点，但缺点也非常明显，如浮子机械（光电）编码式传感器性能可靠、价格便宜，基本适合在各种情况下使用，但需要建造测井房，基础设施造价高；压力式传感器受水质变化的影响，要经常检查并调整、率定系数，且探头处易被淤泥堵塞，造成仪器失效；超声波水位传感器置于明渠之上，外界干扰较多，常带来所测水位漂移的现象。

基于人工智能图像识别技术的水位监测技术具有施测直观、建设成本低、测量高效等优势，但由于水本身的特性及野外复杂的光照环境，在推广应用时也存在一些缺陷，其主要影响因素有水面波浪、水面倒影、水体透明、逆光、太阳阴影、夜间补光过曝、水尺脏污等。

因此，我们在选用水位自动监测设备时，需要因地制宜，根据河段的水文地质条件、周围环境（有无桥、缆道，岸边是否有条件等）、经费预算、测站测验报汛等级等因素对仪器进行合理的选用。

5.1.1 仪器的选择

水位应优先采用自记水位计进行监测。

水位自记仪器应根据现场测验环境选择适用的类型。当边滩较长时宜选用压阻式、气泡式自记水位计等；当岸坡稳定且有陡岸时，宜选用雷达自记水位计等；当岸坡不稳定无法安装观测设施、自记水位仪器时，宜选用其他非接触式监测方式，如无人机载雷达水位计等。

水位自记仪器应根据洪水特性选择适用的类型。当水位涨落率较大时，可选用压阻式自记水位计等；当水位变幅不大，河流含沙量不大时，可选用压阻式、气泡式自记水位计等；当水位变幅不大，河流含沙量较大时，可选用雷达自记水位计等；当水位变幅过大，含沙量过大,超过了压阻式、气泡式水位计的量程时,可选用视频智能识别水尺进行连续实时观测。

当无法采用自记仪器且对观测频次要求不高时,可选用水尺、固定标志、免棱镜全站仪进行水位观测。

5.1.2　监测规定

①水位监测应可靠、连续、控制变化过程,并保证监测到洪峰水位。当采用水尺、固定标志、免棱镜全站仪、无人机载雷达水位计等人工方法观测超标准洪水水位时,观测段次还应满足水旱灾害防御和水资源管理等方面的要求。

②水位用某一基面以上米数表示,记至 0.01m,上、下比降断面水位差小于 0.2m 时,比降水尺水位记至 0.005m。

③水位变幅超过水位计量程时,应分级增加设置自记水位计。

a. 采用水位自记设备观测,如压阻式水位计和气泡式水位计,采用气泡式水位计时,遥测自记设备选址必须在规定的范围内,边坡稳定,保证气路安全,满足水位数据的完整收集。

b. 应用水准仪或全站仪进行水位初值设置。

④水位变幅超过水位计量程,无法增加设置分级自记水位计时,可采用下列方式进行水位观测:

a. 人工观测:在有测验水尺且能进行观测的情况下,可选择该方法。若水尺被洪水损坏,应在水边设立临时水尺(桩),使用全站仪或其他设备引测水尺零点高程,进而得到水位;在特殊条件下可在较为坚固的建筑物、电线杆、树木上固定水尺板,用于观测水位。

b. 固定标志法:在断面线上,按一定的高差均匀设立固定标志点(预先测定各标志的高程),在标志点上安装遇水即亮的节能灯或刻画标记,当水位涨或退至标志点记录相应的时间和标记名称,可获取水位变化过程,待完全退水后水准接测各标记计算水位。

c. 免棱镜全站仪观测:特殊情况下无法采用水尺和自记水位计观测时,可选择位置较高、视野开阔、比较安全的稳固岩石或建筑物上架设免棱镜全站仪直接测量水面高程,或用其他测绘仪器测量水面高程,以获得水位。

⑤当水位出现超高涨落率、超大变幅,水中含沙量超高,自记和人工无法适用时,采用非接触式水位观测方法。

a. 远程视频水位监测:通过图像识别的方式自动、准确地获得水体的水位。

b. 无人机水位监测:利用无人机搭载 GNSS、雷达水位计,采用悬停测高法监测水位,通过无线方式实时传输 GNSS 和雷达水位计数据,通过解算记录水位过程。

⑥断面需临时接测水位时,宜用几何水准、GNSS 测高与电磁波测距三角高程或无验潮模式水下测量。

a. 用水准仪接测水位时,线长在 1km 以内,其高程往返闭合差应不大于 3cm;超过 1km 时按五等水准限差 $\pm\sqrt{30L}$ 计算。

b. 用全站仪接测水位时,在断面位置选择上下相距 2m 以上两处水位观测点,以正倒镜观测垂直角一测回,进行落尺点差错校核,其最大视距为平原地区不应大于 1500m,垂直角应小于 5°;山区不应大于 1200m,垂直角应小于 15°。

c. 用 GNSS 测高方式进行水位接测时,接测点与基准站的距离应小于 3km,同时水位接测前应校核五等及以上水准点,其高程较差应小于 3cm。水位接测时观测 3 次,每次观测历元不少于 60 个,各次高程观测值不得大于 4cm ,取均值作为测时水位,并变换位置。

5.2 流量监测

目前行业内常用的 ADCP、转子式流速仪及涉水测量的 ADP(ADV)测流,通常只能通过升级测流载体的机械自动化水平来达到半自动化测流。根据传感器是否接触水体,通常可以将流量在线监测技术分为接触式和非接触式两大类。接触式流量监测主要有声学多普勒法、声学时差法、水力学法(比降面积法、堰槽法、水工建筑物法)等,非接触式流量监测主要有侧扫雷达、雷达流速仪、视频测流、卫星遥感测流等。本章主要研究非接触式流量监测技术。非接触式测量流速、水位设备,不受污水腐蚀,维护成本极低。系统通过传感器、供电系统模块等高度集成为一个完整的整体设备,可自动实现水位、流速和流量的测验,可实现水面以上地形的自动测量,自动识别河道的断流情况,满足从低枯水到漫滩各类条件下的水文测验。

经过改革开放 40 多年的建设发展,水文监测技术不断改进,基于超声波、雷达、对地观测系统、信息网络的新技术、新装备、新方法不断应用和推广,声学多普勒流速剖面仪(ADCP)、电波流速仪、超声波测深仪、全球定位系统(GNSS)等大批水文先进技术和仪器设备得到广泛应用,雷达测雨、无人机、遥感遥测等新技术应用成果丰硕,水文监测的自动化与信息化水平大幅提升。目前,水位、雨量已全部实现自动测报,水文应急响应能力和应急监测时效性、可靠性大幅提升,水文应急监测体系初步形成。近年来,非接触式测流技术在传感器及嵌入式技术的推动下取得了长足进步。基于声学、光学及雷达的测流仪器显著提高了水文测验及水利测量的效率及安全性。

流量实现在线监测的大趋势催生出百家争鸣的仪器市场。种类繁多的仪器设备,搭载多式多样的载体,以各种形式出现在水文行业者的面前,而先进仪器在测站的适用性研究,全国各水文行业尚处在摸索阶段。在众多比测方案和报告中不难看出,仪器设备的选型和安装方式对比测结果有直接的影响。现阶段大部分水文站在制定流量监测方案时,分析力度不够,分析手段不足,往往采用人工经验进行选型,受主观性因素影响很大,采用探索性试验的方法,边比测边分析。这种模式给水文在线监测带来了很大的不确定性,有些水文站通过试验分析,当初设定的监测方案、安装位置并不能很好地满足精度要求,达不到理想的效果,最终导致在线测流失败,造成资源的浪费。

为达到较好的测量效果,需要针对不同的测量领域,不同的测量介质和不同的工作范围,选择不同种类、不同型号的流量监测设备。

对于非接触式流量监测设备来说,冲淤变化不大、常年保持基本稳定状态的断面尤为重要,一是可以减少大断面测量的次数,二是流速分布不会因断面横向分布的改变而发生变化。

因此,对于断面稳定的测站均可以尝试进行非接触式流量监测系统进行测流的探索。接下来需要考虑测站特性及周边环境等因素:如主河槽的宽度和宽深比、水流流速、平均水面风速、水质及漂浮物情况、通航情况、是否有可以将探头安装在离水面合适距离之上的载体(如缆道、桥梁等)。

5.2.1　仪器的选择

①应优先采用在线监测设备进行流量监测。

②流量在线监测设备应根据现场测验环境和洪水特性选择适用的类型。

a. 当岸坡稳定且有陡岸时,宜选用岸基雷达侧扫仪器或固定影像测流仪器等。

b. 当断面附近有桥梁等安装条件时,宜选用固定点雷达流速仪等。

c. 水面宽 30~200m 时,宜选择水平式 ADCP;水面宽 20~2000m 进行连续实时流量监测时,宜选择声学时差法流量计。

d. 水深在 40m 以内进行连续实时流量监测时,宜选择垂直式 ADCP 等。

e. 当在含沙量不大的情况下进行连续实时流量监测时,宜选择水平式 ADCP、垂直式 ADCP 和声学时差法流量计等。

③流量非在线监测设备应根据现场测验环境和洪水特性选择适用的类型。

a. 当水面漂浮物少、含沙量不大、具备渡河条件时,宜选用转子式流速仪和走航式 ADCP。

b. 当水面漂浮物多、含沙量大且流速大于 0.5m/s 时,宜选用电波流速仪。

c. 当不具备渡河条件时,宜选择无人机载电波流速仪和无人机载影像测流法。

5.2.2　监测规定

①流量测次布置应能控制超标准洪水流量变化过程,满足超标准洪水测报和定线推流对水文资料的需要。

②流量测验方法的选择应在安全可靠的前提下兼顾精度要求,充分考虑超标准洪水水流特点、现场测验环境和测站技术设备条件等因素,并符合下列要求:

a. 应优先采用流速仪法、走航式 ADCP 法等常规测验方法时。

b. 当采用常规测验方法困难时,宜采用其他适合本站特性的测验方法,如 GNSS 浮标法、非接触式雷达法等。

c. 当采用非接触式法等测验方法时,宜采用两种及以上的方法,以提高测验精度。

③超标准洪水流量测验方案使用前必须进行演练,确保测验方案可行性。

5.2.3 监测方法选择

①属于以下情况时,可采用电波流速仪法:

a.需要在固定垂线上测量,测流历时要求短。

b.测验河段水面漂浮物多、波浪大、流速快、测量距离近。

②属于以下情况时,可采用视频图像法和侧扫雷达法:

a.需要测量水面大范围流速,测流历时要求短。

b.需要对测流断面的河段进行表面流速流向在线监测。

③属于以下情况时,可采用浮标法:

a.测验河段水面流速梯度变化不大。

b.测验时,风速不大。

④属于以下情况时,可采用比降面积法:

a.河段顺直、糙率有较好的规律,有稳定边界、河床、河岸的明渠、衬砌河道、有相对粗糙介质的河道,包含有河漫滩的冲积河道或非均一横断面的河道中使用。

b.洪水测验断面较稳定,水面比降较大。

c.采用水面浮标法或其他方法确有困难时。

⑤采用浮标法测验时,受地形等原因无法布设浮标上、下断面时,可采用极坐标法开展测验。

第 6 章　超标准洪水监测研究与实践

6.1　水位监测

6.1.1　视频水位监测系统

6.1.1.1　设备优势及应用现状和前景

近年来,随着人工智能技术的快速发展,基于人工智能图像识别技术的水位监测技术成为研究热点。视频水位监测技术即图像识别技术是人工智能的一个重要领域,是指对图像进行对象处理,以识别各种不同模式的目标和对象的技术。利用 CCD 摄像机获取水尺视频,然后从视频流中实时提取水尺图像,通过边缘检测、灰度拉伸、二值化等一系列处理后,获得目标特征图像的刻度线,再运用 Hough 变换,识别出刻度线条数,从而计算出水位值。这个过程除了利用摄像机获取视频外,主要通过软件实现,因此该方法具有精度高、环境要求低、设备简单、维护方便、建设费用低等优点,具有很好的应用前景。

目前市场上的视频水位设备涉及品牌众多,在采购时可多种品牌和类型加以对比,选出最合适所属测站特性的最优性价比设备。

与传统水位测量相比,视频水位系统具有以下特点和优势:

①建设成本低。智能图像识别系统主要依靠高清摄像机,固定在岸边一侧的站房或立杆上,免去了传统水位测量的基础土建工作。

②智能化程度高。将人工智能的深度学习功能和优化的算法都集成到前端高清智能摄像机上,实现水位与图像视频监测的双重监测功能。

③精度较高。对光学系统和测量算法进行了优化,解决了水体透明度、阴影、倒影、太阳耀光等多重干扰。

当然,这种水位获取方式在实用化过程中还有一些问题需要妥善处理。例如,现场可能会因雨、雾、阴天、夜晚等情况,导致光照不足,获取的水尺图像清晰度低,难以识别,这时必须在现场安装照明设施以提高图像的清晰度。本书对刻度线的识别算法只适合水尺表面有轻度污染的情况,对严重污染还需要研究专门的识别方法或辅以人工清理。另外,针对实际应用中对水位数据采集实时性的不同要求,还存在现场数字转换还是远程数字转换的问题。现场数字转换由于现场不可能配置高性能的计算机,因此需要研究更高效的算法;远程数字转换对算法效率要求较低,但要远程传输视频或图像,因此需要配置高速、宽带的通信链路。

在人工智能水位识别系统安装、调试和使用过程中,还需注意以下几点:

①为保证系统满足水位测量精度的需求,水尺片采用标准的白底及纯蓝、纯红字体及标识,夜间红外补光条件下也应有良好的对比度。

②尽量选择靠墙安装,摄像机与水尺正面的夹角不超过 15°,读取水尺时俯视角不超过 20°,与水尺的最大距离不超过 50m。

③水尺被淹没或者露出水面的尺寸小于 20cm 时,摄像机无法读数从而出现错误的数据,水尺的长度应保证比最高水位高出 20cm 以上。

④漂浮的垃圾对水尺的图像识别也会造成较大的影响,水尺安装应避开漂浮物易聚集的地方。

在实际应用中,采用 5s 的数值平滑不足以消除风浪的影响。要降低风浪下的不确定度,在算力允许的条件下应取更多帧平均,使数值平滑进一步延长。后续还可从系统算力、算法、图像畸变校正、更精细化曝光等方面进一步优化以提高准确度。同时由于水位监测多在野外,基于人工智能图像识别技术的水尺摄像机也需要降低功耗,可在野外无市电的情况下采用太阳能电池板供电。

视频水位监控传统的图片识别技术其环境基本都是依赖于 PC 机下的 linux 或者 Windows 系统来进行图片识别,遇到突发情况,远程控制终端系统需接收到上位机发来的请求信息才能做出响应,效率低下。而基于视频的水位识别监测系统的图片识别技术位于远程控制终端,由 ARM 处理器直接处理高清图片,遇到紧急情况能及时控制现场外围设备,响应及时有效。通过对抓拍到的高清图片进行灰度、形态学操作、二值化、边缘检测等一系列预处理,将有效水尺信息从背景中分离并增强,再次对水尺信息进行投影、聚类算法分析处理,根据率定好的算法得出当前水位。

如果同时配备雨量监测设备,与水位数据和视频数据组合成监测系统。该系统可实现系统架构的分层设计,采用通用规范的视频协议,实现嵌入式产品对网络摄像机完全控制技术;并根据抓拍到的高清图片,通过图片识别技术,实现非接触式水位判定;Web 集成展示平台能实时在线显示视频、图片、水位、雨量等数据信息,并能够根据水位异常情况,及时获取当前视频图像信息,查看现场情况。基于视频的水位识别监测系统可为时差法流量监测装置提供主从机的机柜监视,并能作为其水位参数的输入,为流量在线实时监测提供保障;可以将其应用到山洪灾害预警系统、中小河流防治预警系统、中小型水库监测、应急监测及海绵城市建设等方面,能及时掌握监测点的水文信息和现场图像信息,为防灾减灾、突发事件处理等提供及时有用的技术支持。

人工智能图像识别技术用于水位监测研发的时间还比较短,随着今后人工智能技术的进一步发展,该技术的稳定性和准确性将会进一步得到提升,不仅适用于常规直立式水尺,也将能适用于倾斜式水尺等多种应用场合,甚至可实现无水尺水位的监测。

6.1.1.2 典型应用

2019 年 7—10 月,尤溪口水文站开展视频水位比测工作,将视觉水位与人工观测水尺的水位、浮子水位计监测的水位进行比对。通过比测试验,系统一直稳定运行,数据到报率为100%,绝对误差最大 0.02m,视频识别水位数据与人工观测水尺数据基本吻合,系统的稳定性已可满足水文测报要求。

6.1.2 雷达水位监测系统

6.1.2.1 设备优势及应用现状和前景

雷达水位计是利用电磁波探测目标的电子设备,其主要测量原理是从雷达水位传感天线发射雷达脉冲,天线接收从水面反射回来的脉冲,并记录时间 T,由于电磁波的传播速度 C 是个常数,从而得出到水面的距离 D。

雷达水位计采用雷达波测量到水面的距离,实际上是一台雷达测距仪。雷达水位计以非接触方式测量水位、速度快、可全天候在线实时监测,不受温湿度、雾、浑水、污泥、水生植物等因素影响,测量精度较高,且安装简单、便于维护,应用前景广阔。

雷达水位计主要应用于探测江河、湖泊、水库和山洪预警、地下排水管网等领域,为监测、运营单位提供实时水位信息。

与传统水位测量相比,雷达水位监测系统具有以下特点和优势:

①可全天候工作,26G 微波反射原理,抗干扰能力强。

②传感器可靠精度达 1.5mm。

③无机械磨损,为非接触型测量,寿命长,易维护。

④测量与水质无关,不受浮冰等漂浮物影响。

⑤不需要防浪井,对水流无影响。

⑥可无人值守,连续在线采集。

⑦超低功耗,支持太阳能供电。

⑧可进行无线组网传输,不需要开挖电缆沟,对渠道衬砌、植树等工程施工无影响。

⑨成本低,安装维护简单,寿命长。

在雷达水位安装、调试和使用过程中,还需要注意以下几点:

①雷达天线发射微波脉冲时,都有一定发射角。从天线下缘到被测介质表面之间,及发射微波波束所辐射的区域内不得有障碍物。

②每一根金属立杆都必须接地,其接地电阻小于4Ω。

6.1.2.2 典型应用

长江委水文局陆水水库(北渠)站安装雷达波水位流量测验系统,并开展了系统的比测试验研究工作(图6.1-1)。

图 6.1-1 陆水水库(北渠)水文站雷达智能监测系统安装现场图

图6.1-2为2021年5—6月雷达水位计与浮子式水位计采集数据的对比图。水位过程线对比结果可知,雷达水位数据的连续性及准确性均较好,与浮子式水位数据高度一致。

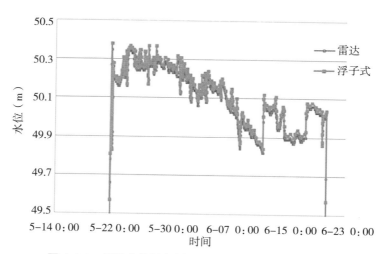

图 6.1-2 雷达水位计与浮子式水位计采集数据对比图

6.2 流量监测

6.2.1 专项试验

6.2.1.1 沌口模拟溃坝试验

为研究溃坝洪水监测方法,研究人员在长江科学院沌口科研基地开展了模拟溃坝洪水监测试验,建立了大尺度堤防溃决试验监测系统,平面布置见图 6.2-1。试验区域主要分为河道与蓄滞洪区域两个部分,河道区域一侧岸坡固定,另一侧修筑堤防,堤防另一侧为蓄滞洪区。堤防长 18m,河道部分宽 3m,蓄滞洪区宽 4.1m。在偏上游堤段设初始凹槽,初始凹槽底部高程略低于堤防堤顶高程,河道水位高于初始凹槽底部高程时堤防将发生漫溢溃决。堤防河道侧边坡为 1∶2,蓄滞洪区侧边坡为 1∶3,堤防高 0.5m,堤顶宽 0.4m。

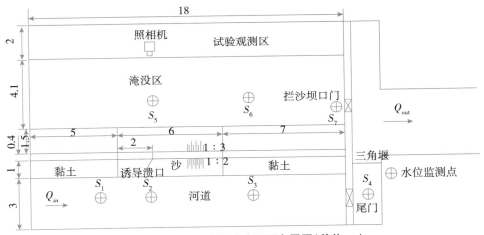

图 6.2-1 漫溢溃堤试验平面布置图(单位:m)

河道侧与淹没区沿程布设水位测点,其中 S_1、S_2、S_3 三个水位测点主要测量堤防溃决过程中河道的水位变化,S_4 水位测点布设于尾门后的三角堰前,测量堰顶水头变化过程,用以计算河道出流过程,S_5、S_6、S_7 水位测点布设于蓄滞洪区,用以记录堤防溃决后蓄滞洪区水位变化过程,各水位测点处布设自动水位计,所测水位数据通过数据线传输至计算机客户端。

试验观测区内布设 ABF2-3 二维自动地形仪开展断面监测,观测区尾上空约 4m 安装视频测流设备,开展 LSPIV 法流速监测。布设观测栈桥,采用电波流速仪、转子式流速仪开展流速监测。

试验从溃坝开始到溃坝结束,时长持续约 20min,采用 LSPIV 法(视频法)、电波流速仪、转子式流速仪同步开展流速监测,并对三种仪器的测量结果进行比较。

以试验开始时间为零时刻,根据监测数据,对比三种方法的流速监测结果,并将转子式流速仪法测验数据通过流速面积法计算流量,与库容变化反推流量过程进行比较(图 6.2-2 至图 6.2-5)。

图 6.2-2　现场测验图

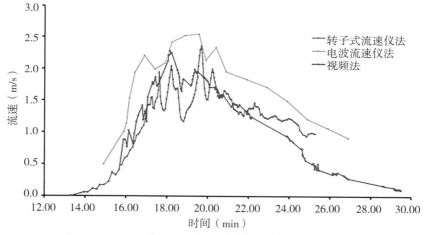

图 6.2-3　2020 年 7 月 8 日模拟溃坝洪水监测流速过程图

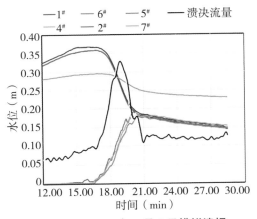

图 6.2-4　2020 年 7 月 8 日模拟溃坝
水位过程及溃口流量过程

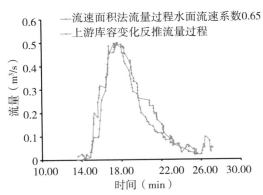

图 6.2-5　2020 年 7 月 8 日流速面积法
与库容反推流量过程比较

测验过程中流速仪法的测验误差主要来源于两个方面：①试验中水深较浅（小于0.2m），旋浆易露出水面；②含沙量较大，若大颗粒的沙通过流速仪时，可能影响流速仪的转子正常旋转。根据多次试验经验，在试验中尽量规避此类问题，选择主流进行测验，以转子式流速仪法测验结果为真值，对试验结果进行分析。

通过分析对比可以看出，在溃堤洪水流速变化过程监测上，视频法与转子式流速仪法比较接近，而电波流速仪在其量测范围内（大于 0.5m³/s）流速均偏大。

在流量（水量）计算上，试验溃坝高含沙量、低水深的测验条件下，水面流速系数选 0.65时，考虑断面淤积影响，用流速面积法得到的水量与库容法相比偏大近 4%。由于含沙量较大，涨水前和落水后相比断面淤积严重，而且整个溃流过程水深仅比淤积厚度略大一些，因此断面的淤积影响对流速面积法测得的流量影响极大。通过与库容反推的流量比较，估算断面的影响，得到比较接近真实的流速、流量过程。

通过试验可以看出，视频法测流在溃堤监测中能够完整的监测洪水的变化过程，测验精度较准确，且视频法测流安全、投入人力少，能够实现连续监测，是一种监测超标准洪水的经济、高效、安全的方法。

6.2.1.2　汉江河口视频测流试验

为验证视频法测流在河流测验中的可行性，研究人员于 2020 年 9 月 19—20 日汉江秋汛期间，在武汉市硚口区汉江入汇长江口上游 5km 附近，开展无人机载视频测流速比测试验及无人机载影像测流的空间尺寸标定分析工作。在测船上采用流速仪法施测表面流速，无人机载摄像飞到流速仪测点上方同步比测表面流速（图 6.2-6）。

图 6.2-6 无人机载视频测流速比测试验现场图

通过比测共收集到 6 组数据,采用影像测流 PTV 算法与 PIV 算法对试验数据进行分析,试验结果见表 6.2-1、表 6.2-2。试验结果显示:

①影像测流速中 PTV 算法较 PIV 算法更稳定,但需要示踪剂。PIV 算法跟踪水面波纹的纹理,不需要示踪剂,有进一步实现实时监测的潜力。但 PIV 算法需要有较高的摄像质量,对测验结果质量影响极大。

②采用无人机 PTV 法测验,较好地完成无人机载多个示踪剂地弹射或抛射,能较大幅度提高测流效率。投放方式可参考乒乓球训练自动发球机,试制连续弹射装置,安装在无人机上,抛撒示踪剂。同时示踪剂需按照统一标准示踪,可提升流速系数的稳定性。

③无人机载影像测流速需要对空间尺寸做好标定。由表 6.2-2 可知,不同的飞行高度对监测精度影响较大,飞行高度低的测流流速多数要大于飞行高度高的测流流速。不同的飞行高度影像测流流速不同,空间尺寸标定存在系统性的误差。后续将继续研究现场标定尺寸的多种方案。

表 6.2-1 　　　　　　　　　　无人机载影像测流速与流速仪法流速比测统计表 　　　　　　（单位：m/s）

时间	比测点	流速仪法	PTV 法	PIV 法	误差（%）	备注
2019-09-19 13：07	1	1.29		1.28	−0.8	无示踪
2019-09-19 13：17	2	1.14		1.27	11.4	无示踪
2019-09-19 13：26	3	1.24		0.98	−21.0	无示踪
2019-09-20 13：50	4	2.32	2.36		1.7	
2019-09-20 13：54	5	2.98	2.97		−0.3	
2019-09-20 14：15	6	2.78	2.91		4.7	

表 6.2-2 　　　　　　　　　　　不同飞行高度视频测流速统计表 　　　　　　　　（单位：流速 m/s）

时间	比测点	流速仪法	PTV 法		
			10m	20m	30m
2019-09-20 13：50	4	2.32	2.467	2.413	2.191
2019-09-20 13：54	5	2.98	2.927	3.112	2.870
2019-09-20 14：15	6	2.78	3.150	2.931	2.647

6.2.1.3　小结

通过溃坝洪水监测试验研究了视频法测流的精度，并采用转子式流速仪法进行了验证，视频法测流在溃堤监测中能够完整地监测洪水的变化过程，测验精度较准确，且视频法测流安全、投入人力少，能够实现连续监测，是一种监测超标准洪水的经济、高效、安全的方法。

为验证视频法测流在河流测验中的应用，分别于 2020 年汉江秋汛期间，在武汉市硚口区汉江入汇长江口上游 5km 附近，开展无人机载视频测流速比测试验及无人机载影像测流的空间尺寸标定分析工作。发现影像测流速中 PTV 算法较 PIV 算法更稳定，但需要示踪剂；采用无人机 PTV 法测验，较好地完成无人机载多个示踪剂地弹射或抛射，能较大幅度提高测流效率；无人机载影像测流速，需要对空间尺寸做好标定。

6.2.2　崇阳站视频测流

6.2.2.1　崇阳站概况

崇阳（二）水文站始建于 1983 年［（崇阳（一）水文站是崇阳（二）水文站的前身，其实测资料系列为 1959—1979 年］，是控制陆水水库上游陆水河来水水情的基本水文站，集水面积为 2200km² ，属典型的山溪性小河测站，来水主要来源为断面上游降水量。

测站的测验河段顺直，长约 800m，主槽宽约 170m，断面呈"U"形，较为稳定，测站控制良好。断面主泓居中，流速分布与主泓相应，高水时主泓略有摆动。断面上游 700m 处有径流式电站，断面上游 300m、下游 120m、下游 900m 处分别建有公路一桥、三桥、四桥，下游约 4km 为高堤河与大市河汇合之后注入陆水河的入口。水位在 51.6m 以下时起点距 50m 以右为死水,水位在 59.5m 以上时右岸出现漫滩。当不受下游水库顶托时,水位—流量关系曲线一般为单一线,当顶托较为明显时,水位—流量关系曲线簇左偏并形成绳套。

常规法流速资料采用缆道搭载转子式流速仪或 ADCP 施测,施测垂线 5～8 条,平均测验时间在 1h,测验精度和时效性都受到测验手段的影响。遇洪水时期或上游电站突然开闸放水,水位陡涨陡落,需要缩短测流时间时,可采用三线(起点距 90m、110m、130m)二点法(0.2、0.8)施测,K_3(0.2、0.8)=0.8778,但不得连续使用超过两次。崇阳(二)水文站基本情况表 6.2-3 和图 6.2-7。

表 6.2-3 崇阳水文站测速垂线数据表

测验方法	测速线点	起点距(m)
常规测验方法	5—8 线 0.6 一点法 ($K_{0.6}$=1.02)	5,30,50,70,90,110,130,140
	8 线二点法(水位 54.00m 以上)	5,30,50,70,90,110,130,140(右岸分流时根据情况布设 5～7 条测速线)

崇阳(二)水文站大断面型状基本稳定,整体有逐年冲刷的趋势,但变化不大,1995—2018 年最大冲深约 2m(图 6.2-8)。

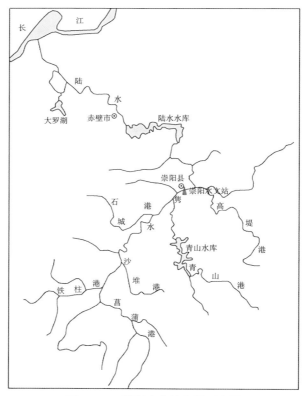

图 6.2-7　崇阳水文站位置示意图

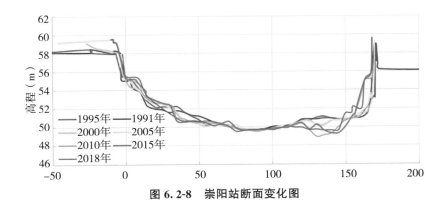

图 6.2-8 崇阳站断面变化图

6.2.2.2 比测方法

LSPIV 方法以河流水面的植物碎片、泡沫、细小波纹等天然漂浮物及水面模式作为水流示踪物,认为示踪物的运动状态即代表被测水面二维流场中局部流体的运动状态。LSPIV 主要技术路线包括图像获取、图像预处理、相机内外参标定、图像正向校正、LSPIV 核心计算、结果后处理与输出六大部分。每个步骤缺一不可且都对整体精度产生影响,下文将介绍其中最重要的也是本研究加以完善和改进的两个模块——图像正向校正以及 LSPIV 匹配计算。

研究人员于 2019 年 5 月下旬在陆水隽水河的崇阳大桥搭建了一套在线式视频测流系统,在崇阳水文站开展了影像测流技术试验。如图 6.2-9、图 6.2-10 所示,视觉流量在线监测系统的 5 个视频采集设备安装在崇阳大桥上,每个采集设备间距 20m,垂直拍摄河道进行表面流速测量。利用水面漂浮物体,以及自然浪花生成的小气泡作为示踪对象,测量示踪对象的移动过程轨迹,解析示踪对象流速流向,获得河道断面流速分布。流量比测试验采用流速仪常测法和视觉测流法两种量测方法,同步采集不同水情条件下断面流量数据组成系列,建立相关关系和数学模型,以常测法为基础对成果进行分析(图 6.2-11 和图 6.2-12)。

图 6.2-9 崇阳水文站视频测流点位分布图(试验场搭建)

1#测量点位　　2#测量点位　　3#测量点位　　4#测量点位　　5#测量点位

图 6.2-10　崇阳水文站视频测流点位安装图(试验场搭建)

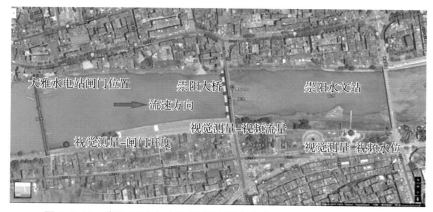

大雅水电站闸门位置　　崇阳大桥　　崇阳水文站

流速方向

视觉测量–视频流量

视觉测量–闸门开度　　　　　　　　视觉测量–视频水位

图 6.2-11　崇阳(二)水文站视频流量在线监测系统测点总体分布图

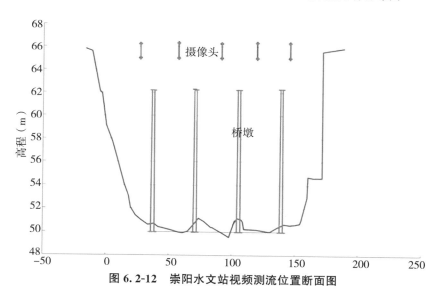

图 6.2-12　崇阳水文站视频测流位置断面图

　　视频水面流速监测:利用水面漂浮物体,以及自然浪花生成的小气泡作为监测对象,测量漂浮对象的移动过程轨迹,解析对象流速流向,并在河道断面上等序分布监测,获得河道断面水面流速场分布成果;事前经过实测比对或有限元分析构建水面流速场解算断面平均流速模型,获取断面平均流速乃至断面流量。

　　断面流量比测:在不同水位、流量及水情条件下,与常规流速仪法实测流量进行比测,以确定视频流量监测在断面不同流量级的流量系数。

6.2.2.3 比测试验结果分析

（1）前期比测试验分析

2019年5月连日降雨，视频测流技术与崇阳水文站的缆道铅鱼搭载流速仪测流进行了专项比测实验。流量比测试验采用流速仪常测法和视频测流法两种测量方法，同步采集不同水情条件下断面流速数据组成系列，建立相关关系和数学模型，以常测法为基础对成果进行分析。

在线式视频测流法于2019年5月26日13时55分和15时49分，分别和流速仪法、雷达测流法进行了同起点距、同步的流速比测。比测结果见图6.2-13，视频测流法与流速仪法相比平均误差为11.3%，与雷达测流法相比平均误差为5.7%。

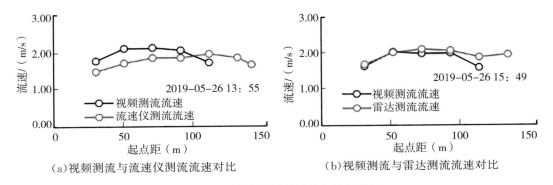

（a）视频测流与流速仪测流流速对比 （b）视频测流与雷达测流流速对比

图6.2-13 视频测流技术专项比测结果

视频测流技术能够实现在线监测，比测实验获得了当日5—17时每个整点的共13个时刻的断面流量数据，与当日水文站监测的流量数据进行比对（图6.2-14）。从整体比对结果来看，在线式视频测流技术的流量监控数据与水文站的流量监测数据表现出较好的一致性，全天13个时刻的平均误差为5.6%。在清晨和傍晚时分出现了一定的数据偏差，可能是由早晚光照环境变化导致的。

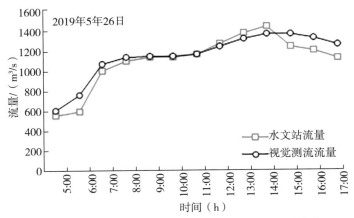

图6.2-14 视频测流流量与水文站监测流量比测结果

（2）单次比测成果分析

2020年6月4—5日视频测流结果与ADCP测流结果对比,可以看出流量误差较大,单点流速误差较大,单点精度不可靠,达不到测验精度要求(表6.2-4)。

表6.2-4　　　　　　　　　　　　　　单次测流成果比较

测验 时间	测验 方法	流量 (m^3/s)	流速				
			1号点 (m/s)	2号点 (m/s)	3号点 (m/s)	4号点 (m/s)	5号点 (m/s)
2020年6月 4日17:00	LSPIV	47.1	0	0.36	0.60	0.71	0.38
	ADCP	93.2	0	0.95	1.2	0.9	0.16
	误差(%)	−49	—	−62	−50	−21	—
2020年7月 20日16:00	LSPIV	124	0.64	0.48	0.61	0.53	0.12
	ADCP	169	0.37	0.79	0.74	—	0.16
	误差(%)	−27	73	−39	−17	—	−25
2020年7月 21日8:00	LSPIV	95	0.35	0.25	0.22	0.35	0.41
	ADCP	86.9	0.22	0.3	0.47	—	0.32
	误差(%)	9	59	−17	−53	—	28
2020年7月 28日16:00	LSPIV	116	0.29	0.11	0.74	0.59	0.28
	ADCP	170	0.62	0.74	0.76	0.48	0.37
	误差(%)	−32	−53	−85	−3	—	−24

（3）整体比测成果分析

根据2020年5—6月LSPIV测流成果统计5点与平均流速的关系如表6.2-5,ADCP的关系通过多次测验成果得出。可以看出,LSPIV测流与传统ADCP测流所得出的断面流速变化是不一致的,LSPIV测流明显左边3号、4号、5号点流速大,4号点流速最大;而ADCP测流则是中间2号、3号、4号流速大,3号点流速最大。

表6.2-5　　　　　　　　　　　　　　多次测流成果比较

测验方式	1号点	2号点	3号点	4号点	5号点
LSPIV	0.15V	0.84V	1.25V	1.40V	1.35V
ADCP	0.50V	1.37V	1.58V	1.12V	0.43V

注:V为断面平均流速。

根据2019年5—12月LSPIV计算出的流量成果与2019年崇阳水文站的实测流量成果表中的数据进行比较,可以看出两者的整体变化趋势是一致的,但是LSPIV测流成果高水流量偏小,最高洪峰流量偏小约200m^3/s。另外,LSPIV测流不能保持稳定状态,会出现未能计算出数据情况,初步统计2019年5—12月共漏掉约1/5的数据。2020年数据缺乏维护,数据丢失更严重,整体趋势误差更大,枯水期流量偏高明显(图 6.2-15)。

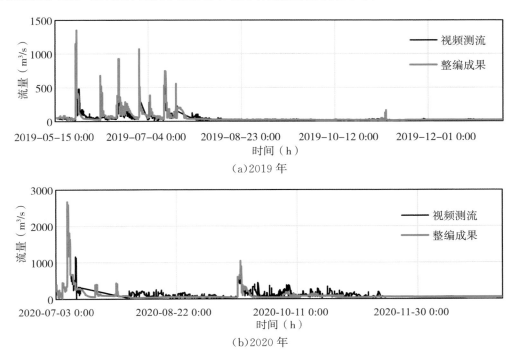

（a）2019 年

（b）2020 年

图 6.2-15 流量比测成果

（4）LSPIV 测验原始成果分析

图 6.2-17 是 LSPIV 的原始测验成果,可以看出其能捕捉的是区域的流场分布,而不是单一的点流速分布,其数据可以通过不断调整计算方法重新计算。如果通过 LSPIV 把原始视频数据保存,可以通过不断优化将早期数据进行重新计算。

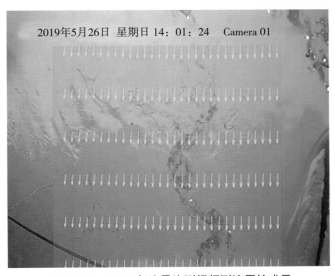

图 6.2-16 2019 年流量比测视频测流原始成果

6.2.2.4　LSPIV 优缺点分析

通过上述数据处理过程及成果,整理出 LSPIV 优缺点分析,见表 6.2-6。

表 6.2-6　　　　　　　　　　　　　LSPIV 优缺点分析

优点	缺点
实时在线监测	单次测验精度不高,随机性大
非接触测量	断面流速特征与 ADCP 方法不一致
降低劳动力	洪峰值偏小
捕捉区域流场数据	计算方法不稳定,测验成果易漏掉
原始数据为视频数据,可以随时通过 优化算法对测验数据进行还原	
整体流量趋势一致	

6.2.3　宁桥站视频测流

6.2.3.1　宁桥站概况

宁桥水文站于 1988 年设立,1989 年 12 月上迁 400m,隶属长江水利委员会。宁桥水文站位于重庆市巫溪县宁桥乡青坪村,地理坐标东经 109°34′、北纬 31°34′,集水面积 685km²,为控制西溪河水情的三类流量测验精度的巡测水文站,属国家基本水文站,现有水位、流量等测验项目。

宁桥水文站测验河段顺直长约 100m,上、下游有急弯,两岸为石砌公路。下游滩口起中低水控制作用,在下游的宁桥起高水控制作用。河槽为宽浅型,河床中部由卵石夹沙组成,断面逐级冲淤变化影响。历年水位—流量关系为单一曲线。

具体情况见表 6.2-7 至表 6.2-9。

表 6.2-7　　　　　　　　　　　　　宁桥水文站基础信息表

	测站编码	60513800	集水面积	685 km²	设站时间	1988 年 3 月	
	流　域	长　江	水　系	长江上游下段	河　流	西溪河	
	东　经	109°34′41.8″			北　纬	31°34′02.7″	
	测站地址	重庆市巫溪县宁桥乡青坪村					
基础 信息	管理机构	长江水利委员会水文局长江上游水文水资源勘测局					
	监测项目	水位、流量					
	水文测验方式、 方法及整编方法	测验方式:巡测; 流量测验方法:流速仪测法,全年为水文缆道铅鱼测验; 流量整编方法:人工水位—流量关系曲线法					
	测站位置特点	大宁河支流西溪河控制站,距离河口 8.3km					

续表

基础信息	测验河段特征	测验河段顺直长约100m,上、下游有急弯,两岸为石砌公路;下游滩口起中低水控制作用,在下游的宁桥起高水控制作用;河槽为宽浅型,河床中部由卵石夹沙组成,断面逐级冲淤变化影响;历年水位—流量关系为单一曲线		

测站沿革	设立或变动	发生年月	站名	站别	主管部门
	设立	1988年3月	宁桥	水位	长江水利委员会
	上迁400m	1989年12月	宁桥	3类精度流量站	长江水利委员会

表 6.2-8　　　　　　　　　　　宁桥站各水文要素特征值(一)表

最大流量 (m³/s)	最小流量 (m³/s)	最大断面平均流速 (m/s)	最小断面平均流速 (m/s)	最大点流速 (m/s)	最大平均水深(m)	最小平均水深(m)	最大水深(m)
2300	2.85	4.57	0.20	5.61	4.54	0.39	6.10
最大涨落率 (m/h)	最大水面宽 (m)	最小水面宽 (m)	常水位水面宽 (m)	常水位水深 (m)	最大水位变幅 (m)	最大含沙量 (kg/m³)	
1.5	40	22.0	26	1.30	2.88		

表 6.2-9　　　　　　　　　　　宁桥站各水文要素特征值(二)表

保证率(%)	最高日	0.10	0.50	0.75	0.90	0.95	0.97	0.99
水位(m)	296.76	294.91	294.55	294.37	294.18	294.07	293.98	293.88
流量(m³/s)		44.40	20.70	15.30	10.40	8.83	7.89	7.71

注:除流量极值外,其他为2010—2019年统计。

经过多年大断面资料分析,宁桥站测流断面处于稳定,断面无较大变化。由于宁桥站来水受上游梯级电站调蓄影响,每年水位变幅较小,无较大洪水,河床冲刷改变较小。近年来大断面分析数据图见图6.2-17。

由于宁桥水文站水位—流量关系稳定,现根据任务书要求已实行每年巡检,一年之中只施测三次流量,分布在汛前、汛中、汛后,用于检测综合线,定线方法采用近三年流量点子定线。

经分析,宁桥水文站断面规整稳定,历年水位—流量关系稳定,呈单一线。2017—2020年实测点综合绘制水位流量关系见图6.2-18,实测点均匀分布,最大偶然误差不超过4%,系统误差小于0.5%,证明近四年宁桥站水位流量呈稳定的单一关系,同水位的流量比较稳定。

宁桥水文站常规测流方案为在起点距9.0m、14.0m、19.0m、24.0m、29.0m、34.0m、

39.0m、44.0m、49.0m 按 3～9 线二点法、测速历时 100s 或 60s 施测测点流速。涨落快时，可采用一点法(相对位置 0.2)，但还是优先采用二点法。由于山溪性河流河水陡涨陡落，测量时间紧张，涨水时满河都是树木、杂草等漂浮物，流速仪极易损坏，导致测流失败。满河的漂浮物使浮标不易分辨，浮标测流难以实现。

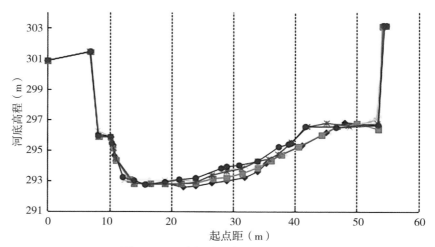

图 6.2-17　宁桥站历年大断面比较图

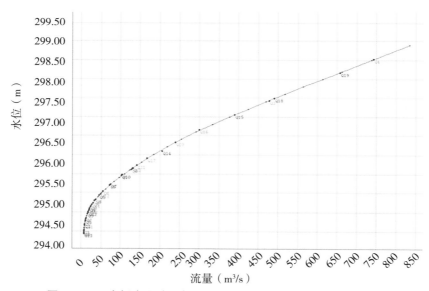

图 6.2-18　宁桥水文站近年水位流量关系综合线(2017—2020 年)

6.2.3.2 仪器设备情况

视频测流系统构成见图 6.2-19。

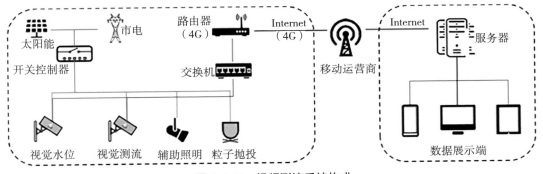

图 6.2-19 视频测流系统构成

视频测流采集终端一般采用三维万向节安装监控支架上,通过万向节调整安装角度,以确保拍摄范围准确。采集终端供电一般采用市电或太阳能供电,根据现场安装条件进行选择。采集终端数据传输一般采用宽带或 4G,根据现场安装条件进行选择。多台采集终端通过交换机连接至路由器,路由器的选择一般为普通路由器或 4G 路由器,根据现场安装进行选择。视觉流量监控平台是整个测量系统的中控系统,它负责对终端系统的控制、视频图像信息的存储、处理、分析和流场计算等功能。

视频测流技术的硬件核心是高性能的视觉采集设备。由于算法原理的独特优势,在表面纹理特征点合适的条件下,能够测量低至 0.01m/s 的流速。视使用场景的不同,视频测流技术在足够安装高度的情况下,能够测量高至 30m/s 的流速,在通常安装高度的适用场景下,适用流速范围一般为 0.01～10.0m/s。

视频测流技术对河道宽度有一定的要求。如果河流上方具有横跨河流的安装条件(一般是指桥梁、索道、管道等),那么视频测流技术对河宽没有限制性要求。如果河流上方不具有横跨河流的安装条件,那么视频测流技术能够覆盖的河宽一般不超过 200m。

视频测流技术适用于有市电供应或者可以安装太阳能供电系统的场景下。系统内置电源控制模块,定时启动视频测流设备进行数据采集,能够有效地降低电能消耗。视频测流技术适用于公网、物联网、局域网环境。不同网络环境下,数据传输链路大同小异。

宁桥水文站视频测流系统采用侧边集中式安装方式,适用于河流上空没有横跨河道的安装条件,一般将视频测流设备安装在水文流量监测断面的左岸和右岸,通过立杆的方式将设备安装在高处,倾斜拍摄垂线上的各个测点。还有凌空分布式安装方式,适用于河流上空有横跨河流的安装条件,如桥梁、索道等,一般将视频测流设备安装在桥梁上游一侧,避免桥墩对流速产生影响。

宁桥水文站视频测流系统安装位置见图 6.2-20、图 6.2-21。

视频测流设备

图 6.2-20 宁桥水文站视频测流系统安装位置(远景)

图 6.2-21 宁桥水文站视频测流系统位置(近景)

6.2.3.3 数据处理

视频测流系统软件平台见图 6.2-22。

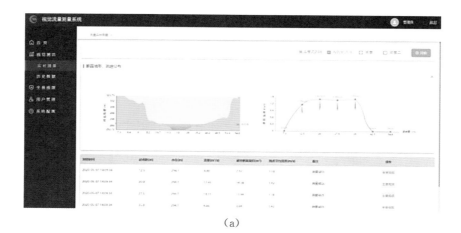

（a）

（b）

图 6.2-22　视频测流系统软件平台

（1）功能设计

系统软件具备远程控制、数据采集、数据传输、数据分析、数据展示等功能，界面清晰，操作简单；支持手机 APP、云平台拓展，开放接口便于其他监测系统接入。

（2）数据采集

根据业务需求设置采集间隔，可即时获取数据，也可人工远程控制采集数据。

（3）数据传输

可设置选择回传图像、视频或数据。

（4）数据分析

对采集传输的数据进行数据分析，通过不同的处理方式，形成断面流场分布情况、变化趋势等分析结果。

（5）数据展示

支持断面流量曲线图、历史数据表格，支持月流量变化曲线等展示形式。

6.2.3.4　比测试验结果分析

（1）资料收集情况

宁桥水文站视频测流系统 2020 年 1 月安装后，经过调试（包括测试接入匹配自记水位、调试探头角度、率定参数、搭建数据平台等），于 2020 年 6 月可采集收集数据，正式进行适用性运行。视频测流系统探头安装在宁桥基本水尺断面下游 60m 处测井顶部平台上，采集终端安装在宁桥站房内，数据服务器搭建在万州水情分中心，现场测量数据通过网传至水情中心服务器。视频测流系统比测期间采用预设整点定时的测量方式，2020 年 6 月 15 日至 10 月 26 日，收集到有效视频测流流量 450 次，测量水位范围 294.32～298.48m，覆盖到全年水位变幅的 86%，收集到 7 月最大一次洪水过程流量，宁桥水文站当年流速仪实测流量 5 次，检验综合水位流量关系基本稳定。

（2）比测分析

视频测流系统所测流速为断面表面流速,通过借用断面计算出流量,为满足后期视频测流系统测验资料的投产应用,需要建立视频测流系统测验资料与流速仪测验资料的关系。由于宁桥水文站视频测流系统测验与流速仪测验无法完全同步,而当年实测流量测次有限（5次,主要用于检验）,但宁桥水文站历年水位流量具有较好的单一关系,因此,本次分析采用视频测流系统实测流量与对应时间流速仪整编流量进行分析。剔除同水位相对误差大于20％的测次,本次用435次视频流量资料与综合水位—流量关系线上流量对比分析。

1）模型的建立

将435次视频流量资料与实测综合线上流量点绘成水位—流量关系图和绘制相关图。从图6.2-23、图6.2-24可以看出,视频流量测点在水位298.00m以下（中低水）分布较集中,呈带状,与实测综合流量相关性好;298.00m以上（高水）分布比较散乱,相关性较差,且高水收集到测次较少。因此,本次主要对298.00m以下（中低水）进行率定分析。

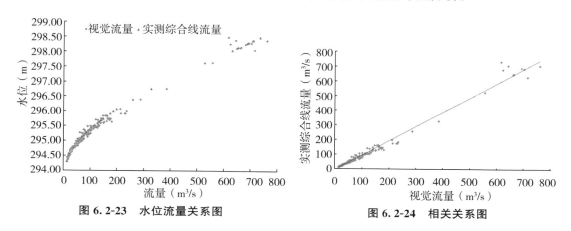

图6.2-23　水位流量关系图　　　　　图6.2-24　相关关系图

从435次视频流量中按照不同水位（中低水）均匀抽取了112次实测视频流量资料,与对应的实测综合线推算流量建立关系,率定期间的水流情况如下:比测期水位变幅:294.32～298.06m,比测期流量变幅:12.5～629m³/s。

用视频流量与综合线流量建立相关关系,相关关系见表6.2-10、表6.2-11和图6.2-25、图6.2-26。

表6.2-10　　　　　　　　　　视频流量与综合线流量线性关系表

序号	开始测量时间	水位(m)	视频流量 (m³/s)	实测综合 线流量(m³/s)	推算流量 (m³/s)	相对误差 (％)
1	2020-10-1 16:05	294.32	11.8	12.5	12.6	0.8
2	2020-10-21 10:05	294.39	15.9	14.4	16.3	13.2
3	2020-10-23 9:05	294.43	16.6	15.7	16.9	7.6

序号	开始测量时间	水位（m）	视频流量（m³/s）	实测综合线流量（m³/s）	推算流量（m³/s）	相对误差（%）
4	2020-10-25 14:05	294.45	13.4	16.3	14	−14.1
5	2020-10-25 13:05	294.45	13.6	16.3	14.2	−12.9
6	2020-10-24 17:05	294.46	13.7	16.6	14.3	−13.9
7	2020-10-24 8:05	294.46	13.9	16.6	14.5	−12.7
8	2020-10-24 10:05	294.46	14	16.6	14.6	−12.0
9	2020-10-25 11:05	294.47	13.8	17	14.4	−15.3
10	2020-10-23 14:05	294.47	14.1	17	14.6	−14.1
11	2020-10-26 15:05	294.48	17.3	17.3	17.5	1.2
12	2020-10-21 17:05	294.49	17.5	17.7	17.7	0
13	2020-10-24 9:05	294.51	17.8	18.5	17.9	−3.2
14	2020-10-1 7:05	294.53	18.7	19.3	18.8	−2.6
15	2020-10-2 7:05	294.54	18	19.7	18.1	−8.1
16	2020-10-26 7:05	294.54	22.7	19.7	22.4	13.7
17	2020-10-13 10:40	294.57	19.5	20.9	19.5	−6.7
18	2020-10-13 10:32	294.57	19.6	20.9	19.6	−6.2
19	2020-10-15 10:05	294.57	21.4	20.9	21.2	1.4
20	2020-10-11 15:05	294.59	20.3	21.9	20.1	−8.2
21	2020-10-11 8:05	294.59	20.8	21.9	20.6	−5.9
22	2020-10-20 13:05	294.59	21.6	21.9	21.3	−2.7
23	2020-10-14 8:05	294.59	22	21.9	21.7	−0.9
24	2020-10-2 11:05	294.6	19.9	22.4	19.8	−11.6
25	2020-10-2 13:05	294.6	20.4	22.4	20.3	−9.4
26	2020-10-22 14:05	294.6	21.7	22.4	21.4	−4.5
27	2020-10-21 13:05	294.62	25.2	23.5	24.5	4.3
28	2020-10-21 14:05	294.62	25.2	23.5	24.5	4.3
29	2020-10-16 14:05	294.63	25.5	24	24.8	3.3
30	2020-7-7 6:05	294.63	26.4	24	25.6	6.7
31	2020-10-12 7:05	294.63	26.9	24	26.1	8.8
32	2020-10-13 9:05	294.64	26.8	24.6	26	5.7
33	2020-10-9 11:05	294.64	27.3	24.6	26.4	7.3
34	2020-10-9 7:05	294.65	26.5	25.2	25.6	1.6
35	2020-10-15 12:05	294.65	26.7	25.2	25.8	2.4

序号	开始测量时间	水位（m）	视频流量（m³/s）	实测综合线流量（m³/s）	推算流量（m³/s）	相对误差（%）
36	2020-10-8 16:05	294.66	24.6	25.8	24	−7.0
37	2020-10-3 10:05	294.66	25	25.8	24.3	−5.8
38	2020-7-9 8:05	294.66	28.9	25.8	27.8	7.8
39	2020-10-3 12:05	294.67	24.5	26.5	23.9	−9.8
40	2020-10-3 8:05	294.67	24.5	26.5	23.9	−9.8
41	2020-10-16 11:05	294.67	24.8	26.5	24.1	−9.1
42	2020-10-15 14:05	294.68	25	27.1	24.4	−10.0
43	2020-10-5 11:05	294.69	25	27.8	24.3	−12.6
44	2020-10-3 14:05	294.69	25	27.8	24.3	−12.6
45	2020-10-5 13:05	294.7	24.9	28.5	24.3	−14.7
46	2020-10-5 12:05	294.7	25.3	28.5	24.6	−13.7
47	2020-10-8 10:05	294.7	25.6	28.5	24.9	−12.6
48	2020-10-5 14:05	294.71	27.1	29.2	26.3	−9.9
49	2020-9-30 13:05	294.71	30.8	29.2	29.5	1.0
50	2020-10-6 16:05	294.72	27.2	29.9	26.3	−12
51	2020-10-5 10:05	294.72	27.7	29.9	26.7	−10.7
52	2020-7-4 7:05	294.72	32.4	29.9	31	3.7
53	2020-10-7 14:05	294.73	26.9	30.6	26.1	−14.7
54	2020-10-6 14:05	294.73	27.6	30.6	26.6	−13.1
55	2020-10-6 11:05	294.74	27.9	31.4	26.9	−14.3
56	2020-10-6 12:05	294.74	28.3	31.4	27.3	−13.1
57	2020-10-4 16:05	294.74	28.4	31.4	27.3	−13.1
58	2020-10-6 9:05	294.75	28.5	32.1	27.5	−14.3
59	2020-10-4 9:05	294.76	29.2	32.8	28.1	−14.3
60	2020-6-19 13:05	294.78	35	34.3	33.2	−3.2
61	2020-6-27 11:05	294.79	40.4	35.1	38	8.3
62	2020-6-19 9:05	294.82	42.8	37.4	40.2	7.5
63	2020-7-11 16:05	294.84	45.3	39	42.4	8.7
64	2020-6-19 8:05	294.87	44.1	41.3	41.4	0.2
65	2020-7-8 14:05	294.88	49.1	42.2	45.8	8.5
66	2020-7-10 12:05	294.89	48.7	43	45.4	5.6
67	2020-6-18 12:05	294.9	53	43.9	49.2	12.1

序号	开始测量时间	水位（m）	视频流量（m³/s）	实测综合线流量（m³/s）	推算流量（m³/s）	相对误差（%）
68	2020-6-25 15:05	294.91	48.5	44.7	45.3	1.3
69	2020-7-7 16:05	294.92	54.7	45.6	50.8	11.4
70	2020-7-8 17:05	294.93	46.9	46.5	43.8	−5.8
71	2020-7-3 7:05	294.96	56.9	49.3	52.7	6.9
72	2020-7-10 14:05	294.97	55.8	50.2	51.7	3.0
73	2020-7-10 13:05	294.98	58.3	51.1	54	5.7
74	2020-7-5 12:05	294.99	60	52.1	55.5	6.5
75	2020-6-30 6:05	295	60.9	53	56.3	6.2
76	2020-6-18 10:05	295	63.8	53	58.8	10.9
77	2020-6-26 7:05	295.03	57.7	55.9	53.4	−4.5
78	2020-7-31 12:05	295.04	60.8	56.8	56.2	−1.1
79	2020-6-17 12:05	295.04	70	56.8	64.3	13.2
80	2020-6-16 13:05	295.06	61.4	58.8	56.7	−3.6
81	2020-6-16 10:05	295.07	63	59.8	58.2	−2.7
82	2020-7-2 16:05	295.07	64.1	59.8	59.1	−1.2
83	2020-6-16 14:05	295.07	68.1	59.8	62.7	4.8
84	2020-7-31 18:05	295.09	66.6	61.8	61.4	−0.6
85	2020-6-26 14:05	295.1	65.6	62.8	60.4	−3.8
86	2020-6-26 16:05	295.12	69	64.8	63.5	−2.0
87	2020-6-17 15:05	295.14	88.4	66.9	80.7	20.6
88	2020-7-29 10:05	295.15	70.8	67.8	65	−4.1
89	2020-7-2 12:05	295.19	89.7	72.1	81.9	13.6
90	2020-7-3 9:05	295.22	95	75.4	86.6	14.9
91	2020-7-14 6:05	295.24	72.5	77.7	66.6	−14.3
92	2020-6-29 15:05	295.25	86.7	78.8	79.2	0.5
93	2020-7-30 13:05	295.29	86.9	83.5	79.4	−4.9
94	2020-6-22 11:05	295.35	99.9	91.1	91	−0.1
95	2020-7-13 16:05	295.4	108	97.5	98.3	0.8
96	2020-6-22 12:05	295.43	125.2	101	113.5	12.4
97	2020-7-13 18:05	295.45	116	104	105.7	1.6
98	2020-6-22 15:05	295.47	118	107	107.4	0.4
99	2020-6-21 13:05	295.48	126	108	114.1	5.6

续表

序号	开始测量时间	水位（m）	视频流量（m³/s）	实测综合线流量（m³/s）	推算流量（m³/s）	相对误差（%）
100	2020-7-25 8:05	295.49	100	109	91	−16.5
101	2020-6-17 9:05	295.6	148	125	133.7	7.0
102	2020-6-17 17:05	295.64	179	131	161.6	23.4
103	2020-7-13 6:05	295.68	139	136	126.1	−7.3
104	2020-6-21 7:05	295.69	171	138	154.3	11.8
105	2020-6-21 11:05	295.73	170	144	153.1	6.3
106	2020-6-21 6:05	295.75	163	147	146.7	−0.2
107	2020-7-19 15:05	295.85	158	162	142.2	−12.2
108	2020-7-14 16:05	295.93	213	174	191.3	9.9
109	2020-7-15 6:05	296.07	210	197	188.8	−4.2
110	2020-7-22 6:05	296.41	286	257	256.1	−0.4
111	2020-7-15 9:05	297.63	555	525	495.7	−5.6
112	2020-7-16 10:05	298.06	713	629	635.9	1.1

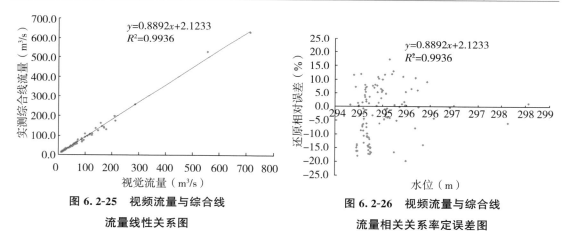

图 6.2-25　视频流量与综合线
流量线性关系图

图 6.2-26　视频流量与综合线
流量相关关系率定误差图

经过分析，采用线性公式拟合，视频虚流量与断面流量建立相关关系，系统误差为−2.3%，最大偶然误差为−19.8%，随机不确定度为19.2%，误差大于10%的测点占36.7%，整体误差情况见表6.2-11。

表 6. 2-11   视频虚流量与断面流量误差表

公式	系统误差（%）	随机不确定度（%）	相关系数 R^2	偶然误差大于15%的个数	偶然误差大于10%的个数	最大偶然误差（%）
$Q=0.8892Q_视+2.1233$	−2.3	19.2	0.9936	15	41	−19.8

2）模型的验证

从宁桥水文站视频流量数据中随机抽取 30 次流量资料与对应的综合线上推算流量对上节关系进行验证，验证情况见表 6.2-12 和图 6.2-27。验证期间的水流情况如下：验证资料水位变幅：294.32～296.76m，验证流量变幅：12.5～326 m^3/s。

表 6. 2-12   视频流量与综合线流量线性关系验证

序号	开始测量时间	水位（m）	视觉流量（m^3/s）	实测综合线流量（m^3/s）	推算流量（m^3/s）	相对误差（%）
1	2020-10-1 13:05	294.32	11.8	12.5	12.6	0.8
2	2020-10-25 10:05	294.41	16	15	16.4	9.3
3	2020-10-1 9:05	294.45	13.7	16.3	14.3	−12.3
4	2020-10-23 12:05	294.5	18	18.1	18.1	0
5	2020-10-22 13:05	294.56	23	20.5	22.6	10.2
6	2020-10-16 8:05	294.62	25.3	23.5	24.6	4.7
7	2020-10-9 9:05	294.68	24.9	27.1	24.3	−10.3
8	2020-10-6 8:05	294.74	27.8	31.4	26.8	−14.6
9	2020-6-19 15:05	294.79	41.1	35.1	38.6	10.0
10	2020-7-7 13:05	294.87	41.8	41.3	39.3	−4.8
11	2020-7-10 15:05	294.92	51.9	45.6	48.3	5.9
12	2020-6-24 9:05	294.98	64.7	51.1	59.7	16.8
13	2020-7-31 8:05	295.04	60.1	56.8	55.6	−2.1
14	2020-6-20 9:05	295.1	63.7	62.8	58.8	−6.4
15	2020-7-29 12:05	295.15	68.4	67.8	63	−7.1
16	2020-6-29 8:05	295.24	84.1	77.7	76.9	−1.0
17	2020-7-30 17:05	295.28	59.1	82.3	54.7	−33.5
18	2020-6-28 12:05	295.34	97.9	89.7	89.2	−0.6
19	2020-6-17 10:05	295.41	101	98.8	91.7	−7.2
20	2020-6-21 17:05	295.45	113	104	103	−1.0

序号	开始测量时间	水位(m)	视觉流量(m³/s)	实测综合线流量(m³/s)	推算流量(m³/s)	相对误差(%)
21	2020-6-20 17:05	295.53	129	115	117	1.7
22	2020-7-14 7:05	295.6	135	125	122	−2.4
23	2020-6-21 8:05	295.63	150	129	135	4.7
24	2020-7-21 13:05	295.71	118	141	107	−24.1
25	2020-7-13 9:05	295.74	175	145	158	9.0
26	2020-7-13 10:05	295.75	164	147	148	0.7
27	2020-7-19 16:05	295.85	154	162	139	−14.2
28	2020-6-17 7:05	295.93	230	174	206	18.4
29	2020-7-12 18:05	296	234	185	210	13.5
30	2020-7-22 15:05	296.76	383	326	342	4.9

经过验证,采用率定的线性公式,30次视频流量经相关关系推算流量与综合线流量误差统计,系统误差为1%,随机不确定度均为22.8%,2个测点误差大于20%,占总测点的6.7%;误差大于10%的测点11个,占总测点的36.7%(表6.2-13)。

表6.2-13   视频流量与综合线流量线性关系验证表

公式	系统误差(%)	随机不确定度(%)	偶然误差大于20%的个数	偶然误差大于10%的个数	最大偶然误差(%)
$Q = 0.8892Q_{视} + 2.1233$	1.0	22.8	2	11	−33.6

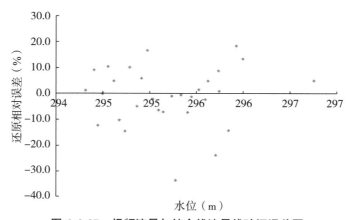

图6.2-27 视频流量与综合线流量线验证误差图

(3)成果误差分析

从公式率定样本误差和验证样本误差分析看来,视频流量与实测综合线流量相比相对误差较大,模型率定建立相关关系相关性不够高,还原计算系统误差、随机不确定度均大于规范允许值,需进一步检测率定。

（4）小结

①视频测流系统能够自动完成流量测验并计算流量,是实现流量在线监测的一种有效方式。

②从宁桥站收集到视频流量系列资料看,有以下分析结论：

视频流量与实测综合线流量相对误差较大,模型率定建立相关关系相关性不够高,还原计算系统误差。随即不确定度均大于规范允许值,需进一步检测率定。

③仪器尚未达到可正式投产使用的程度,后续需在仪器安装、测流方案及后台计算方法等方面进一步优化完善,同时加强比测率定工作,收集更多有效资料进一步分析。

6.2.4　仙桃站超高频雷达测流（河流岸边式）

6.2.4.1　仙桃站概况

仙桃水文站地处湖北省仙桃市龙华山六码头,地理坐标东经 113°28′,北纬 30°23′,集水面积 142056km²,距汉江河口距离约 157km。仙桃水文站于 1932 年 3 月设立,观测水位,1938 年 6 月停测,1951 年 1 月恢复,同年 4 月水尺上迁 20m,1954 年 7 月在原基本水尺断面上游 1300m 处小石村增测流量,1955 年 1 月测流断面水尺改为基本水尺并改名小石村水文站,原仙桃站水尺下迁 100m,1963 年撤销;1968 年 1 月改为水位站,1971 年 4 月恢复流量观测,1972 年 1 月基本水尺下迁 1400m(原仙桃站水尺下游 100m),改名为仙桃(二)水文站。

测验断面上距兴隆水利枢纽 111km,上游右岸约 82km 为汉江分流入(东荆河)口,上游右岸 80km 为泽口汉南灌溉闸,上游左岸约 20km 有麻阳排灌闸,上游右岸约 4km 有欧湾排湖泵站,上游右岸约 0.7km 有北坝排灌闸,下游右岸 6km 处为杜家台分洪闸,主要用以分泄汉水下游河段超额洪水,蓄洪区有效蓄洪容量 16 亿 m³。分蓄洪区行洪河道自杜家台闸下至黄陵矶闸出长江。

仙桃水文站监测项目有水位、水温、流量、悬移质泥沙、床沙、降水水文要素,是汉江下游经东荆河分流后水情控制站一类精度站和重要控制站,为国家长期收集水文基础信息,为长江流域防洪调度提供水文情报预报,为汉江区域提供水资源监测信息和考核评价依据等。

测验河段上下游有弯道控制,顺直段长约 1km,基本水尺断面设在顺直段下部。河槽形态呈不规则的"W"形,右岸为深槽,左岸中低水有浅滩,中高水主槽宽为 300～350m,全变幅内均无岔流、串沟及死水;中高水峰顶附近及杜家台分洪期右岸边有回流。河床为乱石夹沙组成,冲淤变化较大,且无规律。两岸堤防均有砌石护岸。主流低水偏右,中水逐渐左移,高水时基本居中。

　　水位—流量关系受洪水涨落、变动回水、不经常性冲淤影响,长江干流高水期对该站水位—流量关系有明显顶托影响,低水期水位—流量关系受河槽控制呈临时单一关系。

　　仙桃水文站基本情况见图 6.2-28 至图 6.2-30。

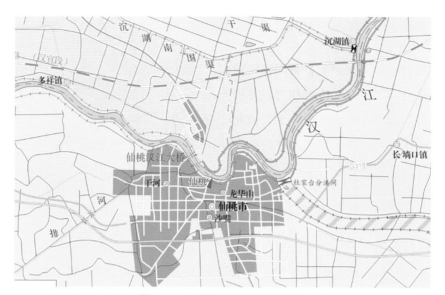

图 6.2-28　汉江仙桃河段形势图

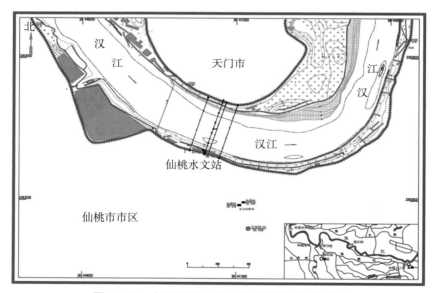

图 6.2-29　汉江仙桃(二)水文站测验河段平面图

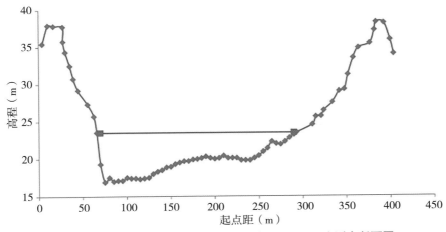

图 6.2-30　汉江仙桃(二)水文站 2019 年 3 月 14 日实测大断面图

6.2.4.2　仪器设备情况

(1)RISMAR-U 型系列超高频雷达

RISMAR-U 型系列超高频雷达(河流流量探测仪)广泛用于河流流量实时监测领域,其利用水波具有相速度和水平移动速度时,将对入射的雷达波产生多普勒频移的原理来探测河流表面动力学参数,以非接触的方式获得大范围的河流表面流的流速、流向,并根据流体力学理论,从雷达遥测的表面流速反演深层流速,进而准确地计算出河流流量信息。

根据河道的条件与用户需求的不同,RISMAR-U 可配置为单站式流量监测系统和双站式流量监测系统。

在河道等宽的顺直河道,可以使用单站式系统实现流量监测。单站式流量监测系统的野外站由单台 RISMAR-U 雷达系统和一个 RISMAR-U 中心站构成(图 6.2-31)。

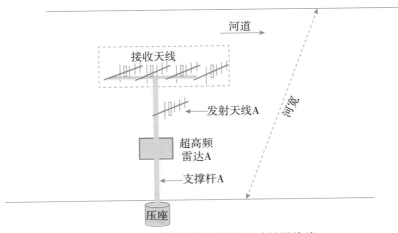

图 6.2-31　单站式流量监测系统的野外站

在河道不等宽、非顺直河道及其他流场复杂的场合,应该使用双站式系统实现流量探测。双站式流量监测系统的野外站包含两台 RISMAR-U 雷达系统和一个 RISMAR-U 中心站构成(图 6.2-32)。

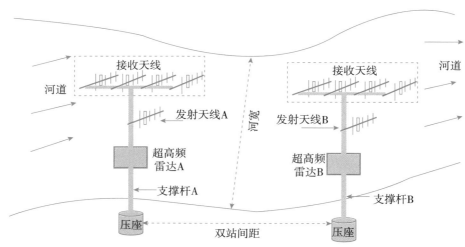

图 6.2-32　双站式流量监测系统的野外站

一个完整的流速流量监测系统由至少一个野外站和一个中心站组成。一个野外站系统包含收发天线、雷达主机、计算机和软件子系统,一个中心站包含一台计算机和中心站软件子系统。

(2)工作原理

雷达是利用目标对电磁波的反射(或散射)现象来发现目标并测定其位置和速度等信息的。雷达利用接收回波与发射波的时间差来测定距离,利用电波传播的多普勒效应来测量目标的运动速度,并利用目标回波在各天线通道上幅度或相位的差异来判别其方向。

超高频雷达河流流速(流量)监测技术还用到了 Bragg 散射理论(图 6.2-33)。当雷达电磁波与其波长一半的水波作用时,同一波列不同位置的后向回波在相位上差异值为 2π 或 2π 的整数倍,因而产生增强性 Bragg 后向散射。

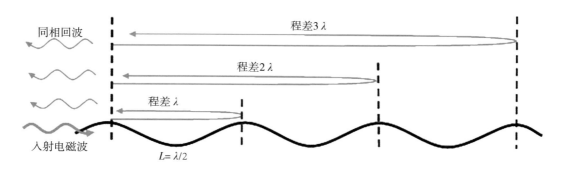

图 6.2-33　Bragg 后向散射基本原理

　　当水波具有相速度和水平移动速度时,将产生多普勒频移。在一定时间范围内,实际波浪可以近似地认为是由无数随机的正弦波动叠加而成的。这些正弦波中,必定包含有波长正好等于雷达工作波长一半、朝向和背离雷达波束方向的二列正弦波。当雷达发射的电磁波与这两列波浪作用时,二者发生增强型后向散射。

　　朝向雷达波动的波浪会产生一个正的多普勒频移,背离雷达波动的波浪会产生一个负的多普勒频移。多普勒频移的大小由波动相速度 V_p 决定。受重力的影响,一定波长的波浪的相速度是一定的。在深水条件下(即水深在大于波浪波长 L 的一半)波浪相速度 V_p 满足以下定义:

$$v_p = \sqrt{\frac{gl}{2\pi}} \tag{6.2-1}$$

由相速度 V_p 产生的多普勒频移为:

$$f_B = \frac{2V_p}{\lambda} = \frac{2}{\lambda}\sqrt{\frac{g\lambda}{4\pi}} = \sqrt{\frac{g}{\lambda\pi}} \approx 0.102\sqrt{f_0} \tag{6.2-2}$$

式中:f_0——雷达频率 f_0(MHz);

　　　　f_B——多普勒频率 f_B(Hz)。

　　这个频偏就是所谓的 Bragg 频移。朝向雷达波动的波浪将产生正的频移(正的 Bragg 峰位置),背离雷达波动的波浪将产生负的频移(负的 Bragg 峰位置)。

　　在无表面流的情况下,Bragg 峰的位置正好位于描述的频率位置。

　　当水体表面存在表面流时,上述一阶散射回波所对应的波浪行进速度 $\overrightarrow{V_s}$ 便是河流径向速度 $\overrightarrow{V_\sigma}$ 加上无河流时的波浪相速度 $\overrightarrow{V_P}$,即

$$\overrightarrow{V_s} = \overrightarrow{V_\sigma} + \overrightarrow{V_P} \tag{6.2-3}$$

　　此时,雷达一阶散射回波的幅度不变,而雷达回波的频移为:

$$\Delta f = \frac{2V_s}{\lambda} = 2\frac{V_\sigma + V_P}{\lambda} = \frac{2V_\sigma}{\lambda} + f_B \tag{6.2-4}$$

　　通过判断一阶 Bragg 峰位置偏离标准 Bragg 峰的程度,我们就能计算出波浪的径向流速。

　　实际探测时,由于河流表面径向流分量很多,一阶峰会被展宽,见图 6.2-34。

　　单站超高频雷达可以获得表面径向流。利用相隔一定距离的双站超高频雷达获得各自站位的径向流后,通过矢量投影与合成的方法就可以得到矢量流。双站径向流合成矢量流的原理见图 6.2-35。

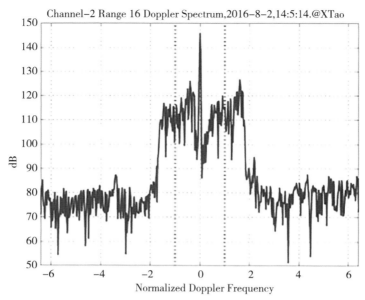

图 6.2-34　超高频雷达 RISMAR-U 获得的河流表面回波多普勒谱

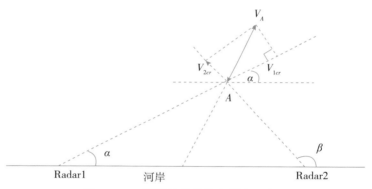

图 6.2-35　双雷达站获取矢量流示意图

超高频雷达 RISMAR-U 属于相干脉冲多普勒雷达,工作中心频率为 340 MHz,采用线性调频中断连续波体制。一般情况下可以测量 30～400m 宽度的河流,雷达的实际探测距离还与雷达天线架设地点、所在地外部噪声电平和河面粗糙程度有关。

雷达的距离分辨率有 5m、10m、15m 等几种,可以根据需要设定。仙桃(二)水文站雷达比测时采用的距离分辨率为 10m。

对于等宽的顺直河道,河水流向与河岸是平行的。如图 6.2-36 所示,河道为顺直河道。雷达在 A 点测得的径向流速为 V_{Acr},由于 A 点河流的流向与河岸平行,则该点的河水流速为 $V_A = \dfrac{V_{Acr}}{\cos(\beta)}$。雷达在 B 点测得的径向流速为 V_{Bcr},则 B 点的河水流速为 $V_B = \dfrac{V_{Bcr}}{\cos(\alpha)}$。如果 A 点、B 点与河岸的垂直距离相同,理论上有 $V_A = V_B$。

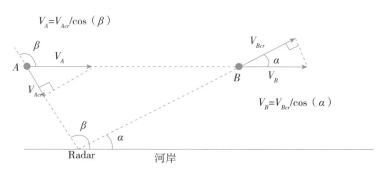

图 6.2-36 单一雷达站获取水流速示意图

（3）设备安装

设备安装地点选取在仙桃（二）水文站附近的河段。雷达监测区域处于一个"U"形的弯道内，且靠近雷达的一边为深水区，远离雷达的一边为浅水区。超高频雷达使用了单系统来合成矢量流，该系统由一部发射机、一部接收机、一根发射天线、六根接收天线组成，分别位于 A 站和 B 站（图 6.2-38 至图 6.2-39）。

图 6.2-37 仙桃（二）水文站雷达布设位置图

（a）A站　　　　　　　　　　（b）B站

图 6.2-38 安装在仙桃（二）水文站的双站式超高频河流探测雷达

图 6.2-39　仙桃（二）水文站 A 站超高频探测雷达与缆道相对位置关系图

6.2.4.3　RISMAR-U 采集数据处理

RISMAR-U 系统通过一系列的处理，可以获取单站径向流图、双站矢量流场、断面流速曲线及断面流量等成果。

（1）单站径向流图

由 RISMAR-U 系统在仙桃（二）水文站获得的实测河流表面径向流图见图 6.2-40。

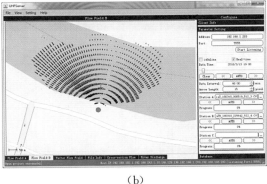

| （a） | （b） |

图 6.2-40　RISMAR-U 系统在汉江仙桃（二）水文站获得的表面径向流图

（2）双站矢量流场

图 6.2-41 是 RISMAR-U 系统对仙桃站（二）同时获得的径向流场进行矢量合成后得到的表面矢量流场。

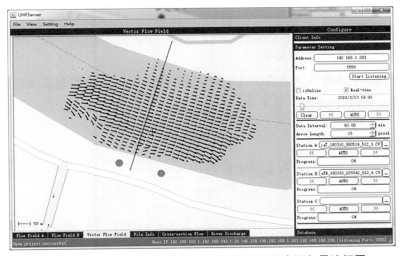

图 6.2-41　RISMAR-U 系统获得的汉江仙桃段表面矢量流场图

（3）断面流速曲线

仙桃（二）水文站是一个双站雷达，可以得到三个断面流速结果。红色是单个雷达站 A 得到的断面流速，蓝色线是单个雷达站 B 得到的断面流速，棕色线是双站雷达综合后的断面流速。双站式流量监测系统，由双站雷达综合的断面流速计算流量，即以图中的棕色线为结果计算断面流量。

对于单站式流量监测系统，只会有一个断面流速。RISMAR-U 系统在汉江仙桃段测量的断面流速见图 6.2-42。

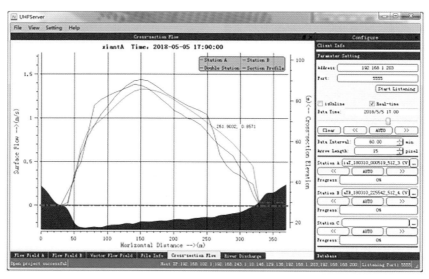

图 6.2-42　RISMAR-U 系统获得的汉江仙桃段表面流速

（4）断面流量

RISMAR-U 系统在汉江仙桃段测量，经过处理后得到相应的断面流量 $Q_{系统}$。雷达测流断面流量 $Q_{系统}$ 的主要计算步骤如下：

①将雷达测流生成的各垂线表面流速 V_i 按照指数分布，计算得到各垂线平均流速 $\overline{V}_i$。在指数模型下，其指数关系满足：

$$\frac{v}{v_i} = a\left(\frac{y}{y'}\right)m \tag{6.2-5}$$

对 y 积分得垂线流速与表面流速关系如下：

$$\frac{V}{v_0} = \frac{\left[(h+y')(m+1) - y'(m+1)\right]}{(m+1)h(m+1)}$$

$$= \frac{1}{(m+1)}\left(\frac{y'}{h}\right)^{m+1}\left[\left(\frac{h}{y'}+1\right)^{m+1} - 1\right] \tag{6.2-6}$$

②雷达测流软件生成整点的表面流速数据，根据仙桃（二）站自记水位计，查得该整点的相应水位。

③借用仙桃（二）水文站 2018 年实测大断面，根据流速面积法，计算得到各垂线部分流量 Q_i，相加得到断面流量 $Q_{系统} = \sum\limits_{i=1}^{m} Q_i$。

针对某些异常值，软件采用中值滤波法处理。此外，软件系统在流量计算过程中未考虑雷达发射位置的俯角，直接用将雷达发射位置到水面的斜距与仙桃（二）站 2018 年实测大断面起点距对应。

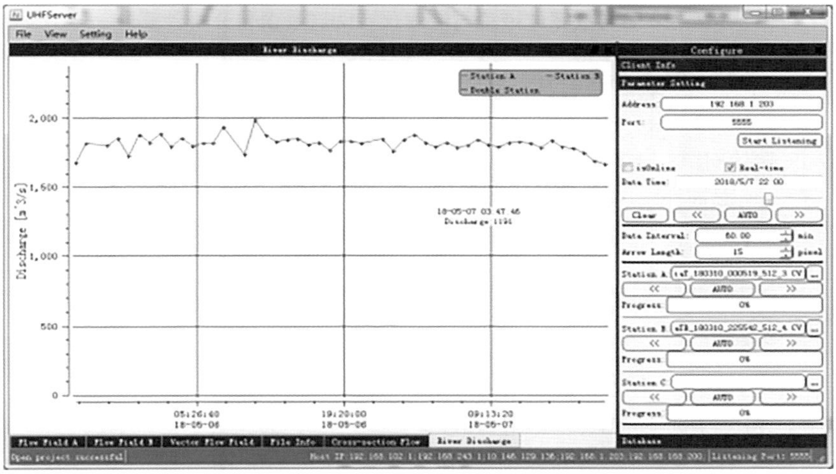

图 6.2-43 RISMAR-U 获得的汉江仙桃段流量

6.2.4.4 比测试验结果分析

（1）比测分析方法

采用仙桃（二）水文站常规测验方法：铅鱼缆道流速仪测流、M9 测流与雷达测验系统同步进行流速、流量测验比对。

（2）不同水位级流量精度分析

对同一时间雷达系统流量与该水文站实测流量进行误差分析。

2019 年采用流速仪实测流量 82 次，同期雷达数据有 53 次，对这 53 次数据进行对比分析，测流时间范围为 3 月 11 日至 12 月 24 日，实测水位为 23.13～30.20m，实测流量为 545～4450m³/s，其中高水期 8 次、中水期 17 次、低水期 11 次、枯水期 17 次。

雷达系统流量是由雷达各垂线表面流速按指数分布函数计算得到垂线平均流速后，借用仙桃（二）水文站 2019 年实测大断面，由实时水位插补求得垂线部分面积，采用流速面积法计算得到的。其中，针对某些异常值，软件采用中值滤波法处理，流量为 546～4590m³/s。

表 6.2-14 为雷达双站合成系统流量与流速仪实测流量误差分析表，枯水期系统误差和随机不确定度最低，分别为 −0.4% 和 7.2%，高水期次之，系统误差为 0.6%，随机不确定度为 8.6%，中水期和低水期系统误差分别为 −2.1% 和 −2.2%，随机不确定度分别为 9.3% 和 9%，相差不大。全部测次系统误差为 −1.2%，随机不确定度为 8.0%。

表 6.2-14   雷达双站合成系统流量与流速仪实测流量误差分析计算表

分级	序号	时间	水位	$Q_{实}$(m³/s)	$Q_{雷达}$(m³/s)	误差(%)
高水	1	2019-09-19 13:34	28.24	3310	3250	−1.8
	2	2019-09-19 21:52	29.06	3930	3800	−3.3
	3	2019-09-20 8:08	29.83	4450	4215	−5.3
	4	2019-09-20 18:46	30.20	4450	4590	3.1
	5	2019-09-21 6:44	30.20	4170	4440	6.5
	6	2019-09-21 17:35	29.48	3660	3664	0.1
	7	2019-09-22 6:50	28.48	2860	2944	2.9
	8	2019-09-22 17:49	27.70	2350	2415	2.8
	系统误差(%)		0.60	随机不确定度(%)		8.6
中水	1	2019-05-27 8:15	25.68	1130	1060	−6.2
	2	2019-06-21 10:30	25.76	938	904	−3.6
	3	2019-06-22 14:15	26.24	982	972	−1.0
	4	2019-06-24 14:40	26.38	1060	1060	0
	5	2019-06-26 8:15	26.12	939	893	−4.9
	6	2019-07-03 8:48	25.73	808	764	−5.4
	7	2019-07-13 14:35	26.11	641	662	3.3
	8	2019-07-15 8:20	26.60	685	708	3.4
	9	2019-07-19 9:40	26.96	666	687	3.1
	10	2019-07-21 8:05	26.74	676	650	−3.8
	11	2019-07-30 8:55	25.74	619	635	2.6
	12	2019-09-23 8:12	26.80	1920	1880	−2.1
	13	2019-09-23 16:32	26.36	1610	1640	1.9
	14	2019-09-24 8:22	25.77	1390	1310	−5.8
	15	2019-09-26 8:45	25.54	1380	1300	−5.8
	16	2019-09-29 8:24	26.02	1620	1530	−5.6
	17	2019-09-30 8:00	25.69	1410	1300	−7.8
	系统误差(%)		−2.2	随机不确定度(%)		9.3

分级	序号	时间	水位	$Q_实$(m³/s)	$Q_雷达$(m³/s)	误差(%)
低水	1	2019-05-26 8:15	25.10	956	927	−3.0
	2	2019-05-30 14:35	25.26	988	965	−2.3
	3	2019-06-06 8:25	24.64	784	776	−1.0
	4	2019-06-16 8:15	24.85	798	760	−4.8
	5	2019-06-19 8:18	25.20	834	786	−5.8
	6	2019-07-11 8:30	25.37	631	648	2.7
	7	2019-08-05 9:40	25.32	655	640	−2.3
	8	2019-08-11 8:42	25.11	756	732	−3.2
	9	2019-08-15 8:51	24.84	666	703	5.5
	10	2019-09-25 8:20	25.32	1210	1120	−7.4
	11	2019-10-01 16:28	25.00	1080	1060	−1.9
	系统误差(%)		−2.1	随机不确定度(%)		9.0
枯水	1	2019-03-11 8:20	23.38	585	575	−1.7
	2	2019-04-01 8:21	23.54	627	641	2.2
	3	2019-05-05 8:40	23.43	588	572	−2.7
	4	2019-05-16 8:22	23.84	747	713	−4.5
	5	2019-05-20 8:15	24.02	730	710	−2.7
	6	2019-05-25 8:56	24.44	766	703	−8.2
	7	2019-08-28 15:01	24.21	772	785	1.7
	8	2019-08-31 8:31	24.12	770	780	1.3
	9	2019-09-04 8:29	23.74	672	700	4.2
	10	2019-09-09 8:03	23.34	609	585	−3.9
	11	2019-09-11 8:09	23.18	545	548	0.6
	12	2019-10-28 8:34	23.74	719	757	5.3
	13	2019-11-12 9:35	23.66	672	674	0.3
	14	2019-11-19 9:41	23.26	567	556	−1.9
	15	2019-11-21 8:17	23.13	549	546	−0.5
	16	2019-12-20 9:07	23.15	546	560	2.6
	17	2019-12-24 10:17	23.55	659	673	2.1
	系统误差(%)		−0.4	随机不确定度(%)		7.2
整体	系统误差(%)		−1.2	随机不确定度(%)		8.0

按照规范中对一类精度的水文站的允许误差要求,系统误差的绝对值不大于1%,高水时随机不确定度低于10%,中水时低于12%。雷达流量与流速仪实测流量误差高水和中水

随机不确定度符合要求,但系统误差偏大 0.2% ,不符合规范要求。

从整体上看,高水期和枯水期精度较好,中低水精度较差,与雷达测流速精度和采用的算法有关。

图 6.2-44 为不同水位时期雷达流量与流速仪实测流量关系分析图,各时期流量和流速仪实测流量相关系数 R 在 0.95 以上,高、中、低水期散点分布密集,相关系数 R^2 在 0.95 以上,枯水期点据较为分散,相关系数 R^2 约为 0.91,与流量量级大小有关。图 6.2-45 为雷达流量与实测流量不同时期相对误差箱线图,相对误差在 $-8.3\%\sim6.5\%$,高水期雷达流量偏高,中、低水期偏低,约 76% 测次相对误差在 $\pm5\%$ 以内。

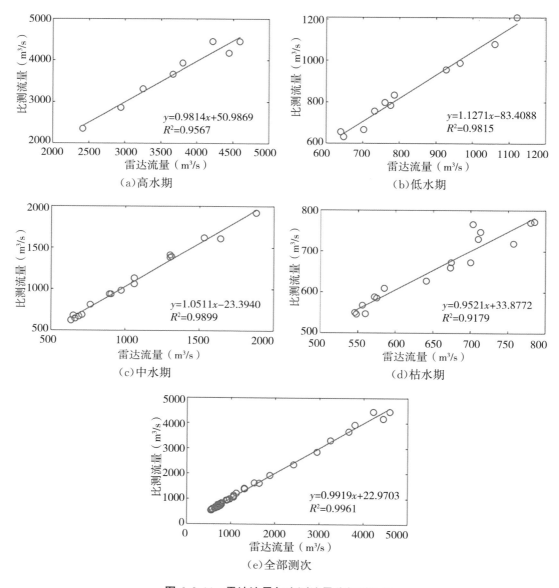

图 6.2-44　雷达流量与实测流量分析对比图

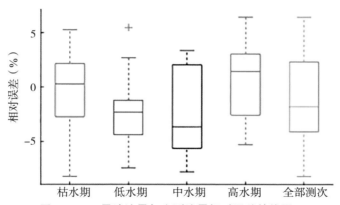

图 6.2-45　雷达流量与实测流量相对误差箱线图

（3）整编流量过程对照分析

将雷达系统流量与整编的年内洪水过程和日均流量过程进行对比，分析雷达系统流量精度。

1）洪水过程分析

2019 年洪峰流量在 $1000 \mathrm{m}^3/\mathrm{s}$ 以上有 4 次洪水过程，分别为 5 月 22 日至 6 月 13 日、6 月 14 日至 7 月 6 日、9 月 19 日至 9 月 22 日和 9 月 25 日至 10 月 1 日。将雷达系统流量与整编洪水过程进行对比，误差分析见表 6.2-15，流量过程对比见图 6.2-46。

表 6.2-15　　　　　　　　　　　洪水流量过程精度分析表

序号	发生时间	洪峰流量			相关系数 R	均方根误差 RMSE(m^3/s)	确定性系数 DC
		整编	雷达	相对误差(%)			
1	5.22—6.13	1140	1090	−4.4	0.95	62.3	0.81
2	6.14—7.6	1060	1080	1.9	0.94	51.4	0.68
3	9.19—9.22	4540	4600	1.3	0.96	168.8	0.91
4	9.25—10.1	1620	1530	−5.6	0.95	108.3	0.30

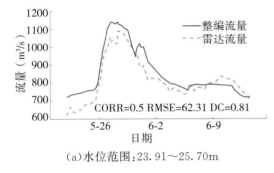

（a）水位范围：23.91～25.70m

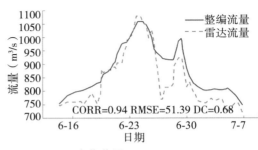

（b）水位范围：24.59～26.90m

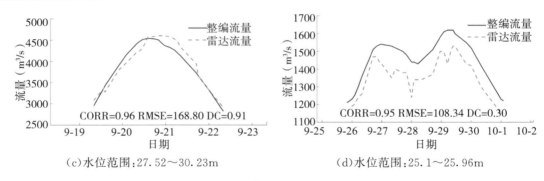

（c）水位范围：27.52～30.23m   （d）水位范围：25.1～25.96m

图 6.2-46　4 次洪水流量过程对比图

在表 6.2-18 中，相关系数 R 表征雷达流量与整编流量的相关性，其绝对值越接近 1 越好；均方根误差 RMSE 表征计算流量与整编流量平均偏离程度，其值越小越好；确定性系数 DC 表征雷达流量过程与整编流量过程拟合程度，其值越接近 1 越好。

从图 6.2-46 和表 6.2-18 中可以看到，雷达流量过程较整编洪水过程偏小。次洪 1 至次洪 3 洪峰流量相对误差均在 5% 以内，相关系数 R 较高，在 0.94 以上，均方根误差 RMSE 次洪 3 由于流量较大，其值偏大，次洪 1 和次洪 3 与整编流量过程拟合良好，确定性系数 DC 在 0.8 以上，次洪 2 在退水段拟合较差使得 DC 值降低，为 0.68。次洪 4 雷达流量过程与整编流量过程差距较大，洪峰流量相对误差为 -5.6%，RMSE 为 108.3m³/s，DC 低至 0.3。

从整体上来看，与整编流量过程相比，雷达系统流量偏小且精度不高，高洪时如次洪 3 精度较好，中、低洪水时（次洪 1、2、3）还应提高流速测量精度和改进算法以提高精度，另外，雷达系统流量过程存在锯齿，稳定性稍差。

（4）小结

①从实测流量对比分析来看，全部测次系统误差为 -1.2%，雷达流量整体系统性偏小；高水、中水随机不确定度分别为 8.6% 和 9.3%，符合规范要求。高水、枯水期测次系统误差较低，分别为 0.6% 和 -0.4%，中水、低水期测次系统误差较大，分别为 -2.1% 和 -2.2%；四个水情期随机不确定度均在 9.3% 以下。

②从洪水过程曲线拟合情况来看，雷达流量过程整体偏低，且存在锯齿，波动较大，稳定性较差，高洪时拟合精度良好，确定性系数 DC 可达 0.91，中、低洪水时精度相对较差。

③雷达利用接收回波与发射波的时间差来测定距离，利用电波传播的多普勒效应来测量目标的运动速度，并利用目标回波在各天线通道上幅度或相位的差异来判别其方向，从各测次比对情况看，流速测量值存在系统性偏小的问题。

④应加强雷达测流系统算法研究，分析查找表面流速测量结果偏低原因，进行校正，并提升定位精度；收集多个年份（包含丰、平、枯水年）断面垂线精测数据，研究仙桃水文站断面垂线流速分布规律，提出针对不同水情的垂线流速拟合曲线，以提高垂线平均流速计算精度。

⑤研究比测方案，2019 年对不同水位级下流速、流量进行了比测分析，现有的比测方案

适应性还有待进一步提高,应考虑增加岸边部分流量比测分析内容,多角度评估雷达测流系统精度。

⑥增多比测样本数据,2019 年比测样本较多,但应考虑延长比测时期,增加比测年份,增多样本数据,验证分析雷达系统测量不同洪水和经历较大冲於变化后的流量精度,进一步提高其稳定性、可靠性和客观性。

6.2.5　白霓桥站雷达测流(固定式桥梁安装式)

6.2.5.1　白霓桥站概况

白霓桥(二)水文站位于湖北省崇阳县白霓桥镇下新街,地理坐标东经 114°08′、北纬 29°32′,集水面积 215km²。该测站的观测项目有流量、水位、降水。

白霓桥(二)水文站始建于 1960 年,是控制陆水水库上游大市河来水水情的三类精度水文站。该测验河段较为顺直,断面上下游 100m 呈"U"形,多年来未变。断面下游 30m 处有一座公路桥,桥底面高程为 60.75m,当水位超过此高程时,桥身阻水,对断面流速产生一定的影响,河床由卵石粗沙组成,较为稳定。断面下游约 320m 处建有一座公路桥,高水时对测验有一定影响,大市河在下游约 5km 与高堤河汇合后约经 4km 汇入陆水河。水位在 58.00m 以下时,受测流断面上游卵石、沙滩影响,流速横向分布呈"M"形,水位在 58.00m 以上时,主泓偏右。该水文站同一水位级下的面积、糙率、水力半径等水力因素较为稳定,水位—流量关系曲线呈单一线。

白霓桥(二)水文站目前采用的是缆道转子式流速仪测验,当出现大暴雨时水位陡涨陡落,采用连续测流法进行测验,控制好各水位级的点子。

常规法流速资料采用 LS25-3A 型或 LS78 型流速仪施测,施测垂线 9 线一点法,平均测验时间在半个小时左右,测验精度和时效性都受到测验手段的影响。

6.2.5.2　仪器安装

采用流速仪常测法和固定式在线测验系统同步采集不同水流条件下断面流量数据组成系列,建立相关关系和数学模型,以常测法为基础对成果进行分析、判断。

该系统在桥面上布设两个雷达波流速传感器。两个流速传感器按实测大断面垂线分布分别安装在桥的横梁上,雷达波束集中于各垂线的断面附近。每个流速传感器通过 RS485 转换器与 RTU 连接。现场采用太阳能板及铅酸电池供电。系统可通过测流控制仪(可选)实现在线测流,中心站软件可远程控制 RTU 进行流速、水位的采集。

该系统由雷达波测流仪、数据采集终端、供电系统以及中心站管理软件等六个部分组成。由于该系统的雷达水位计安装位置与测流断面、基本水尺位置不重合,具有一定的误差,故固定式在线测流系统的断面水位采用基本水尺水位读数。

本次比测在白霓桥(二)水文站安装一套在线遥控多探头雷达波数字测流系统,雷达波流速仪的两个探头,定点安装在距白霓桥(二)水文站测验断面下游约 30m 处的公路桥栏杆上,对固定垂线的水面流速进行不间断监测,并能够完成在线输送数据及设备控制

（图 6.2-47 和图 6.2-48）。

图 6.2-47　探头安装现场示意图

图 6.2-48　室内在线观测数据

6.2.5.3 比测方法

白霓桥(二)水文站常规测验方法为转子式流速仪测验,采用缆道拖拽,控制系统为微机测验系统,固定式在线测流系统在线监测输入 2019 年初测定的大断面数据并经过一段时间的数据收集,于 2019 年 7 月正式开始数据比测工作。具体比测方法如下:

①转子式流速仪实测流量,经过南方片 5.0 的在线整编定线,得到本年度的水位流量关系曲线。

②从非接触式在线采集存储系统下载数据,得到 2019 年 3 月 2 日至 6 月 19 日的所有在线监测数据,抽取中、高水位级数据分析。数据项目包括水位、流速、面积、流量、电压、左右水边起点距。其中水位采用自记水位数据,流速和电压为测验原始数据,其他为计算数据。

③将整编线上流量和系统在线监测流量进行相关关系分析,得出多项式关系,并将关系式应用于每一个监测样本,得出计算的断面流量。

④将计算出的断面流量和线上流量进行对比,并进行误差分析,精度及可靠性评判后确定最终关系式。

⑤将在线雷达波测流系统推算流量与转子式流速仪实测流量进行对比分析,确定其相对误差、标准差与合格率。比测范围见表 6.2-16。

表 6.2-16   **雷达波在线监测比测范围表**

要素名称	范 围
流量(m³/s)	19.7~585
水位(m)	56.50~61.09
断面平均流速(m/s)	0.78~3.21

考虑常规流速仪已经形成了长系列的水文资料,所以本次固定式在线测流系统比测的误差统计以常规流速仪法测验后定线流量成果为"真值",利用数理统计方法和公式统计或估算各项比测误差。分别统计或估算各水位各样本断面流量的相对误差、平均相对误差(或平均相对系统误差)、相对均方差(或随机不确定度)等指标以及其相关性。

6.2.5.4 比测试验结果分析

(1)比测试验结果

通过固定式在线测流系统取得 2019 年 3 月 2 日至 6 月 19 日共计 7024 个样本数据,从中挑选水位高于 56.50m 的数据共计 747 个,通过回归分析得出一个多项式,再将固定式在线测流系统测得的样本数据带入多项式中求得一个数值与整编定线相对应的成果进行对比分析,经分析系统误差为−2%,标准差为 7.5%(表 6.2-17)。

表 6. 2-17

序号	日期	时间	流速仪流量（m³/s）	回归后流量（m³/s）	误差（%）
1	3月2日	11:23	62.1	54.3	14
2	3月3日	10:16	19.3	19.7	−2
3	5月26日	03:12	124.0	110.0	12
4	5月26日	04:08	167.0	165.0	1
5	5月26日	05:00	208.0	185.0	12
6	5月26日	08:14	309.0	295.0	5
7	5月26日	10:38	351.0	308.0	14
8	5月26日	14:13	256.0	249.0	3
9	5月26日	20:13	94.9	86.2	10
10	5月27日	09:56	25.9	25.9	0
11	6月18日	11:05	90.3	84.1	7

2019 年 11 个数据中系统误差为 7%，相对误差小于 10%的合格率为 54.5%。

（2）存在问题

①在较大流速条件下非接触测流系统与铅鱼同步测量时，易发生由于偏角过大、非接触雷达波流速传感器采集缓慢现象。

②在低水以及陆水水库顶托形成小流速条件下，雷达测流出现流速为零现象，测流软件有时把该值作为有效流速进行平均计算，导致结果整体偏小。

③在强降雨状况下，流速采集及通信受雨衰影响。

（3）小结

以固定式在线测流系统运行情况来看，设备采集流速、水位数据基本正常，通信基本稳定可靠，测量精度满足其作为常规测流辅助手段的要求。特别是在较大洪水期漂浮物较多、常规测流困难及有较大安全隐患时，固定式在线测流系统以其不接触水面、快速等优点可作为替代方案，在一定程度上保障了流量数据连续性、降低了对常规测流缆道及测流设备的依赖性。从综合来看，可以替代浮标及手持电波流速仪的测验方式，同时在中高水期可以作为常规测流辅助手段。

6.2.6 横江站缆道雷达测流技术

6.2.6.1 横江站基本概况

横江水文站建于 1940 年，由长江水利委员会设立领导至今，测站位于四川省宜宾市横江镇和平村，地理坐标东经 104°21′、北纬 28°33′，集水面积 14781km²，距金沙江汇合口距离约13km,为横江流域河口控制站。该水文站为收集长江支流横江的水流规律以及河流水文特性而建立的二类精度流量站和二类精度泥沙站,为国家级重要基本水文站。该水文站测验项目齐全,其中水位、降水实现自记固态存储和自动报汛;常规水文缆道搭载流速仪测流,常年驻测;单沙、悬移质输沙率12月至次年3月停测,其余时间驻测;水质测验巡测。

横江为金沙江下段一级支流,其上游实现五级水电梯级开发,距离最近的是张窝水电站,在横江水文站上游4km处。横江流域地形复杂,暴雨洪水频繁,泥石流及岸边垮岩事件时有发生,建成的水电站调蓄洪作用有限,河段陡涨陡落的洪水特性未根本改变,横江水文站断面中低水时,水位—流量关系为单一线,高水有反曲或绳套特性,梯级电站多层拦沙作用明显,能大幅减少悬沙中的粗沙占比。

横江水文站测验河段位于皮锣滩与水狮滩之间,顺直长约400m,中高水时,河宽94~160m,河底呈"U"形,无分流、串沟、回流、死水,有支流入汇,河床为卵石,在基本水尺断面下游约70m处有一急滩,当水位达289m以上时急滩逐渐被淹没,急滩右岸为卵石碛坝。

测验河道低水为急滩控制,高水为下游弯道与河槽控制,河床由卵石夹沙组成,左深右浅,呈"U"形,左岸中高水为石堤,河床较稳定(表6.2-18和表6.2-19)。

表 6.2-18 **横江水文站基础信息表**

	测站编码	60406100	集水面积	14781	设站时间	1940 年 4 月
基础信息	流 域	长 江	水 系	金沙江下段	河 流	金沙江
	纬 度	38°33′N		经 度		104°21′E
	基 面	假定		高 程		285.000m
	测站地址	四川省宜宾市横江镇和平村				
	管理机构	长江水利委员会水文局长江上游水文水资源勘测局				
	监测项目	水位、流量、悬移质输沙率、悬移质颗分、降水量				
	水文测验方式、方法及整编方法	测验方式:住巡结合; 流量测验方法:流速仪测法,全年为水文缆道; 流量整编方法:临时曲线法和连时序法; 输沙率整编方法:单—断沙关系曲线法				
	最大流量	7140m³/s		出现年份		1992 年 7 月 13 日
	最小流量	7.4m³/s		出现年份		2018 年 2 月 4 日
	最高水位	298.30m		出现时间		1992 年 7 月 13 日
	最低水位	284.68m		出现时间		2018 年 2 月 4 日
	测站位置特点	本站为金沙江下段右岸一级支流横江的控制站,距金沙江汇合口约15km				

基础信息	测验河段特征	测验河段位于皮锣滩与水狮滩之间,顺直长度约400m,中高水时,河宽110~230m,河底呈"U"形,无分流、串沟、回流、死水、有支流入汇,河床为卵石,左深右浅,河床断面较稳定。在基本水尺断面下游约70m处有一急滩,当水位在289m以上时,急滩逐渐被淹没。其滩右岸为一大卵石碛坝。低水受断面下游漫滩及建桥围堰控制有分线,Z-Q关系线符合测站特性及围堰影响规律,关系基本稳定
任务作用		本站为控制横江水情变化规律的基本站,为国家收集基础水文信息,为防汛抗旱、水资源管理、生态监测研究服务

历史沿革	设立或变动	发生年月	站名	站别	领导机关	说明
	设立	1940年4月	横江	水文	前中央水工实验所	常年站
	停测	1944年11月	横江			
	恢复	1956年5月	横江	水文	长江水利委员会	常年站
	下迁500m	1975年1月	横江(二)	水文	长江流域规划办公室	常年站

表6.2-19　　　　　　　　　　　　　横江站各水文要素特征值表

最大流量 (m^3/s)	最小流量 (m^3/s)	最大断面平均流速 (m/s)	最小断面平均流速 (m/s)	最大点流速(m/s)	最大平均水深(m)	最小平均水深(m)	最大水深(m)
7140	7.36	4.09	0.13	5.59	10.5	0.72	13.7
最大涨落率(m/h)	最大水面宽(m)	最小水面宽(m)	常水位水面宽(m)	常水位水深(m)	最大水位变幅(m)	最大含沙量(kg/m^3)	
1.0	159	107	115	2.00	7.6	132	

根据横江水文站历史资料分析,横江站$400m^3/s$为低水流量,$400m^3/s$以上为中高水流量,通过水位—流量综合关系曲线查算,$400m^3/s$流量相应水位为287.00m,近年最高水位为297.06m。从数据统计分析结果看,近10年低水断面冲淤变化较大,多年平均冲淤变化2.27%,2016年后低水断面变化较小,趋于稳定。横江水文站中、低水位流量关系由于断面冲淤影响,呈现"扫把"形状,年际之间存在2%~3%的左右摆动;测验断面上游4km建有张窝水电站,受电站蓄放水影响,涨落较快,一般可达1m/h,极端情况下10分钟可上涨1.3m(2016年)。受涨落影响,水位涨落快时,水位—流量关系呈逆时针绳套。高水受下游水狮滩弯道影响,高水水位流量关系在大水年份呈反曲(图6.2-49)。

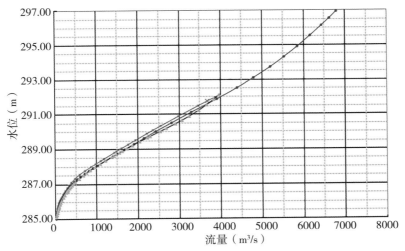

图 6.2-49　横江站多年水位—流量关系线图

横江水文站常规测流方案为在起点距 40.0m、60.0m、80.0m、100m、120m、140m、160m 按 5~7 线二点法、测速历时 100s 或 60s 施测测点流速。涨落快时,常测法由于测验历时相对水位涨落太长,采用 8 线 0.0(起点距 40.0m、50.0m、60.0m、80.0m、100m、120m、140m、160m)、7 线 0.0(起点距 40.0m、60.0m、80.0m、100m、120m、140m、160m)水面一点法测验。由于横江为山溪性河流,河水陡涨陡落,涨水时满河都是树木、杂草等漂浮物,流速仪极易损坏,导致测流失败。满河的漂浮物使浮标不易分辨,浮标测流难以实现。

6.2.6.2　仪器设备情况

（1）雷达波测流系统简介

雷达波测流系统是一种新型的水面流速监测系统,其中雷达波表面流速仪采用最新一代平板多普勒雷达传感器技术,主要采用微波对河流、泥浆、污水等表面流速进行测量,可应用于水文监测、防洪防涝、环保排污监测等领域(图 6.2-50)。

（a）

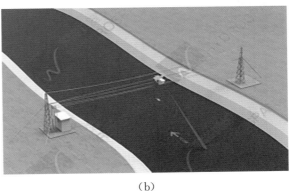

（b）

图 6.2-50　雷达运行小车和雷达缆道示意图

（2）系统工作原理

横江水文站雷达波测流系统利用两根直径大于 8mm 的钢丝绳作导轨,雷达运行车采用最新的四驱动力结构专利,将雷达波测速探头、双直流电机、雷达测速控制器、无线电台等设备安装在雷达运行小车内通过驱动轮悬挂在导轨绳上。当雷达测速控制器通过无线电台接收到运行指令,控制雷达运行车内的电机控制指令将雷达运行车运行到测流断面指定位置,然后将位置信息通过无线电台发送给系统控制器,雷达运行车自动完成指定位置水面流速测量,测量完成后通过无线电台将数据发送给 RTU 系统控制器。RTU 系统控制器同时采集水位数据,根据采集到的水位数据、流速数据以及配置的断面数据,计算出断面流量,并将相关数据通过 GPRS 无线数据传输模块或者北斗数据传输终端发送到远程服务器上,从而实现断面无人值守、自动测验。当完成测流后,将雷达运行车自行开回控制箱内自动充电。用户通过网页形式访问服务器,查看最终数据,根据水文站,设置断面数据、测流点位、测流时间、水位变化涨落自动加测幅度和间隔,根据时间导出流量计算结果表等报表。横江站雷达波测流系统安装见图 6.2-51 和图 6.2-52。

图 6.2-51　横江站雷达测流系统实景 　　　　　图 6.2-52　雷达测流系统右岸控制排架

（3）系统设备组成

横江水文站雷达波测流系统由雷达表面流速仪、雷达运行车、系统控制器、雷达测速控制器、流量计算终端、在线充电箱、蓄电池、无线电台、RTU 遥测终端机、水位计(浮子、气泡或雷达)和中心站软件等组成(图 6.2-53)。

| 雷达车 | 系统控制箱 | 弹簧限位开关 | 太阳能电池板 |

图 6.2-53　缆道雷达测流系统组成部分示意图

（4）系统特点

①利用雷达流速仪自动完成测流断面各设定垂线水面流速的自动监测。

②要求在测站现场完成流量计算，并能查询、显示任意测次流量成果。

③系统可以根据水位变化自行调整测流垂线数（垂线布设方案可根据客户要求任意设置，远超过三个），水位计数据可以单独使用也可以与水情信息采集系统共用。

④具有采集浮子、雷达和气泡式水位计水位信息的功能，且能根据设定的水位自行切换。横江水文站雷达测流系统从测站水位计主板接线读取水位，转换为代码，通过近传电台把代码发送到雷达测流系统中，系统内接收到编码后，解读出水位数据与雷达波测流数据，形成数据包发送到接收平台服务器上。每次测流时，雷达系统发出指令，开始召测水位数据，因此横江水文站雷达波测流系统采用水位与测站正式使用水位完全一致。

⑤该系统具有以下测流模式。

a. 定时施测模式，每天根据设定时间（可现场或远程修改）施测流量。

b. 在非测流时间，现场能人工控制增加测次。

c. 加密施测模式，与前次测流水位相比，水位变幅（可现场或远程修改）超过±0.5m时增测一次流量。

d. 低水位停测模式，当水位低于设定的停测水位值时，系统控制器停止雷达波测流系统运行。

e. 低温停测模式，当工作环境温度低于设定的停测温度（如零度）时，系统控制器停止雷达波测流系统运行。

⑥测完流量后，将流量、相应水位传送给测站的雨水情信息采集系统，将垂线流速等成果信息发送到在线测流系统中心，包括测次、起止时间、垂线数、垂线起点距、垂线流速、过水面积、水面宽、最大水深、最大流速、相应水位、流量和系统运行参数。存储的数据能下载生成文本文件并直接参与资料整编。

⑦采用太阳能浮充蓄电池供电，蓄电池容量能够保证连续45d阴雨天情况下系统能正常运行，配置的太阳能板能保证两个太阳天内充满蓄电池。

⑧有自动校时功能（系统时间应严格与北京时间同步）。

⑨具有现场和远程参数（所有参数）修改功能。

⑩流速测量范围为 0.15～15m/s，最大测程为≥30m；测验河道断面为 20～200m。

⑪全天候,大、中、小和暴雨天均可正常测量流速。

6.2.6.3 比测试验结果分析

(1)资料收集情况

横江水文站雷达波测流系统建成后,经过 15 天调试(包括测试接入匹配自记水位、更换适合的雷达头及四驱电机等)正式进行适用性运行。雷达波测流系统的测速小车断面位于基本水尺断面上游 2m 处,其测速小车平行于测流断面运行,雷达波测流系统比测期间采用与流速仪常测法测流相同的测速垂线、相同时间段同步比测,同时设定时段及涨落率自动测流方式,系统参数借用的断面数据与流速仪测流断面保持相同,2019 年 8 月 14 日至 2020 年 9 月 7 日,收集雷达波测流与流速仪同步比测 38 次,其中这两种测流法相应水位差最大差 0.04m,最大时间差 35min,多数测次水位及时间基本吻合。但高水或者水位涨落较快时难以做到完全同步。雷达波测流系统不间断测得不同水位级、不同流量级、不同时间段长系列流量实测资料共 1354 次。

(2)比测分析

雷达波测流系统所测流速为断面表面流速,需要建立雷达波测流系统测验资料与流速仪测验资料的关系。由于横江水文站雷达波测流系统测验与流速仪测验无法完全同步,而中高水涨落较快,水位—流量关系有涨落绳套出现,要获得与雷达波测流系统实测流量完全相同情形下的对应流速仪流量较为困难,而横江水文站历年水位—流量具有较好的关系。因此,本次分析采用雷达波测流系统实测流量与对应时间流速仪整编流量进行分析。水位 288m 以上(雷达波虚流量 1000m³/s 以上)的雷达波流量资料共 93 次。为检验标定后的模型对未来数据的预测能力,现将观测数据按时序排列,随机将序号为 1、2 的测次作为标定模型数据;序号为 3 的测次作为模型验证数据;序号为 4、5 的测次作为标定模型数据……以此类推,序号为 3 的整数倍的 31 个测次作为验证数据,其他 62 个测次为标定数据。

1)模型的建立

采用横江水文站随机抽样的 62 次实测雷达波流量资料与对应的流速仪推算流量建立关系。率定期间的水流情况如下:率定时间为 2019 年 8 月 14 日至 2020 年 9 月 7 日;比测期水位变幅为 288.00~294.52m;比测期流量变幅为 837~4780m³/s;比测期断面平均流速变幅为 1.68~3.46m/s。

分别建立线性关系和二次多项式关系,相关情况详见表 6.2-20、表 6.2-21、图 6.2-54、图 6.2-55。

表 6.2-20   雷达波虚流量与断面流量线性关系表

序号	测次号	时间 年-月-日	起时分	止时分	水位 (m)	雷达虚流量 (m³/s)	整编流量 (m³/s)	推算流量 (m³/s)	误差 (%)
1	477	2020-07-02	17：06	17：23	288	1060	837	854	2.0
4	321	2019-09-09	12：45	13：01	288.01	1020	842	821	−2.5
7	546	2020-07-20	15：05	15：21	288.05	1020	862	821	−4.8
10	275	2019-09-05	7：30	7：46	288.1	1090	886	879	−0.8
13	276	2019-09-05	8：40	9：03	288.14	1100	906	887	−2.1
16	462	2020-07-01	13：45	14：01	288.14	1040	906	838	−7.5
19	132	2019-08-14	16：09	16：33	288.23	1180	952	953	0.1
22	691	2020-09-01	2：15	2：31	288.24	1200	958	970	1.3
25	674	2020-08-24	19：10	19：26	288.25	1160	963	937	−2.7
28	273	2019-09-05	3：41	3：57	288.27	1200	973	970	−0.3
31	348	2019-09-11	7：59	8：15	288.28	1200	979	970	−0.9
34	129	2019-08-14	10：00	10：19	288.31	1180	994	953	−4.1
37	350	2019-09-11	11：00	11：16	288.38	1280	1030	1040	1.0
40	542	2020-07-19	11：50	12：06	288.44	1290	1060	1040	−1.9
43	654	2020-08-17	8：00	8：16	288.48	1340	1090	1090	0
46	470	2020-07-02	8：00	8：16	288.5	1360	1100	1100	0
49	474	2020-07-02	13：55	14：11	288.54	1360	1120	1100	−1.8
52	463	2020-07-01	15：30	15：43	288.56	1370	1130	1110	−1.8
55	540	2020-07-19	7：10	7：26	288.63	1480	1180	1200	1.7
58	634	2020-08-14	1：25	1：41	288.65	1500	1190	1220	2.5
61	632	2020-08-13	21：40	21：56	288.73	1520	1240	1230	−0.8
64	672	2020-08-24	17：29	17：45	288.86	1670	1320	1360	3.0
67	531	2020-07-17	18：34	18：50	288.96	1730	1380	1410	2.2
70	626	2020-08-13	11：54	12：10	289.07	1800	1450	1470	1.4
73	661	2020-08-18	10：27	10：43	289.1	1860	1470	1520	3.4
76	460	2020-07-01	8：00	8：16	289.55	2270	1790	1850	3.4
79	623	2020-08-13	8：46	9：02	289.82	2510	1980	2050	3.5
82	628	2020-08-13	14：16	14：29	289.9	2540	2040	2080	2.0
85	629	2020-08-13	18：19	18：31	290.31	2890	2360	2370	0.4
88	449	2020-06-30	12：50	13：06	292.53	4790	3940	3940	0
91	451	2020-06-30	15：10	15：26	294.5	5850	4740	4810	1.5

续表

序号	测次号	时间 年-月-日	起时分	止时分	水位 （m）	雷达虚 流量 （m³/s）	整编 流量 （m³/s）	推算 流量 （m³/s）	误差 （%）
2	702	2020-09-06	17:10	17:26	288.01	1060	842	854	1.4
5	548	2020-07-21	0:30	0:46	288.02	1040	847	838	−1.1
8	694	2020-09-01	7:50	8:06	288.08	1070	877	863	−1.6
11	130	2019-08-14	10:50	11:06	288.12	1060	896	854	−4.7
14	659	2020-08-18	6:25	6:41	288.14	1090	906	879	−3.0
17	314	2019-09-08	18:05	18:21	288.18	1120	927	904	−2.5
20	686	2020-08-31	12:45	13:01	288.24	1150	958	929	−3.0
23	656	2020-08-17	20:25	20:41	288.24	1260	958	1020	6.5
26	466	2020-07-01	22:10	22:26	288.25	1130	963	912	−5.3
29	343	2019-09-11	0:51	1:07	288.27	1220	973	987	1.4
32	469	2020-07-02	4:46	5:02	288.28	1280	979	1040	6.2
35	538	2020-07-19	0:15	0:31	288.31	1230	994	995	0.1
38	534	2020-07-18	8:00	8:16	288.39	1270	1040	1030	−1.0
41	315	2019-09-08	21:55	22:11	288.47	1350	1080	1090	0.9
44	339	2019-09-10	19:16	19:28	288.49	1260	1090	1020	−6.4
47	529	2020-07-17	11:37	11:53	288.53	1390	1120	1130	0.9
50	133	2019-08-14	17:24	17:44	288.55	1430	1130	1160	2.7
53	652	2020-08-17	6:42	6:59	288.6	1450	1160	1180	1.7
56	131	2019-08-14	14:50	15:09	288.64	1520	1180	1230	4.2
59	316	2019-09-09	1:00	1:16	288.68	1540	1210	1250	3.3
62	347	2019-09-11	7:16	7:29	288.79	1640	1270	1330	4.7
65	461	2020-07-01	12:40	12:56	288.9	1580	1340	1280	−4.5
68	621	2020-08-13	5:55	6:11	288.97	1690	1390	1370	−1.4
71	662	2020-08-18	10:45	11:01	289.09	1810	1460	1470	0.7
74	651	2020-08-17	5:35	5:51	289.21	1880	1540	1530	−0.6
77	459	2020-07-01	7:35	7:51	289.72	2360	1910	1930	1.0
80	624	2020-08-13	10:34	10:50	289.88	2470	2030	2020	−0.5
83	625	2020-08-13	11:07	11:24	289.94	2470	2070	2020	−2.4
86	458	2020-07-01	5:50	6:06	290.34	2980	2380	2440	2.5
89	455	2020-06-30	22:20	22:36	292.86	4750	4110	3900	−5.1
92	453	2020-06-30	18:01	18:14	294.62	5800	4780	4770	−0.2

表 6.2-21 雷达波虚流量与断面流量二次多项式关系表

序号	测次号	时间 年-月-日	起时分	止时分	水位 (m)	雷达虚流量 (m³/s)	整编流量 (m³/s)	推算流量 (m³/s)	误差 (%)
1	477	2020-07-02	17:06	17:23	288	1060	837	862	3.0
4	321	2019-09-09	12:45	13:01	288.01	1020	842	830	−1.4
7	546	2020-07-20	15:05	15:21	288.05	1020	862	830	−3.7
10	275	2019-09-05	7:30	7:46	288.1	1090	886	886	0
13	276	2019-09-05	8:40	9:03	288.14	1100	906	894	−1.3
16	462	2020-07-01	13:45	14:01	288.14	1040	906	846	−6.6
19	132	2019-08-14	16:09	16:33	288.23	1180	952	958	0.6
22	691	2020-09-01	2:15	2:31	288.24	1200	958	974	1.7
25	674	2020-08-24	19:10	19:26	288.25	1160	963	942	−2.2
28	273	2019-09-05	3:41	3:57	288.27	1200	973	974	0.1
31	348	2019-09-11	7:59	8:15	288.28	1200	979	974	−0.5
34	129	2019-08-14	10:00	10:19	288.31	1180	994	958	−3.6
37	350	2019-09-11	11:00	11:16	288.38	1280	1030	1040	1
40	542	2020-07-19	11:50	12:06	288.44	1290	1060	1050	−0.9
43	654	2020-08-17	8:00	8:16	288.48	1340	1090	1090	0
46	470	2020-07-02	8:00	8:16	288.5	1360	1100	1100	0
49	474	2020-07-02	13:55	14:11	288.54	1360	1120	1100	−1.8
52	463	2020-07-01	15:30	15:43	288.56	1370	1130	1110	−1.8
55	540	2020-07-19	7:10	7:26	288.63	1480	1180	1200	1.7
58	634	2020-08-14	1:25	1:41	288.65	1500	1190	1220	2.5
61	632	2020-08-13	21:40	21:56	288.73	1520	1240	1230	−0.8
64	672	2020-08-24	17:29	17:45	288.86	1670	1320	1350	2.3
67	531	2020-07-17	18:34	18:50	288.96	1730	1380	1400	1.4
70	626	2020-08-13	11:54	12:10	289.07	1800	1450	1460	0.7
73	661	2020-08-18	10:27	10:43	289.1	1860	1470	1510	2.7
76	460	2020-07-01	8:00	8:16	289.55	2270	1790	1840	2.8
79	623	2020-08-13	8:46	9:02	289.82	2510	1980	2040	3.0
82	628	2020-08-13	14:16	14:29	289.9	2540	2040	2060	1.0
85	629	2020-08-13	18:19	18:31	290.31	2890	2360	2350	−0.4
88	449	2020-06-30	12:50	13:06	292.53	4790	3940	3940	0
91	451	2020-06-30	15:10	15:26	294.5	5850	4740	4840	2.1

序号	测次号	时间 年-月-日	起时分	止时分	水位 （m）	雷达虚流量 （m³/s）	整编流量 （m³/s）	推算流量 （m³/s）	误差 （%）
2	702	2020-09-06	17:10	17:26	288.01	1060	842	862	2.4
5	548	2020-07-21	0:30	0:46	288.02	1040	847	846	−0.1
8	694	2020-09-01	7:50	8:06	288.08	1070	877	870	−0.8
11	130	2019-08-14	10:50	11:06	288.12	1060	896	862	−3.8
14	659	2020-08-18	6:25	6:41	288.14	1090	906	886	−2.2
17	314	2019-09-08	18:05	18:21	288.18	1120	927	910	−1.8
20	686	2020-08-31	12:45	13:01	288.24	1150	958	934	−2.5
23	656	2020-08-17	20:25	20:41	288.24	1260	958	1020	6.5
26	466	2020-07-01	22:10	22:26	288.25	1130	963	918	−4.7
29	343	2019-09-11	0:51	1:07	288.27	1220	973	990	1.7
32	469	2020-07-02	4:46	5:02	288.28	1280	979	1040	6.2
35	538	2020-07-19	0:15	0:31	288.31	1230	994	998	0.4
38	534	2020-07-18	8:00	8:16	288.39	1270	1040	1030	−1.0
41	315	2019-09-08	21:55	22:11	288.47	1350	1080	1090	0.9
44	339	2019-09-10	19:16	19:28	288.49	1260	1090	1020	−6.4
47	529	2020-07-17	11:37	11:53	288.53	1390	1120	1130	0.9
50	133	2019-08-14	17:24	17:44	288.55	1430	1130	1160	2.7
53	652	2020-08-17	6:42	6:59	288.6	1450	1160	1180	1.7
56	131	2019-08-14	14:50	15:09	288.64	1520	1180	1230	4.2
59	316	2019-09-09	1:00	1:16	288.68	1540	1210	1250	3.3
62	347	2019-09-11	7:16	7:29	288.79	1640	1270	1330	4.7
65	461	2020-07-01	12:40	12:56	288.9	1580	1340	1280	−4.5
68	621	2020-08-13	5:55	6:11	288.97	1690	1390	1370	−1.4
71	662	2020-08-18	10:45	11:01	289.09	1810	1460	1470	0.7
74	651	2020-08-17	5:35	5:51	289.21	1880	1540	1520	−1.3
77	459	2020-07-01	7:35	7:51	289.72	2360	1910	1910	0
80	624	2020-08-13	10:34	10:50	289.88	2470	2030	2000	−1.5
83	625	2020-08-13	11:07	11:24	289.94	2470	2070	2000	−3.4
86	458	2020-07-01	5:50	6:06	290.34	2980	2380	2420	1.7
89	455	2020-06-30	22:20	22:36	292.86	4750	4110	3900	−5.1
92	453	2020-06-30	18:01	18:14	294.62	5800	4780	4800	0.4

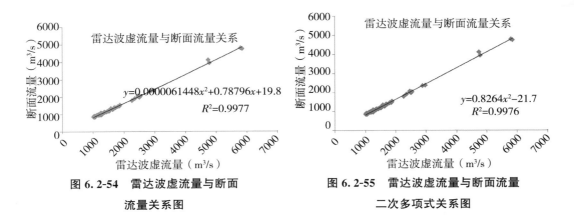

图 6.2-54　雷达波虚流量与断面　　　　图 6.2-55　雷达波虚流量与断面流量
流量关系图　　　　　　　　　　　二次多项式关系图

经过分析,无论是采用线性公式或二次多项式关系,雷达波虚流量与断面流量建立关系,系统误差均小于 1%,随机不确定度均小于 3%,5 个测点误差大于 5%,占总测点的8.1%,无误差大于 10% 的测点,整体误差情况见表 6.2-22。

表 6.2-22　　　　　　　　　　雷达波虚流量与断面流量误差表

公式	系统误差(%)	随机不确定度(%)	相关系数 R^2	偶然误差大于 5% 的个数	偶然误差大于 10% 的个数	最大偶然误差(%)
$Q=0.8264Q_雷-21.7$	-0.1	5.8	0.9976	5	0	-7.5
$Q=0.0000061448+0.78796Q_雷+19.8$	0	5.4	0.9977	5	0	-6.6

2)模型的验证

采用横江水文站随机抽样的 31 次实测雷达波流量资料与对应的流速仪推算流量对上节关系进行验证,验证情况见表 6.2-23 和表 6.2-24。验证期间的水流情况如下:验证资料水位变幅为 288.01~294.66m;验证流量变幅为 842~4820m³/s;比测期断面平均流速变幅为 1.69~3.30m/s。

表 6.2-23　　　　　　　　　　雷达波虚流量与断面流量线性关系验证

序号	测次号	时间 年-月-日	起时 分	止时 分	水位 (m)	雷达虚流量 (m³/s)	整编流量 (m³/s)	推算流量 (m³/s)	误差(%)
3	317	2019-09-09	5:50	6:06	288.01	1010	842	813	-3.4
6	539	2020-07-19	3:55	4:11	288.03	1040	852	838	-1.6
9	633	2020-08-14	0:25	0:41	288.09	1040	881	838	-4.9
12	445	2020-06-30	8:44	9:00	288.12	1130	896	912	1.8

序号	测次号	时间 年-月-日	起时 分	止时 分	水位 (m)	雷达虚 流量 (m³/s)	整编 流量 (m³/s)	推算 流量 (m³/s)	误差 (%)
15	277	2019-09-05	9:15	9:31	288.14	1100	906	887	−2.1
18	636	2020-08-14	8:00	8:16	288.2	1110	937	896	−4.4
21	528	2020-07-17	11:00	11:16	288.24	1170	958	945	−1.4
24	544	2020-07-20	8:00	8:16	288.25	1170	963	945	−1.9
27	683	2020-08-31	5:50	6:06	288.26	1270	968	1030	6.4
30	640	2020-08-14	14:06	14:22	288.27	1160	973	937	−3.7
33	689	2020-08-31	18:50	19:06	288.28	1260	979	1020	4.2
36	345	2019-09-11	5:39	5:56	288.36	1300	1020	1050	2.9
39	533	2020-07-18	0:05	0:21	288.4	1290	1040	1040	0
42	681	2020-08-31	2:00	2:16	288.48	1270	1090	1030	−5.5
45	663	2020-08-18	15:40	15:56	288.5	1330	1100	1080	−1.8
48	565	2020-07-26	6:05	6:21	288.54	1390	1120	1130	0.9
51	530	2020-07-17	11:55	12:12	288.56	1400	1130	1140	0.9
54	685	2020-08-31	9:50	10:06	288.6	1490	1160	1210	4.3
57	653	2020-8-17	7:09	7:22	288.64	1480	1180	1200	1.7
60	660	2020-08-18	8:00	8:16	288.72	1520	1230	1230	0
63	673	2020-08-24	17:51	18:04	288.85	1670	1310	1360	3.8
66	532	2020-07-17	18:52	19:08	288.94	1740	1370	1420	3.6
69	541	2020-07-19	8:00	8:16	289	1730	1400	1410	0.7
72	622	2020-08-13	8:00	8:16	289.09	1800	1460	1470	0.7
75	631	2020-08-13	19:40	19:56	289.52	2110	1770	1720	−2.8
78	627	2020-08-13	13:00	13:16	289.74	2430	1930	1990	3.1
81	650	2020-08-17	2:44	2:57	289.89	2540	2040	2080	2
84	630	2020-08-13	18:36	18:53	290.19	2730	2260	2230	−1.3
87	457	2020-07-01	2:00	2:16	291.28	3730	3120	3060	−1.9
90	454	2020-06-30	20:00	20:16	293.98	5440	4570	4470	−2.2
93	452	2020-06-30	17:12	17:28	294.76	5790	4820	4760	−1.2

表 6.2-24   雷达波虚流量与断面流量二次多项式关系验证表

序号	测次号	时间 年-月-日	起时 分	止时 分	水位 （m）	雷达虚 流量 （m³/s）	整编 流量 （m³/s）	推算 流量 （m³/s）	误差 （%）
3	317	2019-09-09	5:50	6:06	288.01	1010	842	822	−2.4
6	539	2020-07-19	3:55	4:11	288.03	1040	852	846	−0.7
9	633	2020-08-14	0:25	0:41	288.09	1040	881	846	−4.0
12	445	2020-06-30	8:44	9:00	288.12	1130	896	918	2.5
15	277	2019-09-05	9:15	9:31	288.14	1100	906	894	−1.3
18	636	2020-08-14	8:00	8:16	288.2	1110	937	902	−3.7
21	528	2020-07-17	11:00	11:16	288.24	1170	958	950	−0.8
24	544	2020-07-20	8:00	8:16	288.25	1170	963	950	−1.3
27	683	2020-08-31	5:50	6:06	288.26	1270	968	1030	6.4
30	640	2020-08-14	14:06	14:22	288.27	1160	973	942	−3.2
33	689	2020-08-31	18:50	19:06	288.28	1260	979	1020	4.2
36	345	2019-09-11	5:39	5:56	288.36	1300	1020	1050	2.9
39	533	2020-07-18	0:05	0:21	288.4	1290	1040	1050	1.0
42	681	2020-08-31	2:00	2:16	288.48	1270	1090	1030	−5.5
45	663	2020-08-18	15:40	15:56	288.5	1330	1100	1080	−1.8
48	565	2020-07-26	6:05	6:21	288.54	1390	1120	1130	0.9
51	530	2020-07-17	11:55	12:12	288.56	1400	1130	1140	0.9
54	685	2020-08-31	9:50	10:06	288.6	1490	1160	1210	4.3
57	653	2020-08-17	7:09	7:22	288.64	1480	1180	1200	1.7
60	660	2020-08-18	8:00	8:16	288.72	1520	1230	1230	0
63	673	2020-08-24	17:51	18:04	288.85	1670	1310	1350	3.1
66	532	2020-07-17	18:52	19:08	288.94	1740	1370	1410	2.9
69	541	2020-07-19	8:00	8:16	289	1730	1400	1400	0
72	622	2020-08-13	8:00	8:16	289.09	1800	1460	1460	0
75	631	2020-08-13	19:40	19:56	289.52	2110	1770	1710	−3.4
78	627	2020-08-13	13:00	13:16	289.74	2430	1930	1970	2.1
81	650	2020-08-17	2:44	2:57	289.89	2540	2040	2060	1.0
84	630	2020-08-13	18:36	18:53	290.19	2730	2260	2220	−1.8
87	457	2020-07-01	2:00	2:16	291.28	3730	3120	3040	−2.6
90	454	2020-06-30	20:00	20:16	293.98	5440	4570	4490	−1.8
93	452	2020-06-30	17:12	17:28	294.76	5790	4820	4790	−0.6

经过验证,无论是采用线性公式或二次多项式关系,雷达波虚流量与断面流量关系,系统误差均小于1%,随机不确定度均小于6%,2个测点误差大于5%,占总测点的6.5%,无误差大于10%的测点,见表6.2-25。

表6.2-25　　　　　　　　　　　　雷达波虚流量与断面流量误差验证表

公式	系统误差 (%)	随机不 确定度 (%)	偶然误差 大于5% 的个数	偶然误差 大于10% 的个数	最大偶 然误差 (%)
$Q=0.8264Q_雷-21.7$	−0.1	5.9	2	0	6.2
$Q=0.0000061448Q_雷^2+$ $0.78796Q_雷+19.8$	−0.1	5.6	2	0	6.5

采用线性公式或二次多项式关系误差均较小,两者误差差别不大,考虑后期使用方面,推荐使用线性公式$Q=0.8264Q_雷-21.7$作为横江站雷达波流量与断面流量的换算关系。

3)成果误差分析

采样上节分析的换算关系,对雷达波流量进行换算,采用换算后流量测点进行整编定线,与流速仪推流成果进行比较,径流误差见表6.2-26。

表6.2-26　　　　　　　　　　　　雷达波测流径流误差比较表

项目	月径流量(亿 m³)					年径流量 (亿 m³)	年最大流量 (m³/s)
	6月	7月	8月	9月	10月		
流速仪	2.27	4.59	4.58	4.12	0.18	15.82	4810
雷达波	2.23	4.51	4.58	4.10	0.17	15.67	4860
误差(%)	−1.7	−1.7	0	−0.5	5.6	−0.9	1.0

通过比较除10月因为水位超过288.00m的时段很少,超过288.00m以上的径流量仅0.18亿 m³,计算的相对误差较大外,其他月月径流量及年径流量误差均较小,雷达波测验推算流量精度较高。

（3）小结

①从雷达波所测流量系列资料看,中、低水误差相对较大,中、高水误差相对较小。中、低水应进一步加强分析,在流速0.5m³/s以上找到影响测验精度的不利因素,力求能在更大的范围内使用雷达波测流资料。

②同水位所测流量水位涨落率有密切关系,因此在水位涨落率快时,雷达流量需加强现场定线分析并按照绳套加密布点施测。

③启用率定公式后,应在每年中、高水分别与流速仪作比测验证,当雷达流量与线上流

量比值发生系统偏差,应进一步检验使用的率定关系是否改变。

④雷达波测流系统使用前应检查电池电压及其工况,双缆线是否平行均衡,尽量避免测时顺、逆风和强雷电。

6.2.7 崇阳站缆道雷达测流

6.2.7.1 崇阳站概况

内容同 6.2.2.1。

6.2.7.2 仪器安装

本次比测在崇阳(二)水文站安装一套在线遥控多探头雷达波数字测流系统,经过 2017 年 1 月 21 日现场信号测试情况,RG30 传感器安装于缆道行车下方 5m 处,采用太阳能供电,通过通信电台与站房内设备通信。按照功能来分,包含固定在缆道上的前端设备和后方的通信电台、测流软件两大部分。其中前端设备包含 RG30 传感器、RTU、锂电池、充电控制器、太阳能板、通信电台。其实现原理如下:

缆道式非接触测流系统由雷达波测流仪、数据采集传输系统、供电系统和测流软件等组成(图 6.2-56)。其工作原理为:非工作时段,雷达波测流仪、数据采集传输系统处于低功耗休眠状态;工作时,测流软件启动测流,经在 1s 内自动唤醒前方设备,开始逐垂线流速采集及传输;采集结束后,测流软件通过人工录入的水位或自动提取水位进行流量计算成果输出;测量结束,前方设备进入低功耗休眠状态。

图 6.2-56 探头安装现场示意图

6.2.7.3 比测方法

采用该水文站已投入正常运行的铅鱼测流缆道搭载流速仪与非接触流量测验系统同步进行流量测验比对。采集非接触流量测验系统安装运行后各级水位的流量。非接触流量测验系统根据设定的历时时间,采集垂线表面流速进行处理后,加权计算得出该垂线平均表面流速。断面垂线采集完毕,根据起始水位、结束水位以及大断面数据计算断面面积,从而得出断面虚流量。

6.2.7.4 比测试验结果分析

(1)比测试验结果

2022年4月13日至2023年5月6日共收集同步流量资料63组。比测期间,崇阳(二)站按连时序法布置流量测次,缆道流速仪微机测流系统与循环索式雷达测流系统流量测验同步进行,并根据不同水位级流量级加密测次,以满足比测分析要求。

2022年4月13日至2023年5月22日,比测期间水位变幅为51.03~54.93m,流量变幅72.9~1680m³/s,其中高水期4次,中水期32次,低水期21次,枯水期6次。

将同步收集的63组流量数据从小到大排列,分布抽取32组流量数据分析,当雷达虚流量大于100m³/s时,流速仪实测流量与循环索式雷达测流系统实测流量关系为线型函数关系,其关系式为 $y = 0.75x$,相关系数 $R^2 = 0.9985$。

将未参与率定的31组流量数据用作验证。采用雷达虚流量乘以流量系数后与流速仪实测流量比较,相对误差<5%的有28次,占总数的90%,系统误差为-0.4%,随机不确定度为7.4%,根据《水文资料整编规范》(SL/T 247—2020)定线精度要求:随机不确定度不应超过10%,系统误差不应超过±1%(崇阳水文站属于二类精度水文站)。由于雷达波测流方式为非接触测水面流速,类似于水面浮标法测流,因此,参考《水文资料整编规范》(SL/T247—2020)5.3.2 b"采用水面浮标法测流定线随机不确定度可增加2%~4%"条款,雷达波测量随机不确定度可增加2%~4%,即12%~14%,最大不超过14%,满足规范要求。验证表见表6.2-27。

表 6.2-27 雷达流量与流速仪流量关系验证表

序号	水位(m)	雷达流量(m³/s)	流速仪流量(m³/s)	偏差 P(%)
1	51.13	83.2	87.9	-5.4
2	17	92.2	94.5	-2.4
3	18	104	107	-2.8
4	22	109	114	-4.4
5	39	167	164	1.8
6	54	180	179	0.6
7	70	244	252	-3.2
8	76	237	246	-3.7
9	80	288	287	0.4

序号	水位(m)	雷达流量(m³/s)	流速仪流量(m³/s)	偏差 P(%)
10	83	282	290	−2.8
11	88	271	262	3.4
12	88	275	279	−1.4
13	90	278	274	1.5
14	52.05	418	409	2.2
15	06	346	352	−1.7
16	09	376	413	−9.0
17	10	329	325	1.2
18	12	393	382	2.9
19	21	228	224	1.8
20	31	346	339	2.1
21	32	542	517	4.8
22	36	488	546	−10.6
23	57	494	491	0.6
24	58	480	479	0.2
25	71	602	604	−0.3
26	74	576	569	1.2
27	53.12	618	635	−2.7
28	22	878	840	4.5
29	36	741	717	3.4
30	77	1240	1200	3.3
31	54.58	1530	1510	1.3

验证期间:水位变幅为 51.15~54.58m,流量变幅 87.9~1510m³/s,其中高水期 2 次,中水期 17 次,低水期 9 次,枯水期 3 次。验证期间高水样本较少,后续扩充样本后再做充分验证。

将 2022 年 4 月 13 日至 6 月 6 日同步雷达流量代替转子式流速仪同步流量,与其他未参与比测的实测流量一起组成流量样本,进行定线推流计算径流总量,与 2022 年全部采用转子式流速仪实测流量整编定线推流成果对比分析,1—10 月总径流量无差别,最大 1 日洪量相对误差为 1‰,最大 3 日洪量、最大 7 日洪量均无误差,见表 6.2-28。

表 6.2-28 　径流量对比分析 　（单位：亿 m³）

	1—10月径流量	最大1日洪量	最大3日洪量	最大7日洪量
雷达洪量	15.54	0.5028	1.204	1.738
转子式流量	15.54	0.5054	1.204	1.739
误差（%）	0	−1	0	0

（2）小结

①比测期间，将流速仪所测流量与循环索式雷达测流系统同步流量建立相关关系。抽取 32 组流量数据进行分析，初步确定雷达测流虚流量在 $100\sim2000$ m³/s 范围内，流量系数定为 0.75。

②将未参与率定的 31 组流量数据用作验证。采用雷达虚流量乘以流量系数后与流速仪实测流量比较，相对误差<5% 的有 28 次，占总数的 90%，系统误差为 −0.4%，随机不确定度为 7.4%，满足规范要求。

③通过比测分析，崇阳（二）水文站在雷达虚流量 $100\sim2260$ m³/s 投产使用循环索式雷达测流系统，流量系数定为 0.75。由于高水验证资料代表性不足，建议后期扩充样本，继续验证；超过比测范围，边比测边投产。

6.2.8　巫溪站缆道雷达测流

6.2.8.1　巫溪站基本概况

巫溪（二）水文站于 1972 年由四川省水文总站设立，1986 年 10 月以后由长江流域规划办公室接管，1989 年基本水尺下迁 40m，隶属长江水利委员会。巫溪（二）水文站位于重庆市巫溪县城厢镇北门坡 28 号，地理坐标为东经 $109°38'$，北纬 $31°24'$，集水面积 2001km²，为控制大宁河水情的流量二类、含沙量二类精度的水文站，属国家基本水文站，现有水位、流量、悬移质输沙率、降水、颗分等测验项目。

巫溪（二）水文站测验河段顺直长约 200m，上、下游均有急弯道。河床两岸为陡直石灰岩，河床中部由卵石夹沙组成，断面受冲淤影响有一定变化。其上游约 110m 处有北门沟大桥，下游约 100m 处有卵石滩，为该站的低水控制，高水由下游弯道控制。其下 160m 右岸有北门沟汇入，遇特大暴雨涨洪水时，受短暂顶托影响。水位—流量关系呈单一线形时，按水位级均匀布置测次，在年最大洪峰涨落水面适当增加测次；为非单一线形时，按水位变化过程布置测次，涨落水面及峰顶峰谷转折处合理分布测次，以满足整编定线要求。

巫溪（二）水文站历年单断沙关系为直线，较为稳定，测次主要布置在洪水期，其余时期可适当布置测点，使其均匀分布，以满足单—断沙关系整编定线为原则。具体情况见表 6.2-29 至表 6.2-32。

表 6.2-29 巫溪水文站基础信息表

<table>
<tr><td rowspan="7">基础信息</td><td>测站编码</td><td>60513820</td><td>集水面积</td><td>2001 km²</td><td>设站时间</td><td>1972.01</td></tr>
<tr><td>流 域</td><td>长 江</td><td>水 系</td><td>长江上游下段</td><td>河 流</td><td>大宁河</td></tr>
<tr><td>东 经</td><td colspan="2">109°38′40.8″</td><td>北 纬</td><td colspan="2">31°24′58.3″</td></tr>
<tr><td>测站地址</td><td colspan="5">重庆市巫溪县城厢镇北门坡 28 号</td></tr>
<tr><td>管理机构</td><td colspan="5">长江水利委员会水文局长江上游水文水资源勘测局</td></tr>
<tr><td>监测项目</td><td colspan="5">水位、流量、单位含沙量、悬移质输沙率、悬移质颗分、降水</td></tr>
<tr><td>水文测验方式、
方法及整编方法</td><td colspan="5">测验方式:驻巡结合;
流量测验方法:流速仪测法,全年为水文缆道铅鱼测验;
流量整编方法:临时曲线法;
输沙率整编方法:单一断沙关系曲线法</td></tr>
<tr><td rowspan="2">基础信息</td><td>测站位置特点</td><td colspan="5">本站为长江上游下段支流大宁河控制站,距离河口 72km;位于巫溪老县城
上游,巫溪北门大桥下游 150m 左右</td></tr>
<tr><td>测验河段特征</td><td colspan="5">测验河段顺直长约 200m,最大水面宽约 100m。河槽左、右两岸较陡为石
灰岩,断面上、下游均有一弯道,下游约 100m 处有卵石滩,为本站的低水
控制,高水由下游弯道控制。断面下游约 160m 右岸有北门沟汇入,河床
由卵石夹沙组成,断面受冲淤影响有一定变化。水位—流量关系表现为受
冲淤影响的临时曲线</td></tr>
<tr><td rowspan="4">测站沿革</td><td>设立或变动</td><td>发生年月</td><td>站名</td><td>站别</td><td>领导机关</td><td>说明</td></tr>
<tr><td>设立</td><td>1972 年 1 月</td><td>巫溪</td><td>水文</td><td>四川省水文总站</td><td>常年站</td></tr>
<tr><td></td><td>1986 年 10 月</td><td>巫溪</td><td>水文</td><td>长江流域规划办公室</td><td>常年站</td></tr>
<tr><td>下迁 40m</td><td>1989 年 1 月</td><td>巫溪(二)</td><td>水文</td><td>长江水利委员会</td><td>常年站</td></tr>
</table>

表 6.2-30 巫溪(二)站各水文要素特征值表(一)

最大流量 （m³/s）	最小流量 （m³/s）	最大断面 平均流速 （m/s）	最小断面 平均流速 （m/s）	最大点 流速 （m/s）	最大平 均水深 （m）	最小平 均水深 （m）	最大 水深 （m）
3440	5.81	4.67	0.31	6.23	5.90	0.23	6.90

表 6.2-31 巫溪(二)各水文要素特征值表(二)

最大 涨落率 （m/h）	最大 水面宽 （m）	最小 水面宽 （m）	常水位 水面宽 （m）	常水位 水深 （m）	最大 水位变幅 （m）	最大 含沙量 （kg/m³）
1	97.0	27.0	64	0.40	5.0	33.7

表 6.2-32 巫溪(二)站各水文要素特征值表(三)

保证率(%)	最高日	0.1	0.5	0.75	0.90	0.95	0.97	0.99
水位(m)	208.41	204.49	203.93	203.72	203.58	203.49	203.45	203.41
流量(m³/s)		108	28.4	18.9	13.7	10.3	9.95	9.64
含沙量(kg/m³)		0.067	0	0	0	0	0	0

巫溪站 206.20m 以下为低水水位,206.20～210.00m 为中水水位,210.00m 以上为高水水位。经过 2011—2021 年大断面的对比分析可以看出,水位为 204.50m 以上时断面形状无明显改变,断面由坚固岩石组成。当遇特大暴雨涨洪水时,两岸岸坡均为石灰岩,河床为宽浅型,由卵石夹沙组成,断面受冲淤影响有一定变化。主要变化时段为汛期 5—10 月。变化较大在起点距为 20～50m 时,最大变化幅度在 0.8m 以内,起点距在 50～90m 时变化幅度较小,在 0.4m 以内。大断面比较见图 6.2-57。

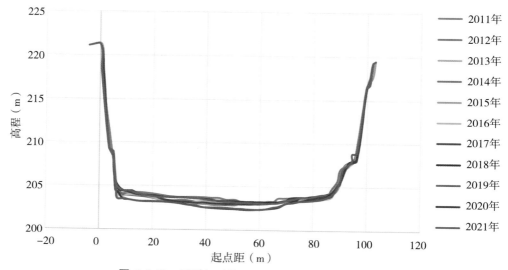

图 6.2-57 巫溪(二)站 2011—2021 年大断面比较图

巫溪(二)站多年水位—流量关系线为单一曲线,低水受断面冲淤稍有影响,总体呈现比较稳定的水位—流量关系。2021 年巫溪水位—流量关系见图 6.2-58。

巫溪水文站常规测流方案为在起点距 9.0m、15.0m、21.0m、27.0m、39.0m、51.0m、67.0m、75.0m、83.0m、91.0m 按 5～10 线二点法、测速历时 100s 或 60s 施测测点流速。涨落快时,可采用一点法(相对位置 0.2),但还是优先采用二点法。由于大宁河为山溪性河流,河水陡涨陡落,测量时间紧张,涨水时满河都是树木、杂草等漂浮物,流速仪极易损坏,导致测流失败。满河的漂浮物使浮标不易分辨,浮标测流难以实现。

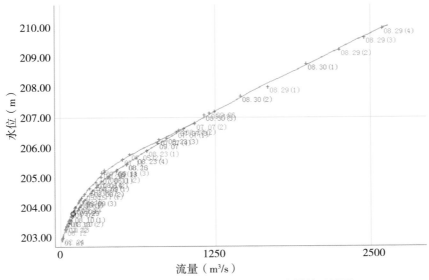

图 6.2-58　巫溪(二)站 2021 年水位—流量关系线图

6.2.8.2　仪器设备情况

（1）系统工作原理

巫溪(二)水文站雷达波测流系统利用钢丝绳作缆道导轨,雷达测速控制器接收到运行指令后驱动自动行车搭载流速传感器在轨绳上运行,停留在逐条测流垂线位置上,测量垂线表面流速,测完所有垂线后自动返回停泊点进行充电。所测流速和水位数据通过电台发送到测流控制器(RTU),经过计算得到流量。所有数据经 GPRS 模块发送到数据处理平台(远端服务器),不需要人工操作。

用户通过网页形式访问服务器,查看最终数据,根据测站情况设置断面数据、测流点位、测流时间、水位变化涨落、自动加测幅度和间隔,根据时间导出流量计算结果表等报表。巫溪(二)站雷达波测流系统安装实景见图 6.2-59。

图 6.2-59　巫溪(二)水文站雷达波测流系统安装实景

（2）系统设备组成

巫溪（二）站雷达波测流系统外部设备由行车缆道、流速传感器、自动行车、测流控制器、太阳能供电系统和水位计组成（图6.2-60、图6.2-61）。

（a）　　　　　　　　　　　　　　　　（b）

图6.2-60　雷达运行小车

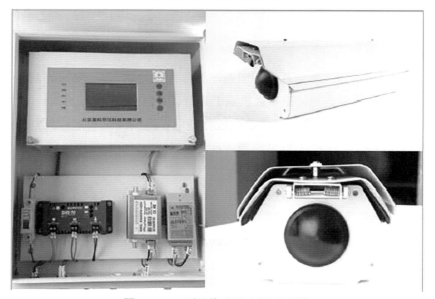

图6.2-61　测流传感器、测流控制器

测流传感器（Stalker S3 SVR）主要技术参数如下：

测速范围：0.20～18.00m/s；

测速精度：±0.03m/s；

数据接口：RS232；

采集周期：213.3ms；

输出信息：回波强度、瞬时流速、平均流速、测速历时；

供电电压：9～30VDC（过压保护、反接保护）；

工作电流：300mA(12VDC)；

波束宽度：12°；

微波功率：50MW；

微波频率：34.7GHz(Ka波段)；

最大测程：＞100m；

工作温度：－30～70℃；

防护等级：IP67；

物理规格：直径6.7cm×长11.8cm，铸铝外壳，重600g。

（3）系统特点

①可全自动采集和计算，可远程操控测流和下载数据，测验成果实时在线，不需要到现场操作。

②传感器型非接触测流系统，全天候，雨天、夜间可正常测流。24V、8Ah专用电池组供电，可连续运行3h以上，且有电量保护装置，当电量不足时自动回泊进行充电。

③测流、无线传输、流量测验数据库管理和水文站业务处理于一体。系统组件模块化，运行、维护方便快捷。

④系统可以根据水位变化和断面信息自行调整测流垂线数。

⑤具有多种测流模式：按预设时间间隔定时测流、按预设水位变幅加测测流、远程操作监控软件启动测流和现场操作测流控制器启动测流。

⑥后台中心水文站软件功能强大，每次测完流量后，系统将测流数据传输至后台中心水文站软件平台进行后处理，中心软件可对水位、断面等参数进行重新设置和计算，按照水文规范要求生成流量记载表、月报表、整编等表项，直接下载使用十分方便。

6.2.8.3　比测试验结果分析

（1）资料收集情况

巫溪站雷达波测流系统于2019年11月安装，经过调试（包括测试、接入匹配自记水位、调整轨道高度、率定参数、搭建数据平台等）后，于2020年5月可正常采集收集数据，正式进行适用性运行。雷达波测流系统安装在巫溪基本水尺断面下游10m处，钢绳轨道平行于基本水尺断面，采集终端安装于巫溪站房内，数据服务器搭建在万州水情分中心，现场测量数据通过网络传至水情中心服务器。雷达波测流系统比测期间采用预设定时、水位涨落加测、人工指令加测等多种测量方式，在2020年5月1日至2021年10月21日期间，收集到有效雷达波测流流量1530次，测量水位范围为202.50～209.98m，覆盖到2020年5月至2021年10月期间水位变幅的99％，收集到2020年6月、7月和2021年7月、8月4次较大洪水过程流量，比测期间巫溪站流速仪实测流量98次，其中收集到与雷达波同步比测的有效测次66次。

（2）比测分析

雷达波测流系统所测流速为断面表面流速，为满足后期雷达波测流系统测验资料的投产应用，需要建立雷达波测流系统测验资料与流速仪测验资料的关系。由于巫溪站雷达波测流系统测验与人工流速仪测验无法完全同步，本次采取以单次实测流速仪流量时间期间的所有雷达波流量进行平均处理，以同时间内的雷达波平均流量作为与实测流量的比测流量，本次共收集到同时间实测流量 66 次。

在 66 次同步比测资料中，剔除 16 次受断面下切影响大的低水（204.00m 以下）测次，剩余 50 次比测资料作为本次关系率定模型建立和验证的样本。按所测得水位变幅均匀挑选出 40 次比测资料作为率定模型样本，剩余 10 次比测资料作为验证样本。

1）模型的建立

采用巫溪站 40 次实测雷达波流量资料与对应的实测流量建立关系。率定期间的水流情况如下：率定时间为 2020 年 5 月 1 日至 2021 年 10 月 21 日；比测水位变幅为 204.01～209.96m；比测流量变幅为 149～2590m³/s。

根据样本数据建立相关关系，经过回归分析，多项式相关关系较好，确定的关系式为 $Q_实＝0.00007Q_雷^2＋0.7058Q_雷＋9.296$，率定结果及误差分析见表 6.2-33 和图 6.2-62 至图 6.2-64。

表 6.2-33　　　　　雷达波流量与实测流量多项式关系率定表

序号	施测时间			基本水尺水位（m）	雷达波流量(m³/s)	实测流量（m³/s）	率定流量（m³/s）	误差（%）
	年-月-日	起	止					
		时:分	时:分					
1	2020-06-12	1:06	2:08	206.89	1077	827	851	2.9
2	2020-06-12	8:33	9:28	205.94	614	496	469	−5.4
3	2020-06-12	13:46	14:57	208.83	2050	1700	1750	2.9
4	2020-06-12	16:03	17:09	208.21	1625	1390	1341	−3.5
5	2020-07-15	9:26	10:26	207.78	1585	1220	1304	6.9
6	2020-07-15	12:32	13:38	208.89	2100	1740	1800	3.4
7	2020-07-15	21:52	22:52	207.48	1430	1080	1162	7.6
8	2020-07-16	9:23	10:27	207.88	1615	1270	1332	4.9
9	2020-07-22	10:01	11:02	207.15	1230	935	983	5.1
10	2020-08-21	23:23	0:18	205.22	384	326	291	−10.7
11	2021-05-03	16:12	17:02	204.18	184	143	141	−1.4
12	2021-05-15	17:16	18:11	204.46	254	189	193	2.1
13	2021-06-18	17:12	18:07	204.33	240	166	183	10.2
14	2021-07-05	17:20	18:14	205.25	524	352	399	13.4

续表

序号	施测时间			基本水尺水位（m）	雷达波流量（m³/s）	实测流量（m³/s）	率定流量（m³/s）	误差（%）
	年-月-日	起	止					
		时:分	时:分					
15	2021-07-06	9:52	10:47	205.02	447	324	339	4.6
16	2021-07-06	13:02	13:58	204.85	391	281	296	5.3
17	2021-07-07	14:07	15:04	206.58	1130	953	896	−6.0
18	2021-07-7	16:37	17:34	206.27	990	792	777	−1.9
19	2021-07-08	9:36	10:42	204.65	327	234	248	6.0
20	2021-07-10	17:07	18:03	205.18	516	352	392	11.4
21	2021-08-09	14:12	15:09	204.76	360	296	272	−8.1
22	2021-08-09	17:11	18:09	204.57	318	251	241	−4.0
23	2021-08-09	22:23	23:21	204.26	239	189	182	−3.7
24	2021-08-11	19:01	19:58	205.26	598	455	457	0.4
25	2021-08-12	22:21	23:21	204.08	224	159	171	7.5
26	2021-08-13	17:11	18:11	205.46	676	533	518	−2.8
27	2021-08-14	8:18	9:19	204.88	443	324	335	3.4
28	2021-08-23	10:06	11:06	205.9	876	694	682	−1.7
29	2021-08-23	12:02	13:07	206.62	1273	993	1022	2.9
30	2021-08-23	16:01	17:02	206.32	1060	852	836	−1.9
31	2021-08-23	23:06	0:04	205.66	737	608	567	−6.7
32	2021-08-29	9:16	10:32	209.24	2663	2250	2385	6.0
33	2021-08-29	12:37	13:47	209.64	2780	2450	2512	2.5
34	2021-08-29	16:31	17:28	209.96	2757	2590	2487	−4.0
35	2021-08-30	0:51	1:57	208.77	2150	1980	1850	−6.6
36	2021-08-30	11:26	12:24	207.07	1285	1160	1032	−11.0
37	2021-09-04	10:32	11:36	204.7	385	286	291	1.7
38	2021-09-07	9:11	10:13	206.16	982	782	770	−1.5
39	2021-09-10	10:23	11:24	204.01	203	149	155	4.0
40	2021-09-19	9:46	10:46	207.13	1545	1200	1267	5.6

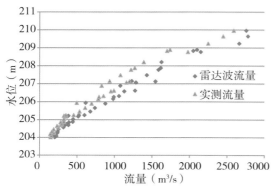

图 6.2-62　水位与雷达波流量/实测流量点绘图

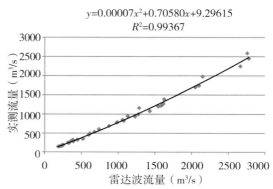

图 6.2-63　雷达波流量与实测流量多项式关系图

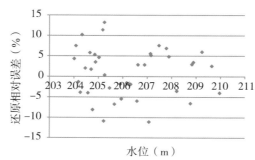

图 6.2-64　雷达波流量还原误差分布图

经过分析,采用多项式公式拟合,雷达波流量与实测流量建立相关关系,系统误差为1.0%,最大偶然误差为 13.2%,随机不确定度为 11.8%,误差大于 10% 的测点 4 次(占10%),误差没有大于 15% 的测点,整体误差情况见表 6.2-34。

表 6.2-34　　　　　　　　　　　　雷达波流量与实测流量相关关系率定误差

公式	系统误差(%)	随机不确定度(%)	相关系数 R^2	偶然误差大于15%的个数	偶然误差大于10%的个数	最大偶然误差(%)
$Q=0.00006Q^2+0.723Q_雷+13.7$	1.0	11.8	0.9937	0	4	13.2

2)模型的验证

在收集到的 50 次雷达波流量数据中除去模型率定选定的 40 次样本,剩余 10 次实测雷达波流量资料对模型率定的相关关系进行检验。验证情况见表 6.2-35 和图 6.2-65,验证期间的水流情况如下:验证资料水位变幅为 204.21~209.40m,验证流量变幅为 180~2010m^3/s。

表 6.2-35　　　　　　　　　　　　雷达波流量与实测流量多项式关系验证

序号	施测时间			基本水尺水位(m)	雷达波流量(m³/s)	实测流量(m³/s)	率定流量(m³/s)	误差(%)
	年-月-日	起	止					
		时:分	时:分					
1	2020-06-17	18:16	19:08	206.32	764	626	589	−5.9
2	2020-07-17	9:46	10:49	208.38	1865	1480	1569	6.0
3	2020-07-17	11:48	12:54	209.4	2330	2010	2034	1.2
4	2020-08-21	9:54	10:57	204.87	273	197	207	5.1
5	2021-07-05	21:27	22:23	205.78	767	556	592	6.5
6	2021-07-07	11:22	12:23	206.8	1230	1080	983	−9.0
7	2021-07-11	12:47	13:46	204.61	681	500	522	4.4
8	2021-08-30	6:46	7:49	207.7	1617	1450	1333	−8.1
9	2021-09-18	23:21	0:21	205.22	590	449	450	0.2
10	2021-10-11	15:23	16:23	204.21	253	180	192	6.7

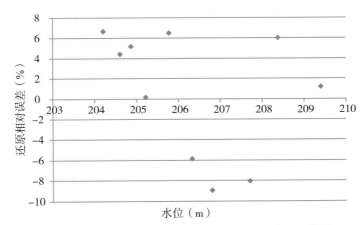

图 6.2-65　雷达波流量与实测流量相关关系验证误差图

经过验证,采用率定的多项式公式,10 次雷达波流量经相关关系推算流量与实测流量误差统计,系统误差为 0.7%,随机不确定度均为 12.4%,最大偶然误差为 −9.0%,偶然误差全部小于 10%(表 6.2-36)。

表 6.2-36　　　　　　　　　　　　多项式关系验证误差表

公式	系统误差(%)	随机不确定度(%)	偶然误差大于10%的个数	最大偶然误差(%)
$Q=0.00007Q_雷^2+0.7058Q_雷+9.296$	0.7	12.4	0	−9.0

3）成果误差分析

将 2021 年所有参与比测的实测流量,用雷达波流量经模型率定的还原流量代替,与其他未参与比测的实测流量一起组成流量样本,进行定线推流,计算日平均流量和径流总量,与 2021 年全部采用实测流量整编定线推流成果对比分析,两种定线方法径流对比分析见表 6.2-37,水位流量关系线见图 6.2-66 和图 6.2-67。

表 6.2-37　　　　　　　　两种定线方法径流对比分析

2021 年径流量(亿 m³)		绝对误差	相对误差
全实测定线方案	实测流量＋雷达波还原定线方案	(亿 m³)	(％)
27.97	27.92	−0.05	0.18

对比两种流量数据绘制的水位流量关系线,206m 以下定线差异不大,比较明显的区别是 206m 以上全部采用实测点所定线为单一线,采用实测流量＋雷达波还原流量定出的是带宽较小的绳套。从巫溪站山溪性河流特性可以判断,陡涨时出现绳套是正常客观情况,只因涨落过快,传统的流速仪测法一次流量耗时长,测次不够,来不及测出绳套过程,因此根据实测流量定为单一曲线;而雷达波一次测流只需要几分钟,能反映洪水的瞬时变化过程,从理论上说更能反映流量变化的真实情况。

从径流对比来看,采用实测＋雷达波还原定线推算的径流仅比采用传统全实测定线推流成果小 0.05 亿 m³,相对误差仅为 0.18％,满足定线推流要求。

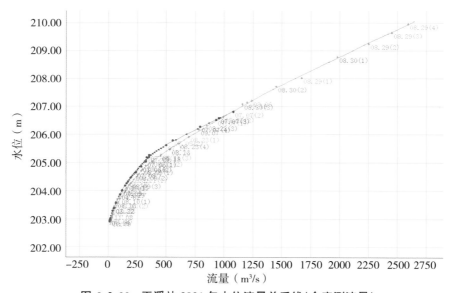

图 6.2-66　巫溪站 2021 年水位流量关系线(全实测流量)

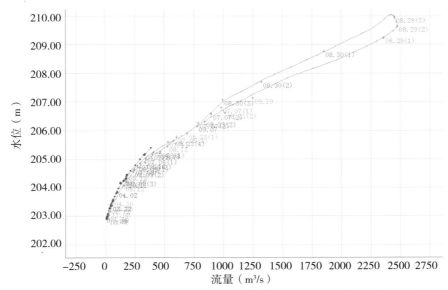

图 6.2-67　巫溪站 2021 年水位流量关系线（实测流量＋雷达波还原流量）

（3）小结

①雷达流速仪能够自动完成测流断面各设定垂线水面流速的监测，是解决巫溪水文站中高水流量自动测验的较好方案。

②收集到同时间内的雷达波平均流量与实测流量的比测资料 66 次，其中相应水位低于204.00m 以下相关关系差，选取相应水位 204.00m 以上 40 次同步流量建立模型，另选 10次作为验证。雷达波流量与实测流量建立关系，两者关系良好，系统误差小于±1%，随机不确定度不超过 13%，验证样本还原误差也满足规范要求。

③采用雷达波流量经模型率定的还原流量代替同步比测的实测流量进行定线推流，计算的年径流总量与传统流速仪实测定线推流径流总量仅相对误差仅为 0.18%，满足定线推流要求。

④雷达波测流系统建议在水位 204.00m—210.00m 范围内投产使用，推荐使用公式$Q_实＝0.00007Q_雷^2＋0.7058Q_雷＋9.296$ 作为巫溪站雷达波流量与实测流量的换算关系。

6.2.9　寸滩站侧扫雷达测流技术

6.2.9.1　寸滩站概况

寸滩水文站是长江上游干流控制站，为国家基本水文站，建于 1939 年 2 月，位于重庆市江北区寸滩街道三家滩，测站编码 60105400，地理坐标东经 106°36′，北纬 29°37′，集水面积866559km²，距河口距离 2495km。寸滩站控制着岷江、沱江、嘉陵江及赤水河各主要支流汇入长江后的基本水情。

测验河段位于长江与嘉陵江汇合口下游约 7.5km 处，河段较顺直，长约 2.3km，断面最大水面宽约 823m。左岸较陡，基本为自然坡面，地物较少；右岸为卵石滩，171m 以上有竖直高约 11m 的堡坎。断面左岸上游 550m 处有砂帽石梁起挑水作用,下游 1.5km 急弯处有猪脑滩为低水控制,再下游 8km 有铜锣峡起高水控制。河床为倒坡,中泓偏左岸,河床左岸为沙土岩石,中部及右岸由卵石组成,断面基本稳定。河岸无较大植物生长,对水文测验基本无影响(图 6.2-68)。洪水期波浪较大、漂浮物较多,易造成 ADCP 部分测流数据缺失以及仪器损坏。

每年 5—10 月为主汛期,水沙变化较大。7—8 月长江上游干流来水频繁,部分年份受长江一级支流来水影响较大,沙量变化亦较大。断面河床为卵石河床,冲淤变化较小。寸滩站下游约 600km 有三峡电站,水位—流量关系受三峡水库调蓄影响,三峡坝前水位达到 152m(吴淞基面)时,水位—流量关系受三峡回水顶托影响,关系较紊乱,采用连时序法整编定线;其他时期,水位—流量关系多数较单一,洪水涨落率较大时受洪水涨落影响有绳套曲线。

寸滩水文站基本断面为"U"形断面,为通航河段,船舶过往频繁,且断面上、下游长期存在抛锚船舶。最大水面宽大于 823m,水位变幅 33m(159～192m 吴淞高程),实测最大流量 85700m³/s(1981 年 7 月),实测最高水位 191.62m,最大流速大于 4.32m/s(走航式 ADCP)。

图 6.2-68　寸滩站河段形势图

6.2.9.2　仪器设备情况

寸滩水文站安装的侧扫雷达是 Ridar—800 型在线雷达测流系统,组件包括 2 组发射天线、6 组接收天线、1 个综合机箱、8 根馈线电缆、1 个支撑架及 1 套供电线缆、1 组锂电池、1 块 200W 太阳能电池板、1 个充电控制器。

Ridar—800 型在线雷达测流系统的工作原理为:侧扫雷达采用非接触式雷达技术,对以雷达天线为圆心的 120°扇形范围内的河流表面流场、网格点流速进行连续监测,并提供网格数据服务,通过水位、过流面积、断面表面流速比的数据交换,完成流量数据网格合成,实现全天候、连续自动河流流量监测(图 6.2-69 至图 6.2-71)。

图 6.2-69 雷达波发射范围内流场分布示意图

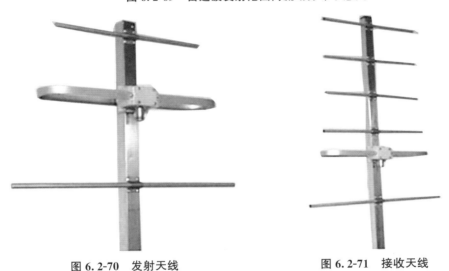

图 6.2-70 发射天线   图 6.2-71 接收天线

(1)技术参数

Ridar-800 型在线雷达测流系统的主要性能指标如下：

探测河面宽度：＞800m；

测速范围：0.05～20m/s；

测速误差(均方根误差)：≤0.01m/s；

速度分辨率：≤0.01m/s；

环境适应性：工作温度(室外)－40～50℃,储存温度－50～60℃,海拔高度≤5000m；

安装要求：天线水平方向距水面 30m 以内,天线垂直方向,高出水面 15～35m,朝向河面视角,大于±45°；

环境要求：最小河宽为 30m、最大河宽为 800～1000m,流速为 0.05～20m/s,水深最小为 15cm,水波纹高度最小为 2～3cm。

（2）安装位置的选择

寸滩水文站测流断面与基本水尺断面重合，三峡电站运行以来，最大水位变幅大于33m，最大水面宽823m。经现场查勘，选定仪器安装位置于水文上游局机关大楼临河侧的平台边缘，天线安装角度使扇面中心线垂直于平台边缘，天线发射扇形面圆心角为120°。Ridar—800型在线测流系统计算流量采用的断面方位角为172°01′55″，寸滩水文站测验断面方位角为170°24′49″。两断面基本平行，侧扫雷达断面线位于寸滩站测验断面下游，左岸间距89.9m，右岸间距78.3m，平均间距约84m（图6.2-72、图6.2-73）。

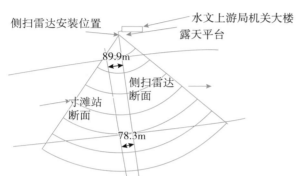

图 6.2-72　寸滩站雷达测流系统安装平面示意图

图 6.2-73　寸滩站雷达测流系统实景图

6.2.9.3　比测试验结果分析

（1）数据采集

侧扫雷达通过发射雷达波，作用在水体表面，利用布拉格效应收集到照射区域内所有物体运动速度，通过滤波、能量分析、方向判断等手段剔除区域内水体以外的其他流速数据，再以不同半径划定区块，计算区块内的平均流速，代表该区块对应的断面位置（起点距）上水体的表面流速。

（2）比测分析

1）雷达流量与实测流量对比分析

对侧扫雷达断面进行大断面施测，在侧扫雷达数据中找到与寸滩站流量施测时间（开始、结束）最接近时刻的两组数据，采用侧扫雷达流速数据，计算侧扫雷达断面开始流量、结束流量，取平均值与寸滩站实测流量进行相关分析。系统误差为0.3%，随机不确定度12.5%（标准差计算公式：$S_e = [\frac{1}{n-2}\sum(\frac{Q_i - Q_{ci}}{Q_{ci}})^2]^{1/2}$，随机不确定度计算公式：$X'_Q = 2S_e$）（图6.2-74）。

2）中泓多线及最大流速与断面平均流速的对比分析

三峡水库正常蓄水以来，每年10月以后至次年5月之前，寸滩站受三峡水库蓄水顶托影响，断面流速较小，河段内水流平稳，表面波浪较小。考虑侧扫雷达流速测量精度受限于水体表面波浪大小,故样本系列采用寸滩断面流速较大时期(2020 年 8—10 月、2021 年 5—6 月),在不同流量级,随机挑选 30～40 次流量,计算实测流量平均时间,找到与该时间最接近的侧扫雷达数据,分别提取中泓 8 线、6 线、4 线流速平均值或最大垂线流速与寸滩站实测流量断面平均流速进行相关分析(图 6.2-75 和表 6.2-38)。

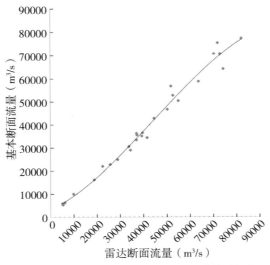

图 6.2-74　雷达断面与基本断面流量相关图

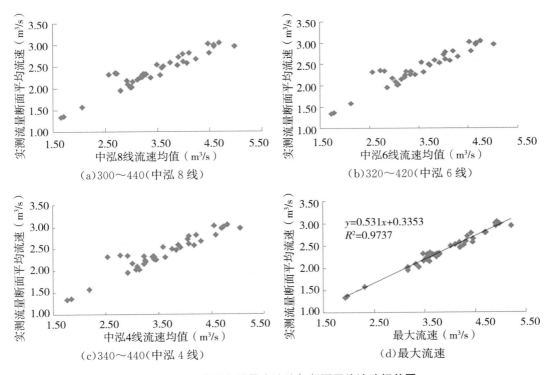

图 6.2-75　中泓多线最大流速与断面平均流速相关图

表 6.2-38　雷达断面与基本断面流量误差分析表

年份	测次	寸滩站流量成果						侧扫雷达断面流量计算成果			误差分析	
		月份	日期	开始时间	结束时间	水位 (m)	流量 (m³/s)	开始时刻流量 (m³/s)	结束时刻流量 (m³/s)	平均流量 (m³/s)	线上流量 (m³/s)	误差 (%)
2020年	85	8	9	17:55	18:07	173.27	29000	34600	34300	29000	30900	6.6
	87		11	10:00	10:23	171.05	22800	25400	26000	22800	22800	0
	89		13	6:40	6:55	174.98	34400	41300	41900	34400	38700	12.5
	93		15	9:40	10:17	182.71	52800	53700	51700	52800	51300	−2.8
	94		16	8:27	9:02	180.52	46700	50800	49800	46700	48600	4.1
	95		17	14:51	15:33	181.52	50500	54700	55500	50500	54000	6.9
	96		18	7:14	7:33	184.65	58900	64000	63700	58900	62600	6.3
	97			17:27	18:03	186.82	64300	73100	75600	64300	71100	10.6
	98		19	6:40	6:59	188.74	70700	72900	73000	70700	70100	−0.8
	99			18:13	18:27	190.57	75400	72100	72000	75400	69400	−8.0
	100		20	7:44	8:19	191.56	77400	80800	83700	77400	76900	−0.6
	101			17:25	19:30	190.80	70700	71100	69600	70700	68200	−3.5
	102		21	8:40	9:01	187.58	56800	54400	49500	56800	50400	−11.3
	103			18:33	18:55	183.82	42800	45100	44100	42800	42100	−1.6
	104		22	7:44	9:29	180.42	36300	36700	37200	36300	33600	−7.4
	105		23	8:43	8:59	179.03	35600	39100	35200	35600	33800	−5.1
	106		24	11:46	12:01	178.16	35100	39100	39500	35100	36100	2.8
	109		27	8:34	9:02	177.10	33400	37300	36600	33400	33600	0.6
	115	9	2	8:38	9:10	176.52	36500	39900	39300	36500	36400	−0.3

续表

年份	测次	月份	日期	开始时间	结束时间	水位(m)	流量(m³/s)	开始时刻流量(m³/s)	结束时刻流量(m³/s)	平均流量(m³/s)	线上流量(m³/s)	误差(%)
	119		7	8:26	8:39	167.61	16200	18600	19000	16200	17300	6.8
	126		16	8:52	9:23	171.23	24900	28100	29700	24900	25600	2.8
	127		17	9:32	9:46	173.58	30600	34500	33000	30600	30300	-1
	139	10	9	10:36	10:59	176.24	22000	22200	22600	22000	20100	-8.6
	146	11	9	9:38	9:58	174.98	10000	9770	10000	10000	10200	2.0
	151	12	4	12:42	13:07	174.20	5870	5070	5210	5870	5310	-9.5
2021年	1	1	1	8:26	8:40	173.10	6270	6210	6150	6270	6510	3.8
	3		8	9:03	9:16	171.80	5350	5360	5330	5350	5550	3.7
										系统误差(%)		0.3
										随机不确定度(%)		12.5

图 6.2-39 中泓多线及最大流速与断面平均流速相关图及误差分析

| 年份 | 寸滩站实测流量成果 | | | | | | 侧扫雷达相关数据 | | | | 误差分析 | |
	测次	月份	日期	水位 (m)	流量 (m³/s)	平均流速 (m/s)	中泓8线 流速均值 (300~440m)	中泓6线 流速均值 (320~420m)	中泓4线 流速均值 (340~400m)	最大流速 (m/s)	最大流速 归线计算	误差 (%)
2020年	85	8	9	173.27	29000	2.50	3.61	3.70	3.76	4.01	2.46	−1.6
	87	8	11	171.05	22800	2.32	3.22	3.33	3.42	3.79	2.35	1.3
	89	8	13	174.98	34400	2.67	4.24	4.29	4.31	4.46	2.70	1.1
	93	8	15	182.71	52800	2.79	3.99	4.04	4.08	4.42	2.68	−3.9
	94	8	16	180.52	46700	2.72	3.91	4.00	4.06	4.35	2.65	−2.6
	95	8	17	181.52	50500	2.81	4.49	4.56	4.59	4.69	2.83	0.7
	96	8	18	184.62	58900	2.96	4.58	4.65	4.70	4.91	2.94	−0.7
	97	8	18	186.82	64300	2.96	4.98	5.02	5.05	5.21	3.10	4.7
	98	8	19	188.74	70700	3.05	4.68	4.75	4.81	4.93	2.95	−3.3
	99	8	19	190.57	75400	3.02	4.47	4.53	4.56	4.90	2.94	−2.6
	100	8	20	191.56	77400	3.00	4.58	4.67	4.74	4.98	2.98	−0.7
	101	8	20	190.80	70700	2.81	4.11	4.19	4.22	4.71	2.84	1.1
	102	8	21	187.58	56800	2.54	3.49	3.55	3.59	4.11	2.52	−0.8
	103	8	21	183.82	42800	2.24	3.17	3.22	3.25	3.53	2.21	−1.3
	104	8	22	180.42	36300	2.20	3.12	3.21	3.26	3.54	2.22	0.9
	105	8	23	179.03	35600	2.25	3.37	3.43	3.46	3.59	2.24	−0.4
	106	8	24	178.16	35100	2.31	3.55	3.60	3.63	3.70	2.30	−0.4
	109	8	27	177.10	33400	2.32	3.28	3.34	3.39	3.66	2.28	−1.7
	110	8	28	174.18	25300	2.09	2.94	3.03	3.10	3.33	2.10	0.5
	112	8	31	170.77	20700	2.17	2.92	2.97	3.01	3.48	2.18	0.5
	115	9	2	176.52	36500	2.61	4.00	4.04	4.08	4.32	2.63	0.8
	117	9	4	170.64	20300	2.15	3.03	3.15	3.23	3.60	2.25	4.7

续表

年份	测次	月份	日期	寸滩站实测流量成果 水位(m)	流量(m³/s)	平均流速(m/s)	侧扫雷达相关数据 中泓8线流速均值(300~440m)	中泓6线流速均值(320~420m)	中泓4线流速均值(340~400m)	最大流速(m/s)	误差分析 最大流速归线计算	误差(%)
	119	9	7	167.61	16200	2.26	3.21	3.33	3.42	3.73	2.32	2.7
	126	9	16	171.23	24900	2.53	3.89	3.92	3.92	4.27	2.60	2.8
	127	9	17	173.58	30600	2.59	3.75	3.82	3.88	4.19	2.56	-1.2
	135	10	2	173.86	20300	1.95	2.80	2.86	2.92	3.17	2.02	3.6
	139	10	9	176.24	22000	1.58	2.06	2.12	2.18	2.31	1.56	-1.3
	141	10	14	174.68	17200	1.37	1.71	1.78	1.84	1.97	1.38	0.7
	142	10	19	175.40	17700	1.34	1.66	1.72	1.76	1.93	1.36	1.5
2021年	31	5	3	162.81	7920	2.03	3.01	3.08	3.14	3.17	2.02	-0.5
	33	5	10	162.66	7750	2.02	2.99	3.06	3.08	3.39	2.14	5.9
	37	5	20	161.90	7580	2.32	2.57	2.56	2.54	3.55	2.22	-4.3
	39	5	31	161.50	7210	2.35	2.70	2.72	2.78	3.61	2.25	-4.3
	40	6	9	160.17	5540	2.33	3.24	3.24	3.23	3.47	2.18	-6.4
	42	6	18	164.84	13600	2.58	4.07	4.13	4.18	4.45	2.70	4.7
	45	6	21	165.70	13800	2.34	2.73	2.80	2.92	3.78	2.34	0.0
	48	6	27	164.11	11900	2.47	3.58	3.72	3.84	4.20	2.57	4.0
	50	6	29	165.20	14600	2.33	3.28	3.34	3.41	3.74	2.32	-0.4
											系统误差(%)	-0.1
											随机不确定度(%)	5.6

表 6.2-40　　　　　雷达最大流速与寸滩站断面平均流速相关分析验证计算表

| 年份 | 测次 | 寸滩站实测流量(m³/s) | | | | 侧扫雷达 | | 误差分析 |
		月份	日期	水位(m)	流量(m³/s)	平均流速(m/s)	最大流速(m/s)	归线计算	误差(%)
2020 年	86	8	10	173.65	29300	2.46	3.90	2.41	−2.0
	88	8	12	170.60	22800	2.40	3.79	2.35	−2.1
	90	8	12	177.36	41900	2.83	4.25	2.59	−8.5
	91	8	14	181.55	52700	3.06	4.96	2.97	−2.9
	92	8	14	183.82	57600	2.98	4.90	2.94	−1.3
	107	8	25	183.42	37600	2.44	4.02	2.47	1.2
	108	8	26	183.98	39200	2.48	4.01	2.46	−0.8
	111	8	30	171.99	22600	2.19	3.63	2.26	3.2
	113	9	1	172.86	29200	2.63	4.08	2.50	−4.9
	114	9	1	175.86	36500	2.68	4.34	2.64	−1.5
	116	9	3	174.30	28900	2.35	3.77	2.34	−0.4
	118	9	6	168.18	16400	2.15	3.60	2.25	4.7
	120	9	8	169.48	20400	2.38	4.00	2.46	3.4
	121	9	9	168.70	18700	2.34	3.93	2.42	3.4
	122	9	10	167.72	17300	2.38	4.00	2.46	3.4
	123	9	11	168.61	19600	2.47	4.13	2.53	2.4
	124	9	12	169.43	20200	2.37	3.94	2.43	2.5
	125	9	14	169.05	20000	2.43	4.06	2.49	2.5
	128	9	18	174.63	32500	2.60	4.18	2.55	−1.9
	129	9	19	175.28	33500	2.56	4.31	2.62	2.3
	130	9	21	171.88	23500	2.26	3.63	2.26	0
	131	9	23	170.67	21100	2.23	3.48	2.18	−2.2
	132	9	25	169.63	19000	2.18	3.47	2.18	0
	133	9	28	171.59	24100	2.36	3.84	2.37	0.4
	134	9	30	171.95	23300	2.22	3.58	2.24	0.9
	136	10	3	171.74	16500	1.60	2.40	1.61	0.6
	137	10	5	174.39	19500	1.59	2.30	1.56	−1.9
	138	10	7	175.40	20100	1.52	2.21	1.51	−0.7
	140	10	11	175.38	17800	1.38	2.10	1.45	5.1
2021 年	32	5	7	163.50	8600	1.96	2.88	1.86	−5.1
	34	5	12	163.28	7640	2.18	3.48	2.18	0

| 年份 | 测次 | 月份 | 日期 | 寸滩站实测流量(m³/s) | | | 侧扫雷达 | | 误差分析 |
				水位 (m)	流量 (m³/s)	平均流速 (m/s)	最大流速 (m/s)	归线计算	误差 (%)
	35	5	14	163.18	9480	2.28	3.10	1.98	−13.2
	36	5	17	163.38	9490	2.21	2.97	1.91	−13.6
	38	5	24	160.84	6270	2.29	3.32	2.10	−8.3
	41	6	17	162.18	8450	2.46	3.74	2.32	−5.7
	43	6	19	166.48	15800	2.42	3.87	2.39	−1.2
	44	6	20	167.72	18000	2.47	4.08	2.50	1.2
	46	6	24	164.30	11700	2.39	3.89	2.40	0.4
	47	6	25	163.42	10100	2.33	3.82	2.36	1.3
	49	6	28	166.54	16300	2.49	4.04	2.48	−0.4
	51	6	30	165.20	13400	2.43	3.41	2.15	−11.5
								系统误差(%)	−1.3
								水机不确定度(%)	9.5

通过对比以上相关分析,侧扫雷达所测最大垂线流速与寸滩站断面平均流速相关性最好,线性相关公式为:$y=0.531x+0.3353$(x 为雷达最大垂线流速,y 为基本断面平均流速),相关系数为 $R^2=0.9737$,系统误差为 -0.01%,随机不确定度 2.78%。满足《水文资料整编规范》中 4.5.2 条的规定(标准差计算公式:$S_e=\left[\dfrac{1}{n-2}\sum\left(\dfrac{Q_i-Q_{ci}}{Q_{ci}}\right)^2\right]^{1/2}$,随机不确定度计算公式:$X_Q{}'=2S_e$)。

(3)小结

①通过对寸滩站侧扫雷达进行比测分析,在基本断面平均流速大于 1.34m/s 情况下,雷达最大垂线流速与基本断面平均流速可建立线性相关关系:$y=0.531x+0.3353$(x 为雷达最大垂线流速,y 为基本断面平均流速)。

②侧扫雷达提供的是天线所在断面起点距间距 20m 的流速值,雷达波测量水体表面流速,且能大概率代表水面以下 0.2m 的流速,最直接的比测方法是进行雷达断面测量,以起点距 20m 为间距,确定垂线平面位置,通过 GPS 定位,用流速仪测量每条垂线水面下 0.2m 的流速,与同时刻侧扫雷达所测数据进行对比分析。寸滩站(船测站)受到吊船绳长度的限制,实施难度大。如果不采用吊船施测,测船摆动较大,流速测量精度无法保障,且流速较大时,设备及人员安全难以保证,在寸滩站无法进行点流速的比测。

③鉴于雷达表面流速的计算方法、起点距的定位方法、时间的不同步等与传统方法差异较大,给比测带来了困难,现有的比测方案适应性还有待进一步提高。

6.2.10 典型实践

6.2.10.1 2021年汉江大水

(1)水雨情概况

2021年8月上旬至10月上旬,受副高西伸北抬及冷空气南下影响,汉江流域出现多轮持续强降雨,产生明显秋汛洪水过程。8月下旬至10月上旬,汉江流域共发生11次强降水过程,累计面平均水量约520mm,较历史同期偏多1.5倍。上游丹江口水库连续发生七次入库流量超过 $10000m^3/s$ 的较大洪水过程,其中3次入库洪峰超过 $20000m^3/s$,最大入库流量 $24900m^3/s$(9月29日)。8月下旬至10月上旬,丹江口水库入库水量344.6亿 m^3,较历史同期偏多3倍多,10月10日14时,丹江口水库水位蓄至正常蓄水位170m,为水库大坝加高后首次蓄满。

相比历史同期汉江水雨情,本次汉江秋汛有累计水量大、极端降水多、持续时间长、洪水量大、过程频繁等特征。

2021年汉江秋雨开始时间为8月21日,较常年偏早。8月下旬至10月上旬,汉江流域共发生11次强降水过程,降水过程基本无间歇,雨区主要集中在汉江上游,尤其汉江白河以上地区。期间,汉江上游平均降水量520mm,较常年同期偏多约1.5倍。石泉以上累计降水量619mm、石泉—白河累计降水量585mm,强降雨中心主要集中在白河以上区域,雨区重叠度高,累计水量大。9月24日,鸭河口水库以上有特大暴雨,日面雨量达166mm,其中唐白河杨西庄站单站日雨量达454mm,李青店和上官庄站24日22—23时1h雨量80.5mm,降雨时段集中,极端性强。

8月下旬至10月上旬,汉江上游丹江口水库连续发生7次入库流量超过 $10000m^3/s$ 的较大洪水过程,其中3次入库洪峰流量在 $20000m^3/s$ 以上,丹江口水库入库水量为344.6亿 m^3。汉江中下游发生两次明显涨水过程,皇庄以下河段主要控制站超警戒水位。汉江中游支流白河控制性水库鸭河口发生超历史特大洪水,9月25日入库洪峰流量 $18200m^3/s$。按照暴雨洪水的发生发展过程,可将整个暴雨洪水过程划分为7个阶段。其中,丹江口水库、皇庄、仙桃、汉川站的洪水发展过程见图6.2-76至图6.2-79。

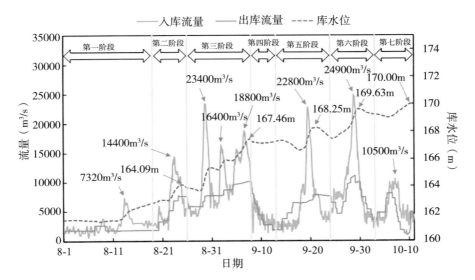

图 6.2-76 丹江口水库入出库及库水位过程图

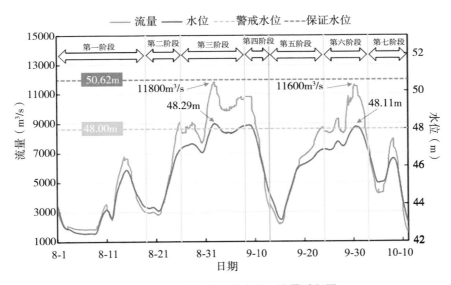

图 6.2-77 皇庄水文站水位—流量过程图

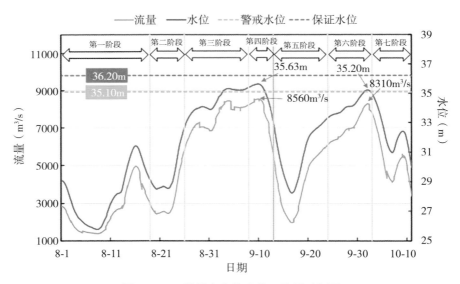

图 6.2-78 仙桃水文站水位—流量过程图

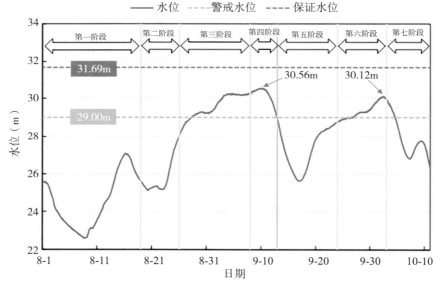

图 6.2-79 汉川水文站水位—流量过程图

（2）水文测验及整编情况

1）测验情况

本次汉江流域发生超 20 年一遇洪水，为超标准洪水监测、应急监测和收集高洪时期的测验资料提供了宝贵机遇。汉江流域各水文站积极开展高洪时期流量、含沙量测验及库区水面线观测工作，同时抓住高洪时机积极开展新仪器设备的比测研究试验。

据统计，8 月下旬至 10 月上旬，汉江干流白河、皇庄、仙桃水文站共施测流量 248 次，流量测验方式主要为水平式 ADCP 在线监测、流速仪法、走航式 ADCP、浮标法，各站高洪期间共实测悬移质输沙率137次,均采用垂线混合法;施测悬移质颗粒级配78次(表6.2-41)。

表6.2-41 汉江干流主要水文站测验情况统计表

水文站	测验项目		
	流量	悬移质输沙率	颗粒级配
白河	133	13	36
皇庄	55	55	15
仙桃	60	69	27
合计	248	137	78

①白河水文站。

8月下旬至10月上旬,白河水文站共经历7个阶段明显的暴雨洪水过程。

8月6—18日,汉江流域发生两次移动性强降雨过程,汉江上游多条支流发生明显涨水过程,丹江口水库发生一次较大涨水过程,最大入库流量7320m³/s(8月13日15时)。

此次洪水过程,白河水文站采用走航式ADCP施测流量过程,共实测流量13次,平水期采用水平式ADCP进行流量在线监测(图6.2-80)。

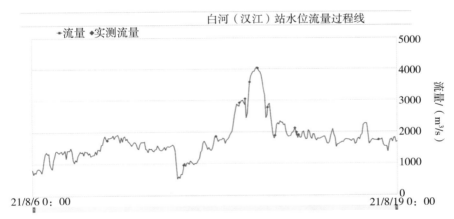

图6.2-80 白河水文站流量测次布置图

8月19—25日,汉江流域发生持续强降雨过程,受持续强降雨影响,干流白河站、丹江口水库均发生较大涨水过程,丹江口水库最大入库流量14400m³/s(8月23日18时),白河水文站实测最大流量11000m³/s。

在此期间,对于9000m³/s流量级以下,白河水文站采用走航式ADCP进行流量测验。当白河水文站流量超过10000m³/s时,采用流速仪表面一点法和走航式ADCP同时施测,收集高水期间ADCP比测资料。8月19—25日,白河水文站共收集走航式ADCP资料16次,流速仪资料4次。

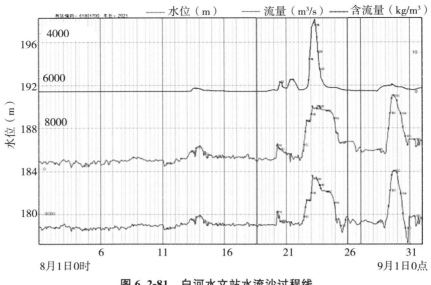

图 6.2-81　白河水文站水流沙过程线

8月26日至9月7日,主要受上游来水及区间降雨影响,干流白河站、丹江口水库均发生第三次较大涨水过程,丹江口水库8月30日0时出现最大入库流量23400m³/s,白河水文站最大实测流量12900m³/s。

8月26日至9月7日,白河水文站主要采用流速仪表面一点法和走航式 ADCP 进行流量测验(图 6.2-2)。

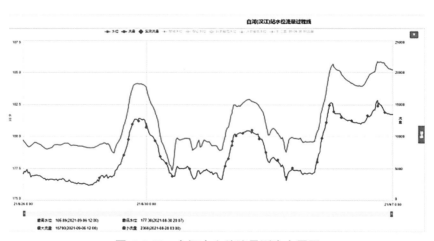

图 6.2-82　白河水文站流量测次布置图

9月8—12日,汉江流域无明显降雨过程,上游干支流来水较为平稳,主要水库基本维持出入库平衡控制,上游丹江口水库水位退至 167.2m 左右后,于9月12日15时关闭泄洪闸门,仅通过发电机组向中下游下泄流量约 1500m³/s。

9月8—12日,洪水消退,水情较平稳,白河水文站流量稳定在 2500~4500m³/s。白河水文站主要采用流速仪法和走航式 ADCP 进行流量测验,共施测流量 5 次(图 6.2-83)。

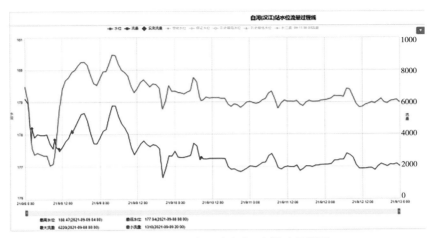

图 6.2-83　白河水文站水位、流量过程线图

9 月 13—22 日,受持续强降雨影响,汉江上游多条支流再次发生较大涨水过程,上游来水叠加区间来水,丹江口水库再次发生 20000m³/s 以上量级的涨水过程。主要受上游来水及区间降雨影响,干流白河站、丹江口水库均发生一次复式洪水过程。其中,白河站 2 次最大流量分别为 7680m³/s(9 月 18 日 14 时)和 14100m³/s(9 月 19 日 17 时),丹江口水库最大入库流量分别为 9570m³/s(9 月 18 日 21 时)和 22800m³/s(9 月 19 日 19 时)。

此次洪水期间,白河水文站主要采用流速仪一点法和走航式 ADCP 进行流量测验,ADCP 测量在流量 10000m³/s 以下时使用。在流量为 15000m³/s 左右时,进行了走航式 ADCP 与流速仪表面一点法的比测资料收集工作(图 6.2-84)。

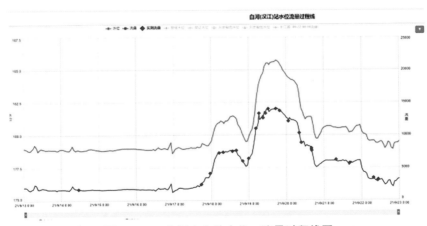

图 6.2-84　白河水文站水位—流量过程线图

9 月 23 日至 10 月 2 日,上游多条支流发生较大涨水过程,丹江口水库发生近 10 年最大入库洪水过程,入库洪峰流量 24900m³/s(9 月 29 日 3 时),控制最大出库流量 11100m³/s,

汉江鸭河口水库发生超历史特大洪水,9月25日3时40分出现最大入库流量18200m³/s,4时48分最大出库流量5000m³/s;9月25日10时,最高库水位179.91m,超设计洪水位179.84m。

此次洪水期间,白河水文站流量在10000m³/s以下时,采用走航式ADCP实测流量,当流量大于20000m³/s时,采用浮标法进行3次流量测验,同时在白河断面上游80m白郧大桥上,采用手持电波流速仪收集20000m³/s以上洪峰流量资料。经计算,手持电波流速仪测所测流量与浮标法测得断面流量的相对误差为5.6%,测验精度可满足超标准洪水下的流量监测(图6.2-85)。

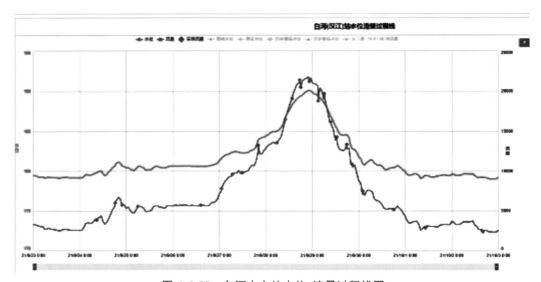

图 6.2-85 白河水文站水位、流量过程线图

10月3—10日,汉江流域上游发生移动性降雨过程,丹江口水库再次发生10000m³/s量级以上的洪水过程,10月10日14时库水位蓄至正常蓄水位170m,为水库大坝自2013年加高后首次蓄满。10月7日以后,汉江流域强降雨已基本结束,10月8日上游来水退至5000m³/s左右波动。

此次涨水期间,白河水文站使用走航式ADCP进行流量测验,退水至平水期后,恢复水平式ADCP流量在线监测。

②皇庄水文站。

8月6日至9月7日,受汉江上游来水影响,丹江口水库出库流量逐级加大,汉江中游丹皇区间亦发生较大涨水过程,丹江口水库以控制皇庄站流量不超12000m³/s为调度目标实施补偿调度。

此阶段,皇庄水文站采用走航式ADCP进行实测流量测验(图6.2-86)。

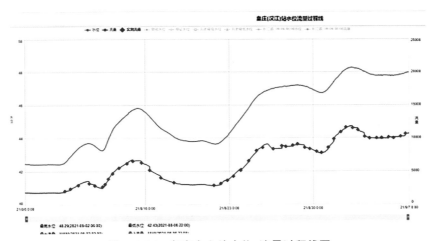

图 6.2-86　皇庄水文站水位、流量过程线图

9月8日至10月10日,汉江上游多条支流再次发生较大涨水过程,丹江口水库出库流量逐级加大,控制最大出库流量 11100m³/s,中下游主要站水位复涨并再次超警戒。

此次洪水过程,皇庄水文站采用走航式 ADCP 施测流量,并在9月7—14日,采用5个流速探头的固定式雷达收集流速资料,收集到了高洪期间完整的流速过程(图 6.2-87 和图 6.2-88)。

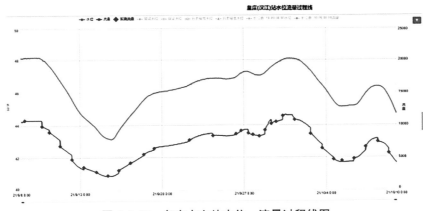

图 6.2-87　皇庄水文站水位—流量过程线图

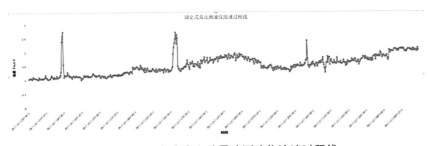

图 6.2-88　皇庄水文站雷达测速仪流速过程线

③仙桃水文站。

8月6日至10月10日,受上游降水及丹江口水库泄洪影响,仙桃水文站出现多次明显洪水过程。为控制洪水变化,收集高洪资料,仙桃水文站合理布置测次,采用流速仪法实测流量60余次,实测最大流量6910m³/s(图6.2-89)。

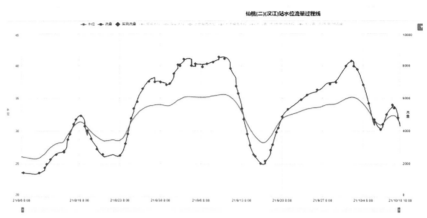

图6.2-89 仙桃水文站水位—流量过程线

2)整编情况

收集到完整的洪水测验资料后,各站及时开展资料整编工作,对本次洪水期间测验工作、应急监测工作进行总结,确保监测成果的合理性、可靠性。同时各水文站抓住高洪时机,开展新仪器设备的比测、资料收集工作,取得良好的效果,提高了超标准洪水实时监测能力,为日后超标准洪水监测工作积累了宝贵经验。

各站对收集到的资料整编后,推求得各站特征值数据见表6.2-42。

表6.2-42 汉江干流主要水文站整编后特征值

特征值统计	白河	皇庄	仙桃
最高水位(m)	190.08	48.29	35.63
出现时间	9月28日22:00	9月2日06:00	9月10日07:00
最低水位(m)	177.04	42.43	25.77
出现时间	9月8日08:00	8月6日22:00	8月8日17:00
洪峰流量(m³/s)	21800	11800	8560
出现时间	9月28日22:00	9月2日02:00	9月9日10:32
相应水位(m)	198.08	48.26	35.63

6.2.10.2 2022年信江大水

(1)水雨情概况

2022年6月18—20日,受西南季风爆发、高空低槽东移、低涡发展等系统的共同作用,信江上游出现了罕见的暴雨过程,玉山水文站 6 月 20 日 22 时 55 分出现 81.19m 的洪峰水位,超 1958 年建站以来最高洪水位(1998 年 7 月 24 日 80.17m)1.02m。强降雨过程高度集中、强度大、范围广。造成乐安河中下游控制站超警时间长、超历史幅度大。香屯、虎山、石镇街站水位超历史幅度分别为 0.83m、1.1m、0.16m。

(2)水文测验及整编情况

1)上流水文站

①测验情况。

6 月 18 日开始,玉山县遭遇强暴雨袭击,受降水影响,玉琊溪上流水文站 6 月 18 日 12 时水位 93.44m 起涨,20 日 16 时 30 分时出现 99.35m 洪峰水位(假定基面),为超过有水文记录的特大洪水,总涨幅达 5.91m。

上流水文站缆道流速仪法的测洪能力在 97m 以下,水位超过 97m 采用比降面积法测流。因这次暴雨强度大,涨幅快,站房及缆道房均被淹,故该次洪水只测流 5 次,实测最高水位 97.54m,最低水位 93.44m,5 次均在流速仪测流断面采用缆道流速仪法施测。考虑该站实际原因,涨水面流速大漂浮物多,流速仪无法实测(下水即冲毁,涨水面曾尝试测流设备均被损坏),后站房进水、停电、发电机、绞车等均无法运行,考虑安全问题人员撤离至上山校核人工水位,采用卫星电话报送保证实时水位数据。退水面为夜间,无照明情况下无法施测流量。

过程结束后,信州大队组织人员在下游约 350m 调查到可靠洪痕一处,采用水准接测洪痕高程,施测基本水尺(流速仪测流)断面及调查洪痕断面,洪峰流量采用下游调查洪痕采用比降—面积法推求,糙率延用 2021 年推求洪峰流量所采用数据。

②水位—流量关系特性分析。

根据历年的水位流量关系曲线可知,上流水文站水位—流量关系高水受涨落率影响,低枯水受水草和青苔生长影响。洪水来源为上游降水;一次洪水过程 1~2d,洪峰持续时间一般为 0.5h 左右,属暴涨暴落山区河流特性;峰型尖瘦,一般为单峰型,间断性暴雨时也会出现复式峰型。

③"6·20"洪水水位分析。

"6·20"洪水上流水文站采用自记水位计观测水位,洪水过程导致该站区域网络、供电中断,遥测水位数据中断(网络供电恢复后数据全部恢复),自记中断后采用人工观测值补充,水位记录完整,资料准确可靠(图 6.2-90)。

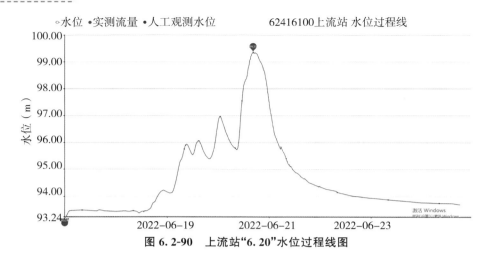

图 6.2-90　上流站"6.20"水位过程线图

④水位—流量关系曲线分析。

上流水文站"6·20"洪水过程洪水最高水位 99.35m,洪峰流量采用以下办法进行推求并验证。

⑤历年水位—流量关系综合线推流。

从上流水文站 2017 年汛前实测大断面图上可以看出,断面控制条件尚好。该站断面在发生大洪水时有局部冲淤变化,97m 上断面基本稳定(各年线与综合线最大偏离百分数绝对值小于 6%)。根据历年实测流量资料和 2022 年此次洪水过程的实测资料综合定线,水位—流量关系线延长,推算出洪峰流量 $Q=858m^3/s$(图 6.2-91 至图 6.2-93)。

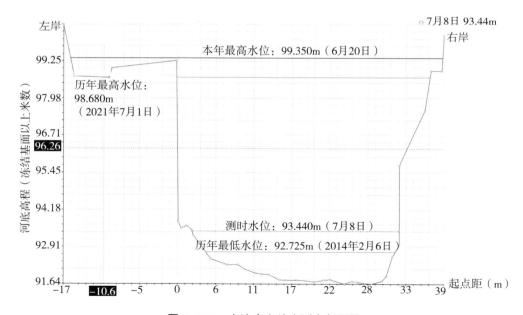

图 6.2-91　上流水文站实测大断面图

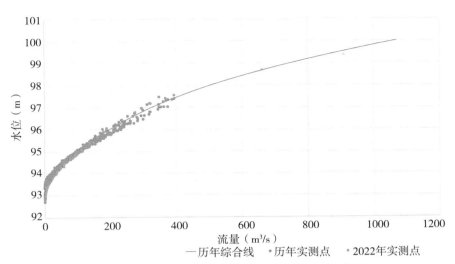

图 6.2-92　上流水文站历年水位流量综合关系线图

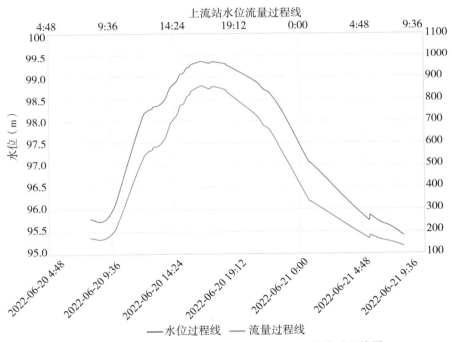

图 6.2-93　上流水文站历年综合线推流水位、流量过程线图

⑥比降面积法推流。

本次计算 n 采用 0.030（沿用 2021 年推求所采用糙率），J 值根据实测调查洪痕资料，计算得到河道综合比降 0.001826，A、R 采用 2022 年汛后实测的大断面计算的成果 $251m^2$、99.35m，推算出洪峰流量 $Q=910m^3/s$（图 6.2-94）。

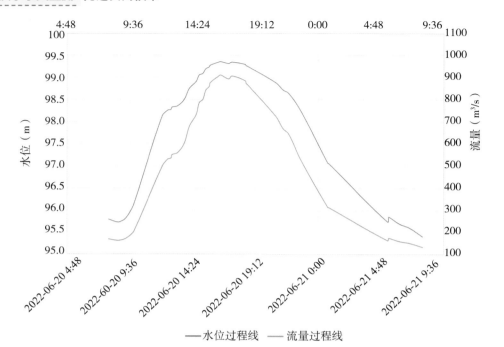

—水位过程线 —— 流量过程线

比降断面					糙率	河段平均	水面比降	加速比降	$KS^{\frac{1}{2}}$ 或	$K^2/2gL$	m	$1-K^2/2gL^{\frac{1}{2}}$	流量
名称	水位 (m)	面积 (m²)	$1/A^2$ (10⁻⁴)	水力半径 R(m)	$AR^{\frac{2}{3}}$	n	输水率 K	S (10⁻⁴)	Sw (10⁻⁴)	$K(S-Sw)^{\frac{1}{2}}$				(m³/s)
						0.03	2129.993	18.26		909.886	64911.917	0	1	910
上	99.35	251	0.159	4.06	638.79									
中														
下	98.7	251	0.159	4.06	638.79									

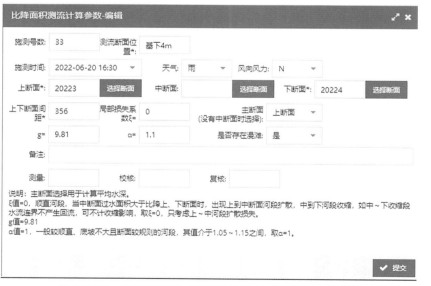

图 6.2-94　上流站比降—面积法推流水位—流量过程线图

a. 洪水成果分析及采用成果。

采用上述两种推流方法所推算的洪峰流量基本一致，考虑洪痕较为可靠，且上流水文站高水无实测点资料作为关系线控制，故比降—面积法其精度应高于用延长法的成果，故上流水文站"6·20"洪水的洪峰流量采用 910 m³/s，洪峰模数为 5.32。

b. 流量成果统计。

"6·20"次洪洪水总量、径流深、降水量及径流系数等成果统计见表 6.2-43。

表 6.2-43　　　　　　　　　　　　　上流站推求流量统计表

方法	洪峰流量 （m³/s）	最大一日洪量（万 m³）	径流量 （亿 m³）	径流深 （mm）	降水量 （mm）	径流系数
历年综合线	858	4147	0.696	407.2	487	0.84
比降面积法	910	4095	0.687	401.9	487	0.83

2）上饶水文站

①测验情况。

受强降雨影响，上饶（二）水文站水位从 6 月 18 日 14 时水位 64.84m 起涨，21 日 3 时 30 分出现 68.7m 洪峰水位，本次洪水总涨幅达 3.86m。

上饶（二）水文站所属信州水文水资源监测大队，配有走航式 ADCP 两套、手持电波流速仪 2 台，本次洪水过程期间，M9 放置玉山片区用于站点流量测验，信州片区配有瑞智 ADCP 一套，用于上饶（二）水文站及煌固水文站等流量测验使用。

6 月 20 日，受集中强降水影响，饶北河煌固水文站上午 10 时左右水位开始复涨，根据水情预报及上游玉山水文站水位涨幅情况（玉山至上饶（二）洪峰传播时间 3～4h），信州水文水资源监测大队决定先行前往煌固水文站施测洪峰过程，再返回上饶（二）水文站，故于上午 11 点 18 分在上饶（二）水文站施测 66.02m 起涨水位后，携带 ADCP 前往煌固水文站测流。后因洪水导致煌固水文站周边断网、断电、道路受阻，人员及设备全部被困于煌固水文站。站网科根据各大队实际情况，抽调弋阳水文水资源监测大队人员携带走航式 ADCP、手持电波流速仪等设备前往上饶（二）水文站支援，21 日凌晨，站网科与信州、弋阳水文水资源监测大队人员在上饶（二）水文站汇合，由于夜间能见度差、流速大、漂浮物多，无法采用 ADCP 施测，现场决定在长塘桥采用手持电波流速仪法进行流量测验，由于长塘桥施工导致上游一侧桥梁两边封堵无法到达河边，故在长塘桥下游约 80m 处亲水平台处设立两根临时水尺用于观读水位（退水后又补充一根临时水尺），6 月 21 日 2 时开始，整个洪峰工程及退水面，共采用手持电波流速仪法施测流量 5 次，其中洪峰附近 68.69m 采用手持电波流速仪收集有实测资料，采用走航式 ADCP 法施测流量 9 次（退水面，75 号测点 68.30m 至 82 号测点 65.38m），其间于 68.04m 和 67.72m 采用 ADCP 和手持电波流速仪法同时实测流量。

过程结束后，信州水文水资源监测大队组织人员对长塘桥下游临时水尺零点高程、手持电波流速仪断面、临时水尺断面、临时水尺零点高程等进行测量。洪峰流量成果采用比降一面积法推求,糙率资料采用第 76、77 次两次实测流量成果(走航式 ADCP 法与手持电波流速仪法同时比测,同时观读临时水尺读数)反算。涨水面采用本年高水临时线插补涨水面测点作为连实测参考点。

②水位—流量关系特性分析。

根据历年的水位—流量关系曲线可知,上饶(二)水文站水位—流量关系紊乱,中低水受下游信州水利枢纽调蓄影响,高水受下游丰溪河顶托,一次洪水过程 1~2d,洪峰持续时间一般为 0.5h 左右,属暴涨暴落山区河流特性;峰型尖瘦,陡涨陡落。一般为单峰型,水位—流量关系紊乱。

③"6·20"洪水水位分析。

"6·20"洪水过程,上饶(二)水文站采用自记水位记录与人工校对,水位记录完整,资料准确可靠(图 6.2-95)。

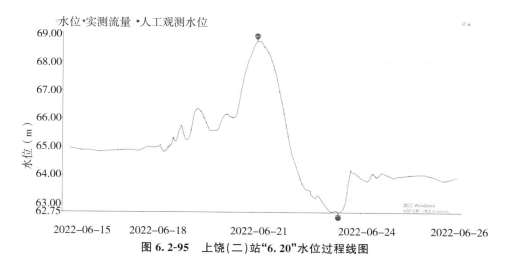

图 6.2-95 上饶(二)站"6.20"水位过程线图

④水位—流量关系曲线分析。

上饶(二)水文站"6·20"洪水过程洪水最高水位 68.70m,洪峰流量采用以下办法进行推求并验证。

a. 历年水位—流量关系综合线推流。

从上饶(二)水文站 2022 年实测大断面图上可以看出,断面控制条件尚好。根据 2005年信江水利枢纽建设前历年实测流量资料、建设后高水实测资料和 2022 年此次洪水过程的实测资料综合定线,推算出洪峰流量 $Q=3750\text{m}^3/\text{s}$(图 6.2-96 至图 6.2-97)。

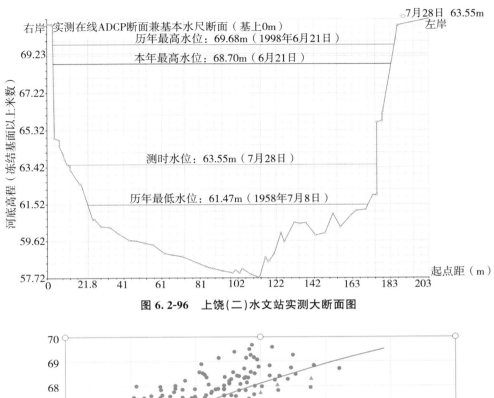

图 6.2-96 上饶(二)水文站实测大断面图

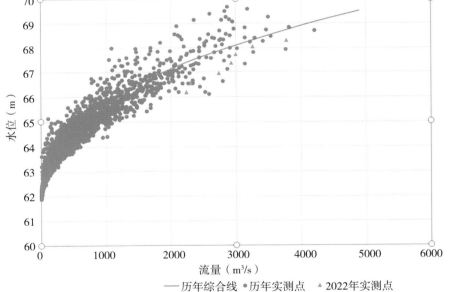

图 6.2-97 上饶(二)水文站历年水位流量综合关系线图

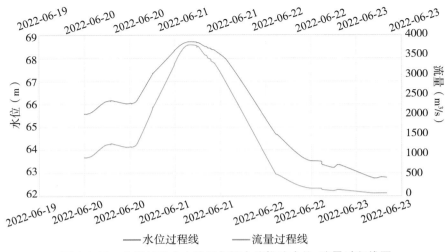

图 6.2-98　上饶(二)水文站历年综合线推流水位、流量过程线图

b. 本年高水延长推流。

根据与信江下游水利枢纽管理部门沟通得知,本次过程主峰涵盖时段,信江水利枢纽闸门全开,且本次过程丰溪河来水较小,故此时段本站河段基本处于畅流状态,使用 75~85 测次测次定线并延长推流,计算洪峰流量 $Q = 3920 \text{m}^3/\text{s}$(图 6.2-99)。

62414200上饶水文(二)站2022年流量三检验表

曲线号: Ⅰ ▼ 计算 ☒ 导出 舍弃点: (舍测序号用,隔开,如10.24)

序号	测次	水位 (m)	实测流量 (m³/s)	线上流量 (m³/s)	相对误差	合格否 低 中 高	舍弃 (x)	水位降序排序 测次	水位	符号	符号交换
1	75	68.30	3780	3630	4.13	√		85	62.75	-	
2	76	68.04	3260	3400	-4.12	√		84	63.73	+	1
3	77	67.72	3000	3150	-4.76	√		83	65.38	-	1
4	78	67.36	2930	2880	1.74	√		82	65.75	-	0
5	79	66.94	2740	2600	5.38	√		81	66.18	+	1
6	80	66.54	2300	2360	-2.54	√		80	66.54	-	1
7	81	66.18	2240	2160	3.70	√		79	66.94	+	1
8	82	65.75	1880	1920	-2.08	√		78	67.36	-	0
9	83	65.38	1710	1730	-1.16	√		77	67.72	-	1
10	84	63.73	904	892	1.35	√		76	68.04	-	0
11	85	62.75	396	418	-5.26	√		75	68.30	+	1

符号检验:	总点数	11	k=	5	U=	0.00		临界值	1.15	是否合理	√
适线检验:	总点数	11	k=	7	U=	-1.58		临界值	1.28	是否合理	√
偏离数值检验:	总点数	11			t=	-0.29		临界值	1.37	是否合理	√
标准差(Se%):	4						不确定度(Xe%)	8			
中低分界水位:	65.3	低水允许误差(%)	7				中高水允许误差(%)	6			
合格率(%):	低水	100		中高水	100		全线	100			
正点子个数:	5	负点子个数	6				0点子个数	0			
系统误差(%):	-0.3										

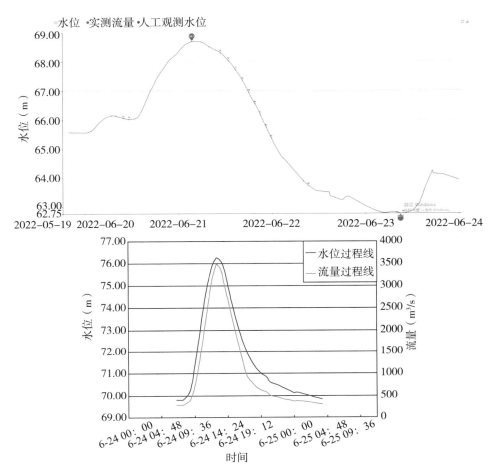

图 6.2-99　上饶(二)水文站本年高水延长法推流水位—流量过程线图

c. 比降—面积法推流。

本次计算 n 采用 0.039(采用 2022 年两次走航式 ADCP 实测流量与同步观测的上下游比降反算),J 值根据实测调查洪痕资料计算,A、R 采用 2022 年实测的大断面计算的成果 $1520m^2$,R 的数据没有,推算出洪峰流量 $Q=4210m^3/s$(图 6.2-100)。

比降断面					糙率	河段平均	水面比降	加速比降	$KS^{\frac{1}{2}}$ 或	$K^2/2gL$	m	$1-K^2/2gL^{\frac{1}{2}}$	流量
名称	水位(m)	面积(m^2)	$1/A^2$ (10^{-4})	水力半径 $R(m)$	$AR^{\frac{2}{3}}$	n	输水率 K	S (10^{-4})	S_w (10^{-4})	$K(S-S_w)^{\frac{1}{2}}$				(m^3/s)
						0.039	150195.41	7.42		4091.274	1742089.2	0	0.971	4210
上中	69.19	1480	0.005	7.33	5584.676									
下	68.7	1520	0.004	8.1	6130.566									

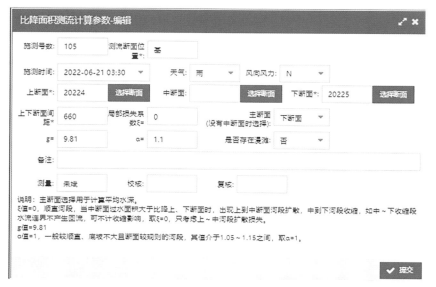

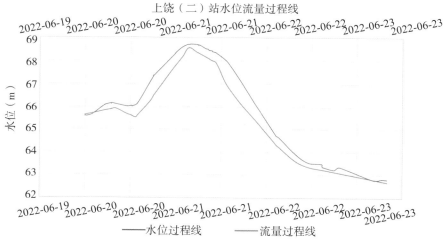

图 6.2-100　上饶(二)水文站采用比降—面积法推流水位—流量过程线图

d. 洪水成果分析及采用成果。

采用上述两种推流方法所推算的洪峰流量比较相近,考虑到上饶(二)水文站在水利枢纽建设前会受丰溪河来水顶托影响,而 2022 年本次洪水过程高水部分,下游信江水利枢纽为闸门全开状态,且本次过程丰溪河来水较小,故该站所在河段高水部分基本处于畅流状态,所以综合线推流应比本年(2022 年)比降—面积法推求的洪峰流量小,故上饶(二)水文站"6·20"洪水的洪峰流量采用比降—面积法推流成果 $Q = 4210 \mathrm{m}^3/\mathrm{s}$,洪峰模数为 1.54。

e. 流量成果统计。

"6·20"洪水总量、径流深度、降水量及径流系数等成果统计见表 6.2-44。

表6.2-44   上饶(二)水文站流量成果统计表(6月20—22日)

方法	洪峰流量 （m³/s）	最大一日 洪量(万m³)	径流量 （亿m³）	径流深 （mm）	降水量 （mm）	径流系数
历年综合线	3750	23587	4.08	149.3	273	0.55
比降面积法	4210	28430	5.75	210.27	273	0.77

3)香屯水文站

①测验情况。

受强降雨影响,香屯水文站水位从6月18日15时水位31.20m起涨,20日23时30分出现44.39m洪峰水位,本次洪水总涨幅达13.19m。起涨从45号测次开始,香屯站于19日15时出现超警水位,至20日2时出现第一次洪峰水位41.20m,共采用缆道流速仪(雷达波)法施测流量7次,后水位开始缓慢下降,至20日8时左右水位开始复涨(40.80m),结合水情预报水位(44.60m),已超过该站缆道测洪能力(43.50m),为保证水位、流量等监测数据,该站职工在20日上午10时在上游194.5m处居民墙边设立上比降水尺一处,中午12时左右网络、交通等全部中断,下午14时20分实测水位42.34m,流量6130m³/s,后站院进水、停电,晚上19时30分开始至21日凌晨6时,该站职工开始观读比降水尺读数,同时每间隔10min报送人工水尺水位,21日17时恢复供电,采用缆道流速仪法实测退水流量。

施测过程结束后,德兴水文水资源监测大队组织人员对上比降水尺零点高程、比降断面、本站超标水尺零点高程、本站洪痕、断面等进行测量,确认本站洪峰水位、比降水位数据准确,后在上、下游范围开展洪水调查工作,在上游约800m及下游约800m两处临河民房调查到可靠洪痕多处,计算比降与职工观测的人工比降成果接近,采用人工观测比降数据在峰前、洪峰及峰后用比降—面积法分别推求流量成果。通过大断面资料对比,发现2011年(原历史最大洪水)与本年度(2022年)断面发生较大变化,采用2019年实测点计算退水面比降数据后成果较为合理,参考退水趋势在44.39~38.76m插补3个参考点作为退水面绳套控制点。

②水位流量关系特性分析。

根据历年的水位—流量关系曲线可知,该站水位—流量关系高水受涨落率影响,低、枯水受水草和青苔生长影响。洪水来源为上游降水;一次洪水过程1~2d,洪峰持续时间一般为0.5h左右,属暴涨暴落山区河流特性;峰型尖瘦,一般为单峰型,间断性暴雨时也会出现复式峰型,水位—流量关系主要受洪水涨落影响,为逆时针绳套;低水为临时曲线。

③"6·20"洪水水位分析。

"6·20"洪水香屯水文站采用遥测水位计观测水位,遥测自记中断后采用人工观测值补充,水位记录完整,资料准确可靠(过程线见图6.2-101)。

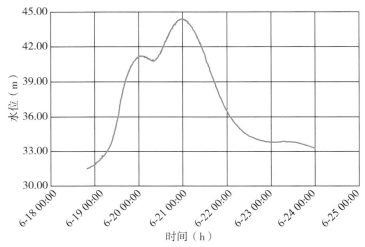

图 6.2-101　香屯站"6·20"水位过程线图

4)水位—流量关系曲线分析

香屯水文站"6·20"洪水过程洪水最高水位 44.48m,实测最高水位 42.34m,洪峰流量采用以下办法进行推求并验证。

①历年水位—流量关系综合线推流。

从香屯水文站 2022 年汛前实测大断面图上可以看出(图 6.2-102),断面控制条件尚好。根据历年年实测流量资料和 2022 年此次洪水过程的实测资料综合定线(图 6.2-103),从图 6.2-103 中可以看出,实测点均落在综合线两边,该站水位—流量关系高水受涨落率影响,符合该测站特性。水位—流量关系线延长,推算出洪峰流量 $Q=8050\text{m}^3/\text{s}$。水位—流量过程线,见图 6.2-104。

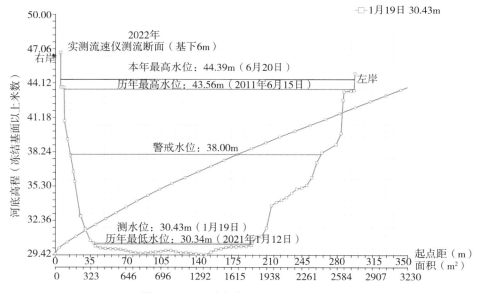

图 6.2-102　香屯水文站实测大断面图

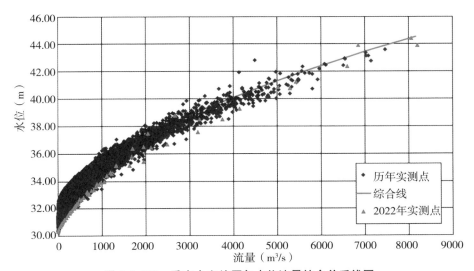

图 6.2-103　香屯水文站历年水位流量综合关系线图

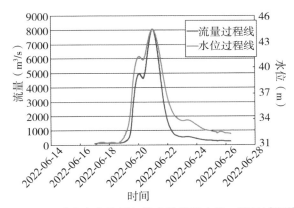

图 6.2-104　香屯水文站历年综合线推流水位—流量过程线图

②比降面积法推流。

本次计算 n 采用 0.035，根据实测资料计算得到河道综合比降 0.000463，A、R 采用 2022 年汛后实测的大断面计算的成果 3450m² 和 11.5m，推算出洪峰流量 $Q=8070\text{m}^3/\text{s}$（表 6.2-45）。

表 6.2-45　　　　　　　　　　　香屯站比降面积法流量计算表

62504800香屯 比降面积测流计算 202255

名称	水位 (m)	面积 (m²)	1/A² (10^-4)	水力半径 R (m)	A*R^2/3	糙率 n	河段平均 输水率 K	水面比降 S (10^-4)	加速比降 Sw (10^-4)	KS^1/2或 K(S-Sw)^1/2	K²/2gL ^1/2	m	1-K²/2gL ^1/2	流量 (m²/s)
						0.035	486626.620	4.63		10470.957	62054477.	0	1.297	8070
上	44.48	3720	0.001	9.33	16486.597									
中														
下	44.39	3450	0.001	11.5	17577.267									

③洪水成果分析及采用成果。

采用上述两种推流方法所推算的洪峰流量基本一致,考虑有比降观测资料,其精度应高于用延长法的成果,故香屯水文站"6•20"洪水的洪峰流量采用 $8070m^3/s$,洪峰模数为 2.07。

④流量成果统计。

"6•20"洪水总量、径流深度、降水量及径流系数等成果统计见表 6.2-46。

表 6.2-46 香屯站推求流量统计表

方法	洪峰流量 (m^3/s)	最大一日 洪量(万 m^3)	径流量 (亿 m^3)	径流深 (mm)	降水量 (mm)	径流系数
历年综合线	8050	50890	13.15	338	449.5	0.75
比降面积法	8070	55210	12.65	325	449.5	0.72

6.2.11 卫星测流方案研究

卫星遥感具有实时、高效、数据量大、观测范围广等特点,弥补了传统地面观测时空上的局限性,可为流域超标准提供新的数据来源。为研究利用卫星遥感技术进行河流流量反演的可行性,从水文测验需求出发,对卫星遥感流量反演技术路线、技术阻碍等方面进行了研究和探讨,在此基础上提出了一种基于多星源信息耦合的缺乏资料河流流量连续测量方法,已获得国家发明专利授权。

该方法包括流量测验河段确定方法、多星源信息耦合的断面重构方法、多星源信息耦合的实时水位计算方法及流量计算与整编方法。

6.2.11.1 技术背景

目前,卫星遥感和测绘技术已大量应用于国民经济的各个领域,在水文测验领域也有关于水位、流量监测等方面的应用。现有卫星流量测验大多采用卫星观测的水位或水面宽,通过与地面现有水文站的水位—流量关系或水面宽流量关系推求。因此,无论采用何种卫星进行流量测量均需要现有地面水文站测量信息进行率定或校核。

近年来,卫星的平面或垂直分辨率进一步提高,安装在卫星上的激光、雷达等高度计,其水位测量精度可达到 10cm 以内,高精度的全色正射影像平面分辨率可达 50cm 以内,但两类卫星平面与高程信息往往不能同时获得或分辨率较低。随着资源系列、高分系列等测绘卫星的发射,以及未来地表水或海洋地形卫星(SWOT)等计划的实施,已具备监测地表水海拔和坡度的能力且精度会逐渐提高,但平面、垂直分辨率达数十米,单独使用均达不到河流流量测量的要求。同时,无论何种卫星均只能开展水面以上的平面或高程信息观测,无法获取水面以下的断面或地形数据。

针对大量无水文站、缺乏水下断面信息的河流,特别在我国西部众多无人区河流,目前尚无成熟的卫星流量测验方法。充分利用高精度的平面和垂直观测卫星星源,以及卫星三维立体影像的平面与高程差关系,根据水位随季节涨落、卫星重访规律的特点,耦合以上三种卫星的历史或实时观测信息,构建水下断面和河流水面比降,应用水动力学方法是推算流量及过程行之有效的手段。

6.2.11.2　技术路线

为解决上述问题而提供一种基于多星源信息耦合的缺乏资料河流流量连续测量方法,采用的技术方案包括流量测验河段确定方法、多星源信息耦合的断面重构方法、多星源信息耦合的实时水位计算方法及流量计算与整编方法。其技术路线见图 6.2-105。

6.2.11.3　技术方案

(1)流量测验河段确定方法

在拟开展流量测验的河流,选择各种类型卫星重访位置接近的河段,确定高精度测高卫星水道回波点所处河道横断面为流量测验断面,若无高精度测高卫星则采用三维测绘卫星选择河岸较平缓的横断面为流量测验断面。利用最新的高精度正射遥感影像信息在流量测验断面上、下游一定距离选择河岸较平缓的横断面作为比降断面,量取上下比降断面间距 L。

(2)多星源信息耦合的断面重构方法

采用流量测验断面测高卫星或三维测绘卫星以及正射遥感影像卫星的历史信息,通过星源重访时间、观测要素联合耦合,建立流量测验断面、比降断面的水位—水面宽关系曲线。

(3)多星源信息耦合的实时水位计算方法

依次获取通过河段的正射遥感影像卫星实时数据,量取上、下比降断面水面宽数据 $B_{上k}$、$B_{下k}$,以及流量测验断面水面宽数据 B_k,采用上下比降断面和流量测验断面的水位—水面宽关系计算实时水位 $H_{上k}$、$H_{下k}$ 和 H_k,判别该水位时河段的糙率系数 n。若有测高卫星,通过测高卫星与正射遥感影像卫星重访时间、观测要素耦合,插补正射遥感影像卫星数据获取时间的流量测验断面水位 $H_k{}'$,为流量测验断面的实时水位或校正基准。

(4)流量计算与整编方法

根据比降断面的实时水位 $H_{上k}$、$H_{下k}$ 计算河段比降 J_k,采用流量测验断面的水位—水面宽关系曲线计算过流面积 A_k,并按比降面积法计算测验断面的流量 Q_k。采用流量测验断面的水位、流量,即可按《水文资料整编规范》要求进行整编。

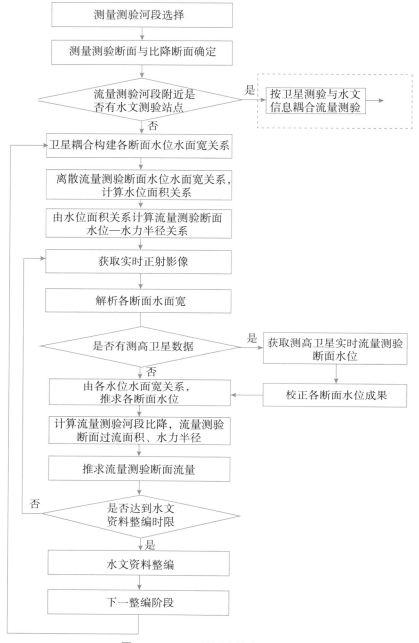

图 6.2-105 卫星测流技术路线图

缺乏资料是指在拟开展流量测验的河流,缺乏水文测验资料和河道地形资料。多星源包括但不限于安装激光或雷达高度计的测高卫星、遥感正射影像卫星、具有综合三维成像的资源或测绘卫星。在多星源信息耦合的断面重构方法,所述星源重访时间、观测要素联合耦合的实施步骤为:

①建立流量测验断面测高卫星或三维成像测绘卫星观测水位 $H_流(t)$ 和正射遥感影像

观测断面宽 $B_{流}(t)$ 随时间的联合分布函数,或点绘 $H_{流}(t)\sim t$、$B_{流}(t)\sim t$ 过程线图。

②求解测高卫星或三维成像测绘卫星观测水位时间点的断面水面宽、正射遥感影像观测断面宽时间点的水位,或在 $B_{流}(t)\sim t$ 过程线图中插值测高卫星或三维成像测绘卫星观测水位时间点的断面水面宽、在 $H_{流}(t)\sim t$ 过程线图中插值正射遥感影像观测断面宽时间点的水位。

③依据求解或插值的所有水位或水面宽数值,建立流量测验断面水位与断面宽函数 $H_{流}\sim f(B_{流})$,或点绘 $H_{流}\sim B_{流}$ 相关图。

④比降断面采用三维成像测绘卫星观测水位 $H_{比}(t)$ 和正射遥感影像卫星观测断面宽 $B_{比}(t)$,按步骤①~③建立比降断面水位与断面宽函数 $H_{比}\sim f(B_{比})$,或点绘 $H_{比}\sim B_{比}$ 相关图。

星源信息耦合的实时水位计算方法,所述河段的糙率系数可参照水力学教科书中的《天然河道糙率表》取值。

多星源信息耦合的实时水位计算方法,所述校正基准是指将测高卫星水位 $H_k{'}$ 作为流量测验断面、比降断面实时水位订正的基准。

流量计算与整编方法,所述河段比降 J_k 采用计算的实时上下比降断面水位差,并与上下比降断面间河段长度之比 $J_k=\dfrac{H_{上k}-H_{下k}}{L}$。

流量计算与整编方法,所述水位—水面宽关系曲线计算过流面积实施步骤为:

①对 $H_{流}\sim f(B_{流})$ 数值插值或将 $H_{流}\sim B_{流}$ 相关图离散化,形成基本水道断面水位和断面宽集 $(H_{流i},B_{流i})$;

②按 $A_{流i}=\displaystyle\sum_{l=1}^{n}(\dfrac{B_{流i-1}+B_{流i}}{2})(H_{流i}-H_{流i-1})$ 计算离散水位的流量测验断面过流面积,其中 $H_{流0}$、$B_{流0}$ 计算包括但不限于按三角相似 $B_{流0}=0$;$H_{流0}=\dfrac{B_{流2}H_{流1}-B_{流1}H_{流2}}{B_{流2}-B_{流1}}$ 等外延处理方法。建立流量测验断面水位与过流面积函数 $A_{流}\sim f(H_{流})$,或点绘 $H_{流}\sim A_{流}$ 相关图。

在流量计算与整编方法,所述比降面积法计算测验断面的流量实施步骤为:

①由流量测验断面实时水位 H_k,通过过流面积函数 $A_{流}\sim f(H_{流})$ 计算或 $H_{流}$:$A_{流}$ 相关图插补得对应的过流面积 A_k;

②选择低于实时水位 H_k 离散 $H_{流i}$,计算水力半径:

$$R_k=\dfrac{A_k}{\left(B_{流1}+2\sqrt{(H_k-H_{流i})^2+\left(\dfrac{B_k-B_{流i}}{2}\right)^2}+2\displaystyle\sum_{i=2}^{\max(i)}\sqrt{(H_{流i}-H_{流i-1})^2+\left(\dfrac{B_{流i}-B_{流i-1}}{2}\right)^2}\right)}$$

③按水力学曼宁公式计算流量测验断面实时水位 H_k 对应的流量 $Q_k=\dfrac{1}{n}A_k R_k{}^{2/3}\sqrt{J_k}$,或采用自下游至上游的水面曲线法试算推流。

实时水位订正包括但不限于水位过程线连续修正、上下断面水位相关修正、上下断面水位过程线对照订正等(图 6.2-106 至图 6.2-109)。

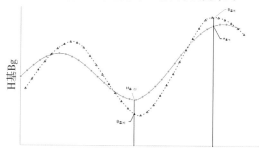

图 6.2-106　基于多星源信息耦合的
流量连续测量方法原理图

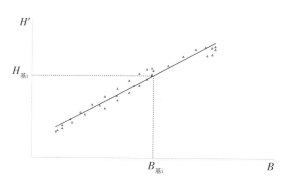

图 6.2-107　流量测验断面水位水面宽关系
多卫星耦合原理图

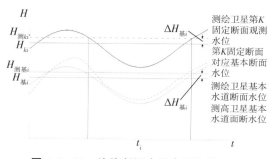

图 6.2-108　比降断面水位水面宽关系多
卫星耦合原理图

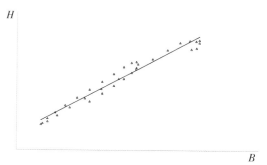

图 6.2-109　流量测验断面、比降断面
实时水位信息获取原理图

　　本方案提出的基于多星源信息耦合的缺乏资料河流流量连续测量方法,能解决流域超标准洪水流量连续测量的难题,填补基于河流动力学原理的卫星流量测验方法空白,可极大地提高河流流量测验的范围和密度。

第7章 多源数据融合技术研究

研究人员在大量研究和实验的基础上,制定了超标准洪水多源数据融合的技术解决方案,特别在特性分析软件设计、在线监测数据库表设计、多源融合推流等方面进行了创新性的设计和研发(图7-1)。

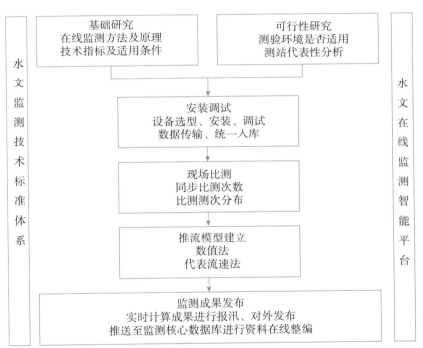

图7-1 超标准洪水多源融合推流技术框架图

7.1 特性分析软件设计与研发

河流流量在线监测是水文现代化的重要支撑。随着仪器设备的不断发展,河流流量在线监测的方式方法不断增多。对于某个水文站,是否具备在线测流的可行性、采用什么方法监测、在什么地方监测、其精度指标如何,这些关键技术问题是水文站成功实现流量在线监测的关键技术问题,是需要科学分析制定的。

在线监测能否实现的关键在于是否能找到具有代表性的流速区域,即在断面流速中找到若干个测点、垂线或水层来代表断面平均流速,再根据分析结果选择相应设备。

通过可行性分析,可以更好地了解测站特性,能更好地指导设备选型、安装、参数设置及比测率定,为实现在线监测提供重要支撑。

为解决特性分析问题,基于长系列水文资料,设计并研发了水文在线监测方案分析支持系统。系统功能包括代表垂线、代表水平层、表面流速代表性、代表测点分析及各种组合情况的代表性分析。系统通过历史数据的批量导入,实现代表性的智能分析,自动计算推荐代表性最好的方案,并给出相应误差指标。

根据代表性分析结果选择流量在线监测方案,确定仪器类型及布设方式,有效提高在线监测的成功率,保证测验精度。

目前,已完成软件功能研发,取得计算机软件著作权,并已申报国家发明专利。

7.2 在线监测数据库表设计

在线测流设备生产厂家一般只给出测验区域的平均流速或者根据自己的算法计算出流量,再进行简单的模型率定,输出成果,往往精度难以达到规范要求,制约了在线监测的应用推广。因此,需要制定在线监测设备标准数据库表,在采集阶段将测得的流场数据进行统一管理,规范化存储原始测点数据,为比测率定和算法部署、推流提供基础数据支撑。

研究设计了目前主流在线设备的数据库表,包括超高频雷达、侧向视频测流等表面流速测验设备的二维流场数据库表,点雷达、点视频测速设备的数据库表,超声波时差法、固定式ADCP 的数据库表,并已开展了原始测点数据的系统接入、分析等工作。

7.3 多源融合推流实现

在线测流多为代表流速的在线监测,监测到流速后还需将实时流速转换为实时流量,流量计算的常用方法有数值法和代表流速法两类,其中代表流速法可分为回归分析和机器学习两类。

在线监测数据入库后,也实现了不同源数据的同化,可以较为便捷地实现将非接触式、接触式等不同原理的设备数据融合推流。针对水文测验的特性提出了适用性更好的模型及损失函数,有效提高模型精度。创新性地提出了基于代表流速的不同监测设备的融合推流方法,该方法能较大幅度地提高在线测流精度。

第8章 结 论

本书系统总结水文监测技术，分析常规水文监测技术应对超标准洪水监测过程中的技术难点，并以安全、全面、准确地获取流量数据为导向，对视频测流、雷达测流、卫星测流等非接触式水文监测技术开展研究。开展专项试验、现场试验，并在典型洪水实践中检验应用效果；开展多源数据融合技术研究，提出了实现多维度、多测量手段的数据融合的技术方案和实现路径。根据研究成果，总结了各类超标准洪水测验手段的适用性，提出应对超标准洪水水文监测整体技术方案和技术要求。主要结论如下：

①开展了视频测流技术在模拟溃坝监测和汉江河口流量监测中的专项试验，提出了"一种用于PIV测量的无人机双粒子抛投装置"，获得国家实用新型专利授权。其结果表明：视频测流法在溃堤监测中能够完整的监测洪水的变化过程，测验精度较准确，且测流安全、投入人力少，能够实现连续监测，是一种监测超标准洪水的经济、高效、安全的方法。

②在崇阳、宁桥等站开展了视频测流技术现场试验。结果表明：视频测流系统能够自动完成流量测验并计算流量，是实现流量在线监测的一种有效方式，但从精度分析结果看，尚不能满足作为正式测验手段投产的要求，需进一步加强研究。

③在仙桃、寸滩站开展了超高频雷达测流现场试验。结果表明：仙桃站系统误差为-1.2%，随机不确定度均在9.3%以下，整体具有较高精度；寸滩站的精度相对较差，需进一步优化方案、提升精度。

④在横江站开展了点雷达测流现场试验。结果表明：雷达法中低水误差相对较大，中高水误差较小。在流速$0.5m^3/s$以上精度较高，能满足高洪流量测验要求，目前已在中高水正式投产。

⑤提出了基于多星源信息耦合的缺乏资料河流流量连续测量方法，获得国家发明专利授权。该方法能解决流域超标准洪水流量连续测量的难题，填补基于河流动力学原理的卫星流量测验方法空白，可极大地提高河流流量测验的范围和密度。

⑥制定了超标准洪水多源数据融合的技术解决方案，在特性分析软件设计、在线监测数据库表设计、多源融合推流等方面进行了创新性的设计和研发。

参考文献

［1］中华人民共和国水利部．水文资料整编规范：SL/T 247—2020［S］.北京：中国水利水电出版社,2020.

［2］中华人民共和国和城乡建设部,中华人民共和国国家质量监督检验检疫总局．河流流量测验规范：GB 50179—2015［S］.北京：中国计划出版社,2016.

［3］钱学伟,陆建华．水文测验误差分析与评定.北京：中国水利水电出版社,2007.

［4］王锦生．关于《国际 ISO 1100/2 明渠水流测量 第二部分：水位流量关系的确定》的说明和讨论.长委水文局.水文测验国际标准与说明.贵阳：贵州人民出版社,1984.

［5］王锦生．关于水文测验误差的几个问题,水文,1985(5).

［6］王俊,刘东生,陈松生,等．河流流量测验误差的理论与实践［M］.武汉：长江出版社,2017.

［7］任淑娟,等.SVR 电波流速仪的比测试验与分析［J］.现代农业科技,2010(22).

［8］长江三峡水文水资源勘测局．黄陵庙水文站 H-ADCP 监测资料整编方法研究［R］.2009.

［9］张振．基于径向基神经网络的明渠流量软测量方法［J］.仪器仪表学报,2011(12).

［10］李志敏.Argonaut_SL 流量计在马口水文站的应用研究［J］.人民珠江,2009(4).

［11］朱颖洁．侧扫雷达在线流量监测系统在西江流量监测中的应用［J］.广西水利水电,2020(1).

［12］王发君,黄河宁.H-ADCP 流量在线监测指标流速法定线软件"定线通"介绍与应用.水文,2007(4).

［13］徐刚,胡焰鹏,樊云,等.H-ADCP 实时流量在线监测系统研究［J］.中国农村水利水电,2009(9).

［14］郑庆涛,唐健奇,张志敏.H-ADCP 在流量自动监测系统中的应用［J］.水利科技与经济,2007(3).

［15］赵蜀汉,张万平,香天元．比例系数过程线法在流量监测资料整编中的应用［J］.人民长江,2013(15).

［16］周波．基于指标流速法的流量在线监测系统软件设计与实现［J］.水科学前沿与中国水问题对策·水旱灾害.

[17] 丁昌言,徐明,司存友．泾河水文站 H-ADCP 流量关系率定校正及应用[J]．人民长江,2009(16)．

[18] 黄河宁．宽带声学多普勒技术用于灌区量水试验研究Ⅱ—固定式 H-ADCP 在线流量监测及其流量算法[J]．中国农村水利水电,2007(11)．

[19] WANG Fa—jun, H UANG He—ning．Horizont al acoustic doppler current profiler (H-ADCP) for real-time open channel flow measurement:flow calculation model and field validation[C] //Proceeding s of XXXI IAH R Congress, Water Engineering for the Future :Choices and Challenges. Seoul, Korea, 2005:319-328.

[20] 朱治雄,谢永勇,高夏阳,等．雷达(RG—30)流量在线监测系统应用研究[J]．人民黄河,2018(1)．

[21] 屠佳佳,李莎,刘锋,等．雷达流量站在线监测系统的设计与实现．浙江水利科技,2019(3)．

[22] 刘正伟,张丽花．超声波时差法在流量自动监测中的应用——以牛栏江滇池补水工程为例[J]．人民长江,2016(增刊 1)．

[23] 叶敏,黄双喜,周波．潮流量在线监测方法与实践研究[J]．人民长江,2006(11)．

[24] 程庆华．邓州水文站测验精度分析[J]．河南水利与南水北调,2020(8)．

[25] 陈金浩,黄士稳,吕耀光．定点式声学多普勒流速仪的应用难点与误差分析[J]．水文,2016(5)．

[26] 李庆平,秦文安,毛启红．非接触式流量在线监测技术在山区性河流的应用研究[J]．湖北民族学院学报(自然科学版),2013(3)．

[27] 孔霞．高崖站浮标系数比测试验分析[J]．甘肃科技,2015(1)．

[28] 胡焰鹏,叶德旭,李云中．基于小波分析和神经网络的水平式声学多普勒流速仪整编方法研究．水文,2011 年(增刊 1)．

[29] 李正最,蒋显湘,金舒宜,等．茅坪站流量实时监测系统研究[J]．水文,2009 年(增刊 1)．

[30] 韦立新,蒋建平,曹贯中．南京水文实验站 ADCP 流量测验方法改进研究[J]．水利水电快报,2017(6)．

[31] 鲁青,陈卫,史东华．南京站声学多普勒法实时在线测流系统的实现．水文[J],2011(增刊 1)．

[32] 赵蜀汉,香天元,赖厚桂．三峡水库蓄水后上下游站水文资料整编优化分析[J]．人民长江,2012(23)．

[33] 李明武,刘远征,高正新,等.时差法超声波流量计在运河水文站流量测验中的应用[J].中国水利学会 2006 学术年会,2006.

[34] 王若晨,张国学,闫金波.水利工程调度影响下流量在线监测技术应用研究[J].人民长江,2014(9)．

[35] 洪为善,郑月光,罗玉全,等. 水平式声学多普勒流速仪在受水利工程影响测站的应用[J].水文,2011(增刊1).

[36] 梁维富. 提高水文测验精度的思考[J].河南水利与南水北调,2015(11).

[37] Yadi InstrumentCompany of United States. ADCP river discharge mea-surement-principles and methods[R].2002.

[38] Teledyne RD Instruments. Channel siaster Horizontal ADCP Operation Manua[R].2006.

[39] 韩继伟,牛睿平,王岩,等. 虚拟垂线流速时差法流量计算方法研究.水文,2020(1).

[40] 徐志国,王慧杰. 中小河流枯水期流量测验精度探讨[J].河南水利与南水北调,2016(11).

[41] 孙芬花. 利用多普勒流速仪进行明渠流量在线监测分析[J].水科学与工程技术,2014(5).

[42] 韩崇昭,朱洪艳,段战胜,等.多源信息融合[M].北京:清华大学出版社,2016.

[43] 房灵常,李亚涛. 基于高性能视频的在线水位监测系统在福建尤溪水文站的示范应用[C]//中国水利学会.2022中国水利学术大会论文集(第四分册).郑州:黄河水利出版社,2022(2).